安徽省高等学校"十三五"省级规划教材

高等学校规划教材·计算机系列

计算机应用基础

(第2版)

主　编　万家华　程家兴　张怡文
副主编　徐　梅　贺爱香　王美荣
　　　　蔡庆华　徐　宁　徐志红

北京师范大学出版集团
BEIJING NORMAL UNIVERSITY PUBLISHING GROUP
安徽大学出版社

内容简介

本书根据教育部高等学校计算机基础课程教学指导委员会发布的"大学计算机基础课程教学基本要求"中提出的大学计算机基础课程"一般要求"进行组织编写,由4部分组成。第1部分主要介绍计算机基础知识、基本工作原理、计算机系统的基本概念、软件与硬件的基础知识;第2部分介绍操作系统的基本概念,并讨论 Windows 7 的使用方法;第3部分基于 Office 2010 介绍文字处理、电子表格处理及制作演示文稿的基本方法;第4部分讨论网络基础知识、Internet 应用、多媒体技术、网络安全及新兴信息技术等。本书注重理论与实践相结合,通俗易懂、案例丰富、实用性强,为了方便教与学,配套有实验指导书,同时提供相应课件、课程平台、MOOC 视频等,是一本立体化教材。本书可作为各类高校、中等职业院校大学计算机课程教材,也可供广大读者自学参考。

图书在版编目(CIP)数据

计算机应用基础/万家华,程家兴,张怡文主编.—2版.—合肥:安徽大学出版社,2019.7

高等学校规划教材·计算机系列

ISBN 978-7-5664-1898-2

Ⅰ.①计… Ⅱ.①万…②程…③张… Ⅲ.①电子计算机-高等学校-教材 Ⅳ.①TP3

中国版本图书馆 CIP 数据核字(2019)第 129208 号

计算机应用基础(第2版)

JISUANJI YINGYONG JICHU

万家华 程家兴 张怡文 主编

出版发行:	北京师范大学出版集团 安 徽 大 学 出 版 社 (安徽省合肥市肥西路3号 邮编230039) www.bnupg.com.cn www.ahupress.com.cn
印 刷:	安徽昶颉包装印务有限责任公司
经 销:	全国新华书店
开 本:	184mm×260mm
印 张:	23
字 数:	425千字
版 次:	2019年7月第2版
印 次:	2019年7月第1次印刷
定 价:	55.00元

ISBN 978-7-5664-1898-2

策划编辑:刘中飞 宋 夏　　　　装帧设计:李 军
责任编辑:张明举 宋 夏　　　　美术编辑:李 军
责任印制:赵明炎

版权所有　侵权必究

反盗版、侵权举报电话:0551-65106311
外埠邮购电话:0551-65107716
本书如有印装质量问题,请与印制管理部联系调换。
印制管理部电话:0551-65106311

前言 Foreword

我国高等教育经历了从精英化向大众化的转型,计算机技术也经历了重大的变化,云计算、物联网、大数据等新兴技术的出现促进了计算模式及业务模式的根本性改变,计算思维、新工科等的兴起进一步确定了计算机在现代社会的基础性与重要性地位。为了适应信息技术的快速发展,更为了适应社会的需要,对具有普遍意义的操作方法的讨论和学生熟练掌握计算机基本应用方法能力的培养是本书的重点。在软件版本方面,本书选用当前比较成熟的 Windows 7 操作系统和 Office 2010 办公软件。为了提高学生的学习兴趣,本书增加了实际案例在教材中的比重,设计了近 100 个例题。

全书共分为 11 章。第 1 章,计算机与互联网概述,主要介绍计算机的发展、图形化用户界面、计算思维、信息素养等。第 2 章,计算机硬件,主要介绍计算机基本工作原理、组成和多媒体计算机等。第 3 章,计算机软件,主要介绍软件的概念与分类、操作系统的基本功能与分类、程序设计及程序设计语言、数据库系统的基本概念等。第 4 章,Windows 7 操作系统,主要介绍 Windows 7 的基本操作方法。第 5 章,文字处理,主要介绍 Word 2010 的基本操作方法。第 6 章,制作电子表格,主要介绍 Excel 2010 的基本操作方法。第 7 章,制作演示文稿,主要介绍在 PowerPoint 2010 中建立、编辑、美化及放映演示文稿的基本操作方法。第 8 章,网络与 Internet,主要介绍网络的定义、功能、分类、网络拓扑、协议及 OSI 参考模型、局域网的设计、Internet 常用服务等。第 9 章,多媒体技术,主要介绍多媒体概念、多媒体相关技术等。第 10 章,数据(信息)安全,主要介绍常见的信息安全问题、产生的原因及其安全解决方案。第 11 章,新兴计算机技术与应用,主要介绍计算机技术的发展趋势、影响,以及移动计算、社交网络、云计算和物联网等新兴计算机技术。

为了方便学生的学习,我们不仅编写了与本书配套的《计算机应用基础上机实验(第 2 版)》,还设计了一套与本书内容相配套的练习软件及教学演示文稿。如果读者有这方面的需要,请与我们联系(349826355@qq.com)。

本书由万家华、程家兴、张怡文担任主编。徐志红、徐梅编写第 1、2、7 章,徐宁、王美荣、程家兴编写第 3、5、11 章,万家华编写第 4、8 章,蔡庆华、贺爱香编写

第 6、9 章,张怡文编写第 10 章,万家华统一修改了全书,程家兴、万家华定稿。郭元、丁春玲、胡晓天等也为本书的编写及修改做了大量的工作。本书及配套的《计算机应用基础上机实验(第 2 版)》可作为高等院校计算机基础课程的教材。

  在本书的编写过程中,许多专家及同行给予了指导与帮助。在此,一并向他们表达我们诚挚的谢意!

  限于编者水平,书中难免存在疏漏和不足之处,恳请读者批评指正。

编 者

2019 年 5 月

第1章 计算机与互联网概述 ······ 1

1.1 计算机简介 ······ 1
1.2 计算机的初步操作 ······ 12
1.3 访问 WWW ······ 18
1.4 使用电子邮件 ······ 23
1.5 计算机文化、信息素养和计算思维 ······ 26
习题 1 ······ 31

第2章 计算机硬件 ······ 33

2.1 计算机中的数据表示 ······ 33
2.2 计算机的工作原理 ······ 43
2.3 计算机硬件组成 ······ 50
2.4 微型计算机硬件组成 ······ 63
2.5 多媒体计算机概述 ······ 66
习题 2 ······ 74

第3章 计算机软件 ······ 77

3.1 软件概述 ······ 77
3.2 程序与程序设计语言 ······ 80
3.3 数据库系统概述 ······ 82
3.4 常用工具软件 ······ 84
习题 3 ······ 88

第4章 Windows 7 操作系统 ······ 90

4.1 操作系统概述 ······ 90

4.2 中文 Windows 7 使用基础 ……………………………………………… 97
4.3 中文 Windows 7 的基本资源与操作 ……………………………… 107
4.4 Windows 7 提供的若干附件 ……………………………………… 118
4.5 Windows 7 磁盘管理 ……………………………………………… 126
4.6 Windows 7 控制面板 ……………………………………………… 130
4.7 Windows 7 系统管理 ……………………………………………… 144
4.8 Windows 7 的网络功能 …………………………………………… 147
4.9 Windows 8 简介及其他操作系统 ………………………………… 150
习题 4 ………………………………………………………………… 154

第 5 章 文字处理 ……………………………………………………… 156

5.1 文字处理的任务与流程 …………………………………………… 156
5.2 Word 文档字符操作 ……………………………………………… 160
5.3 设置文档的版面 …………………………………………………… 165
5.4 文档页面设置与打印 ……………………………………………… 176
5.5 图文混排 …………………………………………………………… 179
5.6 在文档中使用表格 ………………………………………………… 182
5.7 使用 WPS …………………………………………………………… 190
习题 5 ………………………………………………………………… 191

第 6 章 制作电子表格 ………………………………………………… 196

6.1 Excel 概述 ………………………………………………………… 196
6.2 建立工作簿文件 …………………………………………………… 198
6.3 编辑工作表 ………………………………………………………… 202
6.4 管理 Excel 工作表 ………………………………………………… 210
6.5 使用公式与函数 …………………………………………………… 212
6.6 数据清单 …………………………………………………………… 216
6.7 在 Excel 文档中使用图表 ………………………………………… 221
6.8 打印 Excel 工作表 ………………………………………………… 224
习题 6 ………………………………………………………………… 226

第 7 章 制作演示文稿 … 230

7.1 演示文稿的作用与制作流程 … 230
7.2 创建第一个演示文稿 … 233
7.3 编辑演示文稿 … 238
7.4 设置动画 … 248
7.5 放映和打印演示文稿 … 250
习题 7 … 255

第 8 章 网络与 Internet … 259

8.1 了解网络 … 259
8.2 局域网简介 … 268
8.3 Internet 概述 … 274
8.4 WWW 概述 … 281
8.5 Internet 的新应用 … 283
习题 8 … 288

第 9 章 多媒体技术 … 290

9.1 多媒体技术概论 … 290
9.2 多媒体素材的采集 … 299
9.3 多媒体素材制作工具 … 303
习题 9 … 319

第 10 章 数据(信息)安全 … 321

10.1 信息安全概述 … 321
10.2 安全管理的基本内容与方法 … 323
10.3 数据备份与恢复 … 328
10.4 计算机病毒防护 … 330
10.5 隐私保护技术 … 333
习题 10 … 338

第 11 章　新兴计算机技术与应用 ·················· 340

11.1　计算机技术发展 ················· 340
11.2　新兴计算机技术 ················· 344
习题 11 ································ 356

参考文献 ·································· 357

计算机与互联网概述

【主要内容】

◇ 计算机技术的发展历史。
◇ 计算机的特点与分类。
◇ 计算机的主要应用。
◇ 计算机的基本操作。
◇ WWW 及搜索引擎。
◇ 通过浏览器及客户端软件使用电子邮件。
◇ 计算机文化、信息素养及计算思维。

【学习目标】

◇ 根据发展过程理解计算机及计算技术的发展规律及趋势。
◇ 理解计算机技术对现代社会的影响。
◇ 熟练使用图形用户界面。
◇ 使用浏览器搜索并获取需要的信息。
◇ 使用电子邮件与他人进行交流。
◇ 了解计算机文化、信息素养及计算思维。

1.1 计算机简介

计算机的定义与计算机的发展有着紧密的联系,在不同的历史时期,对计算机的定义有着不同的描述。最早的计算机只能做简单的计算,当时的计算机甚至被定义为"执行计算任务的人"。而现代通常所说的计算机或者电脑,实际上是"电子数字计算机"(Electronic Numerical Computer)的简称,是一种利用电子学原理根据事先存储的一系列指令对数据进行处理,能自动、高速、精确地进行信息处理的电子设备,是 20 世纪最重大的发明之一。自 1946 年第一台电子数字计算机诞生以来,计算机发展十分迅速,已经从科技军事应用渗透到人类社会的各个领域,对人类社会的发展产生了极其深刻的影响。

1.1.1 计算机的诞生及发展

1. 电子计算机的产生

17世纪,德国数学家莱布尼茨发明了二进制,为计算机内部数据的表示方法创造了条件。20世纪初,电子技术得到飞速发展。1904年,英国电气工程师弗莱明研制出真空二极管。1906年,美国科学家福雷斯特发明真空三极管,为计算机的诞生奠定了基础。

20世纪40年代后期,西方国家的工业技术得到迅猛发展,相继出现了雷达和导弹等高科技产品。原有的计算工具对大量复杂的科技产品的计算无能为力,这迫切需要在计算技术上有所突破。1943年正值第二次世界大战,美国为了解决新武器研制中的弹道计算问题而组织科技人员开始了电子数字计算机的研究。

实际上,对于历史上第一台计算机的认定,从不同的视角看,人们可能会有不同的回答。一般认为1946年2月在美国宾夕法尼亚大学研制成功并投入运行的电子数字积分计算机(Electronic Numerical Integrator And Computer,ENIAC)是人类历史上第一台通用电子计算机,它是由John W Mauchly和John Presper Eckert等人研制,如图1-1所示。ENIAC重约27吨,由18 000个左右的电子管组成,耗电约150千瓦,占地约167平方米,运算速度为5 000次/秒。ENIAC的问世标志着电子计算机时代的到来,具有划时代意义。

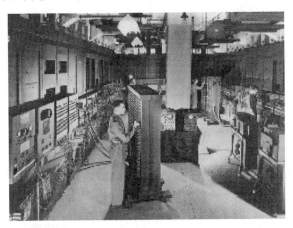

图1-1　ENIAC计算机

另一种说法是Atanasoff-Berry计算机(Atanasoff-Berry Computer,ABC)才是世界上第一台电子数字计算设备,它是由美国爱荷华州立大学的John Vincent Atanasoff和他的研究生Clifford Berry于1940年前后发明的。在ABC计算机中,已经包含了现代计算机的重要元素,如二进制运算和电子开关等。但是,由于它缺乏通用性及存储程序等机制,因此与现代计算机相比仍然有较大差异。

ENIAC 和 ABC 的第一台计算机之争于 1973 年在法律上得到了解决。1973 年 10 月 19 日，美国明尼苏达州地方法院宣布裁决，ENIAC 专利是由 John Vincent Atanasoff 的发明所衍生的。尽管法院做出了裁定，但是 Mauchly 对 Atanasoff 的思想究竟吸取到什么程度仍然是未知的。有观点认为，ABC 计算机的技术相当温和，Mauchly 看到了 ABC 计算机的潜在意义，并提出了一个类似的电子解决方案。

图 1-2　陈列于爱荷华州立大学的 ABC 计算机的复制品

但是，在公众领域内，还是普遍将 ENIAC 认定为世界上第一台电子计算机，并将 Mauchly 认定为电子计算机之父。抛开"第一台"之争，ENIAC 和 ABC 在计算机发展历史上都有重要地位，IEEE(Institute of Electrical and Electronics Engineers)分别于 1987 年将 ENIAC，于 1990 年将 ABC 认定为计算机发展史上的里程碑。

2. 电子计算机的发展

从第一台计算机问世到现在已有 70 多年的时间，由于其计算能力强大，能够通过高速的计算增强人们执行复杂任务时的智能，使人类更加具有创造力。当然，这种强大的计算能力也经历了一个不断发展与完善的过程。在这个过程中，计算机及相关技术的发展大致经历了如下几个发展阶段。

(1) 电子管时代(1946—1958)。

在电子管时代，组成电子管计算机的元器件基本上都是电子管(真空管)，其缺陷是功耗大，易损坏。电子管计算机的主存储器采用汞延迟线或静电储存管，容量很小；外存储器使用了磁鼓；输入/输出装置主要采用穿孔卡。这一阶段的软件及应用相对比较单一，没有系统软件，编程只能采用机器语言或汇编语言编写程序，即用"0"和"1"来表示指令和数据。由于当时电子技术的限制，其运算速度每秒仅为数千至数万次，内存容量仅几千字节。第一代电子计算机体积庞大，造价高,应用方法比较复杂,应用范围相对比较狭窄,一般主要用于军事和科学研究等专业性较强的领域。电子管时代持续到1958年前后。

(2)晶体管时代(1958—1964)。

晶体管计算机的逻辑元件采用晶体管,与电子管相比,其体积小、耗电省、速度快、价格低、寿命长,性能及可靠性均得到了大幅度的提升。主存储器采用磁芯,外存储器采用磁盘、磁带,存储器容量有较大提高;运算速度达到每秒数百万次。它除了用于科学计算外,还用于数据处理和事务处理等民用行业。

在这一时期,软件方面产生了监控程序(Monitor),提出了操作系统的概念,程序设计语言取得了突破性的进展。一些高级程序设计语言,如FORTRAN、COBOL及ALGOL 60等相继问世,先用汇编语言(Assemble Language)代替了机器语言,接着又发展了高级编程语言,如FORTRAN、COBOL、ALGOL等。这些技术的进步促进了计算机应用的发展,计算机开始进入实时过程控制和数据处理领域。在这一阶段的后期还出现了操作系统的雏形,例如,IBM为7094机配备的操作系统IBM SYS等。软件技术的进步为用户使用计算机提供了更多的方便,使得计算机应用从纯粹的军事及科研转向企业,同时也使得计算机的应用更加高效。

(3)集成电路时代(1965—1970)。

集成电路计算机的基本特征是逻辑元件采用小规模集成电路(Small Scale Integration,SSI)和中规模集成电路(Middle Scale Integration,MSI)。它的体积更小,耗电更省,寿命更长,如图1-3所示。存储器进一步发展,以磁芯为主,开始使用半导体存储器,存储容量大幅度提高;体积越来越小,价格越来越低。运算速度每秒可达几十万次到几百万次。系统软件与应用软件也逐步完善并迅速发展,结构化程序设计思想与软件工程方法被提出,操作系统不断完善,随之出现了分时操作系统和会话式语言。在程序设计中采用了结构化、模块化的设计方法,极大地促进了软件的发展与计算机的商业应用,使得计算机成为企业管理不可或缺的工具,计算机开始广泛应用在各个领域。

图1-3 各种不同类型的集成电路芯片

当大规模集成电路于1970年前后被应用于计算机时,第四代计算机问世了。

(4)大规模集成电路时代(1971—)。

大规模集成电路计算机的基本特征是逻辑元件采用大规模集成电路(Large Scale Integration,LSI)和超大规模集成电路(Very Large Scale Integration,VLSI)技术。主存储器采用半导体存储器,容量已达第三代计算机的辅存水平,作为外存的软盘和硬盘的容量成百倍地增加,并开始使用光盘;输入设备出现了光字符阅读器、触摸输入设备、语音输入设备等,使操作更加简洁灵活;输出设备已逐步转到了以激光打印机为主,使字符和图形的输出更加逼真、高效。计算机的速度最高可达每秒几十万亿次浮点运算。操作系统不断完善,应用软件已成为现代工业的一部分。

目前,广泛应用的计算机均属于第四代计算机,采用VLSI技术。而计算机技术是目前发展最快的科技领域,新一代计算机的目标是使计算机具有智能特性,具有知识表达和推理能力,能模拟人的分析、决策、计划和其他智能活动,具有人机自然通信能力。现在已经开始了对神经网络计算机、生物计算机等的研究,并取得了可喜的进展。特别是生物计算机的研究表明,采用蛋白分子为主要原材料的生物芯片的处理速度比现今最快的计算机的速度还要快一百万倍,而能量消耗仅为现代计算机的十亿分之一。高性能、多媒体、网络化、微型化和智能化是未来计算机的主要发展方向。

3. 计算机技术的发展趋势

根据过去几十年发展的轨迹,我们可以归纳出计算机技术的发展方向。从硬件方面看,主要体现在体积、速度、价格及外围设备等几个方面。计算机的体积越来越小、耗电量越来越少、速度越来越快、性能越来越佳、价格越来越便宜、操作越来越容易。

未来计算机的发展呈现出巨型化、微型化、网络化和智能化4个趋势。

(1)巨型化。

巨型化是指计算机的计算速度更快、存储容量更大、功能更强大、可靠性更高。巨型化计算机的应用范围主要包括天文、天气预报、军事和生物仿真等,因为这些领域需进行大量的数据处理和运算,所以只有性能强的计算机才能完成。图1-4所示为我国自行研制的神威·太湖之光高性能计算机,全球首个理论性能达到10亿亿次的超算,标志着我国的高性能计算技术已经迈入世界前列。

(2)微型化。

随着集成电路集成度的提高,一块只有指甲大小的集成电路可以集成几万甚至几十万的晶体管,从而使得计算机的体积大大减小。笔记本电脑及掌上电脑之类的便携式计算机已经相当普及,而一些更加灵巧轻便的嵌入式设备也在不断涌现,如笔记本电脑、MP4播放器、平板电脑以及智能手机等受到越来越多用户的青睐。

图1-4　神威·太湖之光

(3)网络化。

随着计算机的普及,计算机网络也逐步深入人们工作和生活的各个部分。计算机网络可以连接地球上分散的计算机,然后共享各种分散的计算机资源。计算机网络逐渐成为人们工作和生活中不可或缺的事物,计算机网络化可以让人们足不出户就能获得大量的信息,与世界各地的亲友进行通信、网上贸易等。

(4)智能化。

早期,计算机只能按照人的意愿和指令去处理数据,而智能化的计算机能够代替人的脑力劳动,具有类似人的智能,如能听懂人类的语言,能看懂各种图形,可以自己学习,可以进行知识处理,这些能力使它能代替人的部分工作,比如门禁装置能自动接收和识别指纹,车辆驾驶系统能听从主人语音指示等。未来的智能型计算机将会代替甚至超越人类某些方面的脑力劳动。让计算机具有人的某些智能将是计算机发展过程中的下一个重要目标。

从软件角度看,其发展趋势表现在开发的高效与可重用性、应用的方便与直观性、功能的标准与安全性等方面。

在软件开发技术方面,面向对象技术、中间件技术以及面向服务的体系结构(Service-Oriented Architecture,SOA)等使得软件开发的效率越来越高,也使得软件重用成为现实。从软件的应用方面来看,其用户界面越来越直观,越来越人性化,大大地方便了用户的操作。从软件的功能来看,以标准化的服务方式提供各种功能成为目前的主流。当然,在软件开发过程中通过一系列的标准保证软件及应用的安全性也成为开发者及应用者关注的焦点。

1.1.2　计算机的特点与分类

1. 计算机的特点

从面向用户及设备的角度来看,计算机大致有以下几个方面的特点,这些特点促使计算机迅速发展并获得极其广泛的应用。

(1) 运算速度快。

计算机的运算速度一般用 MIPS(百万条指令/秒)表示。电子计算机的工作基于电子脉冲电路原理,由电子线路构成其各个功能部件,其中电场的传播扮演主要角色。我们知道电磁场传播的速度是很快的,现在高性能计算机配备单个 CPU 的微型计算机的运算速度最高可以达到数百个 MIPS,大型或者巨型计算机的运算速度则可以达到万亿次、百万亿次甚至更高。2018 全国高性能计算学术年会揭晓了中国高性能计算机 TOP100 排行榜,夺得第一名的是神威·太湖之光。其理论性能达到十亿亿次的超算。而在很多场合下,运算速度起决定作用。例如,计算机控制导航要求"运算速度比飞机飞得还快";气象预报要分析大量资料,若用手工计算,则需要十天半月,这就失去了预报的意义。而用计算机计算只需几分钟就能算出一个地区内数天的气象预报。

(2) 精确度高。

计算机运算的高精确性来自于两个方面:一方面,作为一种电子的自动运算设备,它具有较高的稳定性,很少会出错误,从而保证了计算的精确性;另一方面,计算机能够处理的数据有效位数较高,一般都可以有十几位有效数字,也能够提供多种表示数据的方式,例如,单精度浮点数、双精度浮点数等,能够满足对各种计算精度的要求。历史上有个著名的数学家挈依列,曾经为计算圆周率 π,整整花了 15 年时间,才算到第 707 位。现在将这件事交给计算机做,几个小时就可计算到 10 万位。

(3) 超强的记忆能力。

"记忆"是指计算机能够将需要处理的原始数据及相关的处理过程与方法保存下来,这主要归功于计算机内部的特殊部件——存储器。计算机中有许多存储单元,用于记忆信息。内部记忆能力是电子计算机和其他计算工具的一个重要区别。由于具有内部记忆信息能力,在运算过程中就可以不必每次都从外部去取数据,而只需事先将数据输入内部的存储单元中,运算时即可直接从存储单元中获得数据,从而大大提高了运算速度。计算机存储器的容量可以做得很大,而且可以保存的还有运算过程中产生的中间结果。保存的方式也不尽相同,有用于临时保存的内存储器,也有用于长期保存的外存储器。

(4) 复杂的逻辑判断能力。

人是有思维能力的。思维能力本质上是一种逻辑判断能力,也可以说是因果关系分析能力。计算机的逻辑推理能力来自于计算机的一个部件——运算器。该部件可以进行算术及逻辑运算。借助于逻辑运算,可以让计算机做出逻辑判断,分析命题是否成立,并可根据命题成立与否做出相应的对策。例如,数学中有个"四色问题"。100多年来,不少数学家一直想去证明或者推翻它,却一直没有结果。它成了数学中著名的难题。1976年,两位美国数学家终于使用计算机进行了非常复杂的逻辑推理,并验证了这个著名的猜想。

(5) 按程序自动工作的能力。

一般的机器是由人控制的,人给机器一个指令,机器就完成一个操作。计算机的操作也是受人控制的,但由于计算机具有内部存储能力,可以将程序及原始数据事先输入计算机存储起来,在计算机开始工作以后,CPU 就可以根据程序规定的操作自动处理这些原始数据,即 CPU 从存储单元中依次取指令,进而控制计算机的操作,使人们可以不必干预计算机的工作,就能实现操作的自动化。这种工作方式称为程序控制方式。这也是计算机与其他计算工具的本质区别。

(6) 良好的连接性。

连接性主要包含两个方面的含义:其一是指计算机系统提供了丰富的外围设备接口。随着技术的不断发展,计算机除了能够连接传统的显示器、打印机、键盘及鼠标等设备外,还可以连接麦克风、音箱等输入/输出语音的设备以及摄像机之类的视频设备;其二是指方便的网络连接。由于 Internet 的普及、网络技术的发展以及操作系统功能的完善,用户可以方便地将其计算机连接到一个网络中,并通过该网络访问 Internet 上的资源。

2. 计算机的分类

按计算机的工作原理分类,可将计算机分为模拟电子计算机和数字电子计算机;按计算机的用途分类,可将其分为专用计算机和通用计算机。其中,专用计算机是指为适应某种特殊需要而设计的计算机,如计算导弹弹道的计算机等。因为这类计算机增强了某些特定功能,忽略一些次要要求,所以有高速度、高效率、使用面窄和专机专用等特点。通用计算机广泛适用于一般科学运算、学术研究、工程设计和数据处理等领域,具有功能多、配置全、用途广和通用性强等特点,目前市场上销售的计算机大多属于通用计算机。

根据计算机的性能、规模和处理能力,计算机又可分为嵌入式设备、微型计算机、小型计算机和大(巨)型计算机。

(1) 嵌入式设备。

与一般意义上的计算机不尽相同,嵌入式设备是指拥有为特定应用而设计的专用计算机系统的设备。嵌入式系统以应用为中心、以计算机技术为基础,通过对软件及硬件的定制与裁剪以适应应用系统对功能、可靠性、成本、体积及功耗等的严格要求。嵌入式系统中运行的是特定的软件,向用户提供专门的功能,一般不能随意改变。例如,MP3、MP4以及GPS导航仪等均是典型的消费类嵌入式设备。最近几年,嵌入式设备发展相当迅速,甚至有人认为"嵌入式设备的未来代表了计算机的未来"。

(2)微型计算机。

微型计算机简称微机,是应用最普及的机型,占了计算机总数的绝大部分,而且价格便宜、功能齐全,被广泛应用于机关、企事业单位和家庭中。微型机按结构和性能可以划分为单片机、单板机、个人计算机、工作站和服务器等,其中个人计算机又可分为台式计算机和便携式计算机(如笔记本电脑)两类,如图1-5所示。

图1-5 微型台式计算机和笔记本电脑

微型计算机可以独立使用,但随着网络的发展与普及,在更多的情况下可能是通过网络与其他微型计算机或者更高性能的计算机相连,在一个协同工作或者资源共享的环境中承担一定的角色。网络中的PC服务器实际上也是一种功能更强大的微型计算机。

(3)小型计算机。

小型机是指采用精简指令集处理器,性能和价格介于微型机服务器和大型机之间的一种高性能64位计算机。小型机的特点是结构简单、可靠性高、维护费用低,常用于中小型企业。随着微型计算机的飞速发展,小型机最终被微型机取代的趋势已非常明显。

小型计算机系统中一般都包含多颗CPU,其体积比微型计算机要大一些,速度一般能够达到每秒钟数百亿次或者更高,价格通常在数十万至数百万元人民币之间。小型计算机对使用环境,如温度、湿度以及洁净度等有比较严格的要求。典型的小型计算机系统外观如图1-6所示。

随着各类应用对计算性能的要求越来越高,小型计算机的应用越来越广泛,特别是在一些对数据安全性要求较高的机构(如金融、保险、航空以及高等学校等)应用广泛。

图1-6 小型计算机

(4)大型计算机。

大型计算机的特点是体积庞大、运算速度快、存储量大、通用性强、价格昂贵。在大型计算机系统中,一般都会有数百、数千甚至数万个处理器,其运算速度通常在每秒万亿次以上,如图1-7所示。目前最快的大型计算机运算速度达到每秒千万亿次,可以同时为多个用户的任务提供服务,主要针对计算量大、信息流通量多、通信能力高的用户,如银行、政府部门和大型企业等。目前,生产大型主机的公司主要有IBM等。

图1-7 大型计算机

图1-8 巨型计算机

(5)巨型计算机。

巨型计算机也称超级计算机或高性能计算机,是速度最快、处理能力最强的计算机,是为少数部门的特殊需要而设计的,如图1-8所示。对一个国家来说,巨型计算机往往具有一定的战略意义。巨型机多用于国家高科技领域和尖端技术研究,是一个国家科研实力的体现。现有的超级计算机运算速度大多在每秒一万亿次以上。当然像天气预报等商业市场领域目前也有应用。

对计算机进行分类是一件很困难的工作,因为计算机技术在不断发展,不同类型计算机的技术也在互相渗透,这导致了不同类型计算机之间的界线非常模糊。非专业人员可以从销售商或生产厂商提供的产品资料来获取有关产品分类的信息。

1.1.3 计算机的主要应用

在计算机诞生初期,计算机主要应用于科研和军事等领域,负责的工作内容主要是针对大型的高科技研发活动。随着社会的发展和科技的进步,计算机的性能不断提高,在社会的各个领域都得到了广泛的应用。计算机的应用可以概括为以下几个方面。

(1) 科学计算。

科学计算主要解决科学研究和工程技术中提出的数值计算问题。如天体运动轨迹计算、石油勘探、气象预报、工程设计、生物工程等方面，都需要计算机进行大量高速且精确的计算。

(2) 数据处理。

大量的计算机应用，从桌面上的文字处理到复杂的数据库管理，都与数据处理有关。对于数据处理而言，其计算并不复杂，更多的是大量数据的收集、存储、加工、分类、排序、查询及产生报表等方面的操作。例如人事档案管理、学籍管理、人口普查、人才资源管理等，现在都采用计算机对其进行计算、分类、检索、统计等处理。当然，数据本身反映客观世界的状态，它也处在不断地变化与发展之中，这就需要对数据进行维护与管理。

典型的数据处理方面的应用是管理信息系统(Management Information System，MIS)。MIS涉及企业管理的各个环节，从生产业务处理到作业管理控制，直至企业管理决策等都可以通过MIS来实现。MIS为企业实现科学规范的管理，提高生产效率与效益提供了基础。

(3) 过程控制。

计算机具有的逻辑判断能力及自动控制能力，适用于过程控制中信号的自动采集以及分析与处理，它加快了工业自动化的进程。如计算机集成制造系统(Computer Integrated Manufacturing System，CIMS)、火箭控制系统、电焊机器人的控制系统等，都是由计算机自动控制的。

(4) 计算机辅助技术。

计算机辅助技术通常包括计算机辅助设计(CAD)、计算机辅助制造(CAM)、计算机集成制造系统(CIMS)及计算机辅助教学(CAI)等。从通常意义上讲，设计是一项极具创造性的工作。当计算机技术进入设计领域时，奇迹产生了。设计人员可以在计算机的支撑下，通过对产品的描述、造型、系统分析、优化以及仿真，完成产品的全部设计过程，最后输出满意的设计结果和产品图形。目前，CAD在汽车、微电子、建筑、服装以及许多尖端科技领域都有相当广泛的应用。CAM技术指的是利用计算机对生产设备进行控制与管理，实现无图纸的加工等。而计算机集成制造系统则是范围更加广泛的计算机管理与控制系统，从管理信息系统到生产过程控制，从订单管理到决策支持，几乎包括了企业管理及生产的每一个环节。CAI是利用信息技术实现教学过程的一种方法，它可以通过网络及计算机实现教学过程中的每一个环节。更加重要的是，通过CAI，学习者能够得到一种全新的学习环境，能够根据自己的需要进行个性化的学习，能够充分调动学习者的学习积极性,实现主动学习。

(5) 人工智能。

通常认为计算机与人的最大区别是人能思考,而计算机只能根据编制好的程序机械地运算。随着人工智能技术的发展,这个观点需要改变了。人工智能(Artificial Intelligence,AI)是一门综合了计算机科学、生理学和哲学的交叉学科。人工智能的研究范围很广,从机器视觉到专家系统,包括了许多不同的领域。这其中共同的基本特点是让机器学会"思考"。为了区分机器是否会"思考",有必要给出"智能"的定义。究竟"会思考"到什么程度才叫"智能"? 或许衡量机器智能程度的最好标准是英国计算机科学家阿伦•图灵的观点。他认为,如果一台计算机能骗过人,使人相信它是人而不是机器,那么它就应当被视为"有智能"。

(6) 多媒体应用。

多媒体计算机的出现提高了计算机的应用水平,扩大了计算机技术的应用领域,设定计算机除了能够处理文字信息外,还能处理声音、视频、图像等多媒体信息。

(7) 网络通信。

网络通信是计算机技术与现代通信技术相结合的产物。网络通信是指利用计算机网络实现信息的传递功能,随着 Internet 技术的快速发展,人们可以在不同地区和国家间进行数据的传递,并可通过计算机网络进行各种商务活动。

1.2 计算机的初步操作

从用户角度考虑,操作计算机总是有一定的需求,这种需求可能与工作相关,也可能与学习、娱乐或者生活相关。但不管用户的需求是什么,计算机操作的基本过程一般都包括打开计算机、告诉计算机需要执行的任务(运行满足用户需求的计算机软件)、从计算机系统中获取处理结果等。

1.2.1 开机与关机

对用户而言,开机就是按下电源开关。事实上,当用户按下电源开关后,计算机将自动运行一系列的程序,这些程序一般都是操作系统的组成部分,关于操作系统的定义、功能等具体内容,将在第 4 章进一步讨论。

用户按下电源开关并成功开机后,根据计算机系统中安装的操作系统的不同,可能会出现不同的界面,各种操作系统的操作方式也不相同。例如,在 Windows 7 环境下,系统启动完成后将进入 Windows 7 欢迎界面,若只有一个用户且没有设置用户密码,则直接进入系统桌面,如图 1-9 所示。如果系统存在多个用户且设置了用户密码,则需要选择用户并输入正确的密码才能进入系统。

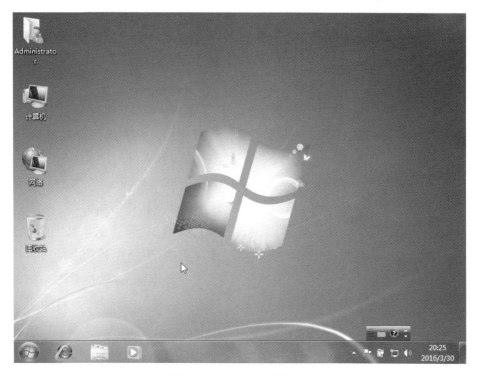

图 1-9　Windows 7 系统桌面

计算机操作结束后需要退出 Windows 7。正确退出 Windows 7 关闭计算机的方法是:单击"开始"按钮,在打开的"开始"菜单中单击 关机 按钮即可,如图 1-10 所示。最后关闭显示器的电源。此外,如果计算机出现死机或故障等问题,可以尝试重新启动计算机来解决。

图 1-10　退出 Windows 7

1.2.2 用户界面

当今的计算机之所以被称为"通用计算机",是因为它能够处理各种各样非常复杂的任务,但前提是必须将需要处理的任务及相关的处理程序"告诉"计算机。在处理过程中,可能还需要用户与计算机进行交流,通常将人与计算机之间的这种交流称为"人机交互",即这个任务要由用户与计算机共同完成。

用户通过什么与计算机进行交互呢?答案是用户界面。用户界面不仅提供了实现这种交互的基本手段,也决定了操作计算机的复杂程度。通过用户界面,计算机接收输入,向用户展示输出,即告诉用户输入数据(任务)的处理结果。事实上,计算机领域的一个重要研究方向就是人机交互及界面研究,其目标是使计算机的操作更加直观、更加简单。用户界面涉及硬件与软件两个方面。硬件决定操作计算机的方式。例如,通过键盘,可以手工输入数据;通过麦克风之类的语音输入设备,则可以向计算机"说"信息。在操作过程中,用户接触较多的硬件界面包括指示设备、键盘及显示器等,即通常所说的"外部设备"。软件界面一般与操作系统密切相关,它由操作系统提供。软件界面有两种类型,即命令行用户界面与图形化用户界面。图 1-11 所示的是由 MS-DOS 提供的传统的命令行用户界面。在这种环境中,要通过键盘输入由字符组成的命令,告诉计算机需要完成的任务。

图 1-11 MS-DOS 提供的命令行用户界面

当前比较流行的操作系统,例如 Windows、Linux,都提供了图形用户界面。在 Windows 7 中,几乎所有的操作都要在窗口中完成,在窗口中的相关操作一般是通过鼠标和键盘来进行的。例如,双击桌面上的"计算机"图标,将打开

"计算机"窗口,如图 1-12 所示。这是一个典型的图形用户界面窗口,各个组成部分的作用介绍如下。

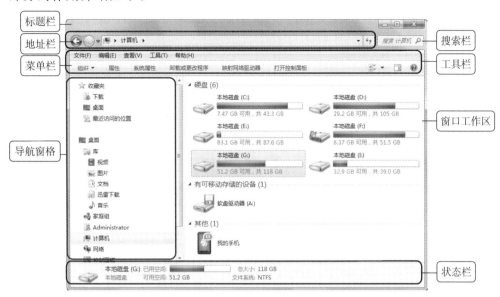

图 1-12　Win 7 图形用户界面窗口的组成

图形用户界面窗口包含了若干个直观的图标,通过鼠标对某个图标进行操作就可以完成相关任务。例如,双击一个图形对象表示打开这个对象,如果这个对象代表的是应用程序,双击它就意味着运行这个程序。显然图形用户界面的操作要简单得多。

相比较而言,图形化的用户界面比较直观,操作也更加简便。大多数情况下,用户只需要通过鼠标的点击就可以完成操作任务,计算机系统也会以窗口或者对话框的形式显示相应信息。图形化用户界面是一个通称,它包括了许多元素,如图标、窗口、菜单、对话框等。图形化用户界面出现于 20 世纪 80 年代,Apple 公司在他们的计算机上安装了图形化界面的操作系统。从那以后的 30 多年的时间中,Microsoft Windows、Linux 等多种操作系统先后都提供了图形化用户界面。

1. 窗口

窗口是图形化用户界面中最常见的形式,一个窗口可能代表一个正在运行的应用程序或者应用程序中的某一项具体功能,也可能代表一个物理设备,例如,某一个磁盘。不管窗口代表的对象是什么,其结构都基本相同,包含了标题栏、菜单栏、控制按钮、工具按钮以及状态栏,如图 1-12 所示。关于窗口的组成及操作的进一步讨论,将在第 4 章中进行。

2. 图标

图标可以代表一个应用程序、文件夹或者实际的物理设备。其中桌面图标一般是程序或文件的快捷方式,程序或文件的快捷图标左下角有一个小箭头。安装新软件后,桌面上一般会增加相应的快捷图标,如"腾讯 QQ"的快捷图标为▉,"计算机"的系统图标为▉。双击桌面上的某个图标可以打开该图标对应的窗口。

3. 菜单与对话框

菜单通常会显示一组命令或者选项。在 Windows 7 中,常用的菜单类型主要有子菜单、菜单和快捷菜单(如单击鼠标右键弹出的菜单),如图 1-13 所示。用户使用时可以直接选择其中的某一项,当然,计算机内部执行的还是与菜单命令对应的处理程序,用户看到的菜单实际上就是命令的直观(或者称为"图形化")形式。

使用菜单的基本方式既可以是鼠标点击,也可以是键盘按键的组合。例如,按组合键"Ctrl+C"可以复制选定的文本,按"Ctrl+X"可以剪切选定的文本。

图 1-13　Windows 7 中的菜单类型

对于一个具体的软件而言,其功能或者命令字的组合可能有上百项甚至更多,不可能每一项组合都对应一个菜单,因此又通过子菜单及对话框来扩充菜单的选项。与一般的 Windows 窗口类似,对话框中也包含若干组件,例如,下拉列表、复选项、选项卡及各种命令按钮等,选择不同的命令,所打开的对话框也各不相同,但其中包含的参数类型是类似的。如图 1-14 所示。

4. 用户界面与设备

不同的用户界面需要用到不同的物理设备,图形化用户界面离不开鼠标,而命令行用户界面则主要由键盘来完成输入。用户界面一直处于不断发展的过程中,很难用一个标准来衡量用户界面的好坏。一般来说,一个好的用户界面应该使计算机容易使用、直观并且没有理解上的障碍。但实际的状况并不令人满意,有些计算机系统提供的用户界面不好理解,用起来也比较复杂。用户界面的发展,还应该考虑一些特殊用户群体的需要,例如,孩子、某种类型的残疾人等。

图 1-14 "屏幕保护程序设置"对话框

1.2.3 获取帮助

在使用计算机时,总是会遇到各种问题。对于用户来说,在遇到问题时,应该知道如何寻找解决方案。一般来说,既可以与老师、同学或者同事讨论解决,也可以通过书本、网络或者其他的媒体资源进行解决。对 Windows 软件,还有联机帮助、在线教程及参考手册等。

(1)联机帮助。

"联机帮助"是指在程序运行时得到的帮助信息。大多数图形化用户界面的程序都提供联机帮助信息。通过这些信息,一般都可以解决遇到的问题。在 Windows 中几乎所有的"联机帮助"功能都可以通过"F1"来启动。例如,在 Internet Explorer 中,按下"F1"键后,可以看到如图 1-15 所示的帮助界面。

(2)在线教程。

在线教程一般通过网络或者 Internet 提供。有些软件会提供在线教程,通过这个教程可以循序渐进地了解软件的主要功能,学习其使用方法。当然,也可以通过其他形式的教程来学习。

(3)参考手册。

参考手册是关于硬件或者软件性能及使用的详细描述,是用户资源的重要组成部分。它几乎就是相关硬件或者软件的百科全书,包含关于硬件或者软件的所有特征的描述。

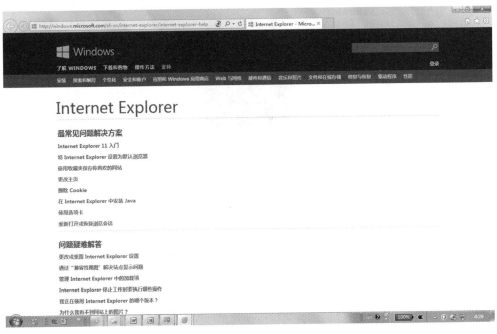

图 1-15　Internet Explorer 的帮助界面

1.3　访问 WWW

WWW(World Wide Web)的字面意思是"布满世界的蜘蛛网",一般把它称为"环球网"或"万维网"。WWW 是一个基于超文本(Hypertext)方式的信息浏览服务,它为用户提供了一个可以轻松驾驭的图形化用户界面,以查阅 Internet 上的文档。这些文档与它们之间的链接一起构成了一个庞大的信息网,称为 WWW 网。

现在 WWW 服务是 Internet 上最主要的应用,通常所说的上网、看网站一般来说就是使用 WWW 服务。浏览器是用户访问 WWW 的基本工具,本节虽不详细介绍相关的概念及原理,但希望读者通过本节内容的学习,能够使用浏览器在 Internet 上找到需要的信息。

1.3.1　打开浏览器

在 Internet 上发展最快、人们使用最多、应用最广泛的是 WWW 浏览服务。从用户角度看,浏览器是一种在计算机上运行的能够帮助用户访问网站及网页的软件;从技术上讲,浏览器是客户机/服务器模式中的一个客户端软件。这个软件能够实现用户计算机(客户端)与 Web 服务器之间的通信。通过它,用户可以访问 WWW 上的资源并获取需要的信息。最早出现的浏览器软件是 Mosaic,它是由 Illinois 大学的 NCSA(National Center for Supercomputing Applications)开发的。在 Mosaic 的基础上,1994 年,NCSA 发表了 Netscape Navigator Version 1.0 版。它很快就成了最流行、应用最广泛的浏览器软件。

此外,在众多的浏览器软件中,当前应用比较广泛的浏览器主要是 Microsoft 公司的 IE(Internet Explorer)和由 Google(谷歌)公司开发的开放原始码网页浏览器 Google Chrome,还有 360、Google Chrome、Firefox 等。

(1) IE 浏览器。

Microsoft 公司为了争夺和占领浏览器市场,在操作系统 Windows 95 之后投入大量人力、财力加紧研制用于 Internet 的 WWW 浏览器,并在后续的 Windows 95 OEM 版以及后来的 Windows 98 中捆绑免费发行,一举从网景公司手中夺得大片浏览器市场。IE 流行的版本有 V3.0、V4.0、V5.0、V6.0、V7.0、V8.0、V9.0、V10.0,现在使用最新的是 IE V11.0。

(2) Google Chrome 浏览器。

它是谷歌公司开发的浏览器,又称 Google 浏览器。Chrome 在中国的通俗名字,音译是 kuo mu,中文字取"扩目",意取"开阔你的视野"。Chrome 包含了"无痕浏览"(Incognito)模式(与 Safari 的"私密浏览"和 Internet Explorer 8 的类似),这个模式可以"让你在完全隐秘的情况下浏览网页,因为你的任何活动都不会被记录下来",同时也不会储存 cookies。当在窗口中启用这个功能时"任何发生在这个窗口中的事情都不会进入你的计算机。"

Chrome 搜索更为简单,Chrome 的标志性功能之一是位于浏览器顶部的一款通用工具条 Omnibox。用户可以在 Omnibox 中输入网站地址或搜索关键字,或者同时输入这两者,Chrome 会自动执行用户希望的操作。Omnibox 能够了解用户的偏好,如果一用户喜欢使用 PCWorld 网站的搜索功能,一旦用户访问该站点,Chrome 会记得 PCWorld 网站有自己的搜索框,并让用户选择是否使用该站点的搜索功能。如果用户选择使用 PCWorld 网站的搜索功能,系统将自动执行搜索操作。

例 1-1 已知安徽新华学院的网址是"http://www.axhu.edu.cn",请访问其主页,并了解信息工程学院学院概况。操作步骤如下:

① 双击桌面上的 IE 图标。

② 在打开的浏览器的地址栏中输入网址"http://www.axhu.edu.cn",按回

车键,屏幕显示如图 1-16 所示的窗口。

图 1-16 通过 IE 浏览器访问的安徽新华学院主页

③在主页中寻找信息工程学院相关的链接,单击"机构设置",选择"信息工程学院"链接,在接下来打开的网页上浏览感兴趣的内容。

但在实际应用中,有时不一定知道具体的网址,这时可以使用搜索引擎。

1.3.2 使用搜索引擎

使用搜索引擎时,用户应该知道自己需要从 Internet 上获取什么信息?更进一步地,需要理解与信息相关的关键词是什么。例如,当你准备从合肥搭乘高铁前往北京时,可能需要了解合肥开往北京的高铁列车时刻表,还需要了解北京的酒店以及交通等情况。这时"合肥站高铁列车时刻表""北京酒店"以及"北京交通"都是相关的关键词。在明确了需求之后,下一个问题就是找到需要的信息在什么地方?一般来说,肯定会有许多网站可以提供信息,但是如何找到这些网站呢?常用的方法就是通过搜索引擎来查询需要的网址。

搜索引擎是在 Internet 上对信息资源进行组织的一种主要方式。从广义上讲,搜索引擎是用于对网络信息资源管理和检索的一系列软件,在 Internet 上查找信息的工具或系统。常用搜索引擎有百度、Google 和搜狐。

1. 百度

百度是国内最大的商业化全文搜索引擎,占国内 80%的市场份额。百度的网址是:http://www.baidu.com,其搜索页面如图 1-17 所示。百度功能完备,搜索精度高,除数据库的规模及部分特殊搜索功能外,其他方面可与当前的搜索引擎界领军人物 Google 相媲美,在中文搜索支持方面甚至超过了 Google,是目前国内技术水平最高的搜索引擎。

图 1-17 百度的搜索页面

百度目前主要提供中文(简/繁体)网页搜索服务。如无限定,默认以关键词精确匹配方式搜索。支持"－""."" | ""link:""《》"等特殊搜索命令。在搜索结果页面,百度还设置了关联搜索功能,方便访问者查询与输入关键词有关的其他方面的信息。其他搜索功能包括新闻搜索、MP3 搜索、图片搜索、Flash 搜索等。

2. Google

Google 提供常规及高级搜索功能。Google 的网址是:http://www.google.cn,其搜索页面如图 1-18 所示。在高级搜索中,用户可限制某一搜索必须包含或排除特定的关键词或短语。该搜索引擎允许用户定制搜索结果页面所含信息条目数量(10～100),提供网站内部查询和横向相关查询,还提供特别主题搜索,如 Apple Macintosh、BSD Unix、Linux 和大学院校搜索等。

Google 允许用多种语言进行搜索,在操作界面中提供 30 余种语言,包括英语等主要欧洲国家语言(含 13 种东欧语言)、日语、中文简繁体、韩语等。还可在 40 多个国别专属引擎中进行选择。

用关键词搜索时,返回结果中包含全部及部分关键词;用短语搜索时,默认以精确匹配方式进行;不支持单词多形态(Word Stemming)和断词(Word Truncation)查询;字母无大小写之分,全部默认为小写。

图 1-18　Google 的搜索页面

例 1-2　请在 WWW 上利用百度搜索引擎查找"计算机发展"的相关内容。

分析：由于不知道具体网址，所以可以通过搜索引擎查询。

操作步骤如下：

①打开"http：// www. baidu. com"主页，在其中的文本框中输入"计算机发展"就可以得到相关的信息，如图 1-19 所示。

图 1-19　通过百度搜索"计算机发展"显示的信息

②选择需要的网址,直接单击。通过搜索引擎进行查询有时也是比较复杂的。需要的网址只有一两个,但搜索引擎会告诉我们几千个甚至几万个所谓的"相关网址",一般来说,搜索引擎会将与查询内容关系比较紧密的网址显示在前面。

1.3.3 基本操作

只要知道了网址,就可以访问网站了。浏览器软件通常都会提供一些基本的工具,例如,菜单、按钮及地址栏等。通过这些工具,既可以直观地访问相应的网页,也可以对需要的信息进行处理,例如,打印或者保存网页,还可以将感兴趣的信息或者页面发送给自己的朋友。

(1) 访问网页。

访问网页是最常用的操作之一,只要在浏览器的地址栏中输入相应的网址,即可访问指定的网页。访问一个网站时,首先看到的是这个网站的第一个页面,即所谓的"主页"。

(2) 使用超级链接。

在 WWW 中,有大量的信息。这些信息存在于不同的网站中,网页中的一项重要内容就是超级链接。通过超级链接,用户可以以非线性的方式浏览各种不同的网站。在网页上超级链接通常会以特殊的色彩显示,当鼠标移动到相应位置时,会显示出一种手形的图标。这时,只要单击这个链接就可以访问该链接所指向的网页。

(3) 保存网页。

如果用户对某一个网页的内容特别感兴趣,可以将其保存起来。操作方法为:选择"文件"→"另存为"菜单命令;在"另存为"对话框中设置好保存位置;选定保存文档的类型。一般地可以选择单一文件类型。

(4) 收藏网址。

有些网址可能会经常要访问,为了节省访问时间,避免每次访问时都要手工输入网址,可以将网址保存在收藏夹中,操作方法为:选择"收藏"→"添加到收藏夹"菜单命令;在收藏对话框中指定收藏位置后,关闭对话框。以后就可以通过收藏夹直接访问相应的网站。

1.4 使用电子邮件

通过电子邮件,人与人之间的交流变得更加方便与快捷。今天,电子邮件已经成为许多机构内部工作交流的一种主要手段,也是网络环境中人们相互交流的主要途径。

1. 什么是电子邮件

电子邮件（E-mail）是 Internet 应用最广的服务，通过网络的电子邮件系统，用户可以用非常低廉的价格（不管发送到哪里，都只需负担网费即可），以非常快速的方式（几秒钟之内可以发送到世界上任何指定的目的地），与世界上任何一个角落的网络用户联系。这些电子邮件可以是文字、图像、声音等各种文件。同时，可以得到大量免费的新闻、专题邮件，并实现轻松的信息搜索。正是由于电子邮件使用简易、投递迅速、收费低廉、易于保存、全球畅通无阻，所以被广泛使用。它使人们的交流方式得到了极大的改变。

此外，一封完整的电子邮件中还应该包括用户地址及标题等信息。与传统信封类似，为了正确地发送与接收电子邮件，发送方和接收方都必须有自己的邮件地址。近年来随着 Internet 的普及和发展，万维网上出现了很多基于 Web 页面的免费电子邮件服务，用户可以使用 Web 浏览器访问和注册自己的用户名与口令，一般可以获得存储容量达数 GB 的电子邮箱，并可以立即按注册用户登录，收发电子邮件。这个注册的账户就是电子邮件的地址，一般由邮件服务器上的账号（或者叫"用户名"）与服务器名称组合而成，也可以将其理解为一个信箱或者磁盘上的部分空间，其格式是"用户名@主机名.域名"，域名就是邮件服务器的拥有机构的域名，主机名就是邮件服务器的名称。

如果经常需要收发一些大的附件，Gmail、Yahoo mail、Hotmail、MSN mail、网易 163 mail、126 mail、Yeah mail 等都能够满足要求。例如，网易 163 的域名是"163.com"，如果一个学生在该网站上注册申请一个邮箱账号是 stu（同一个服务器中不能有两个同名的账号），那该学生的电子邮件地址就是"stu@163.com"。

用户使用 Web 电子邮件服务时几乎无需设置任何参数，可直接通过浏览器收发电子邮件，阅读与管理服务器上个人电子信箱中的电子邮件（一般不在用户计算机上保存电子邮件）即可。大部分电子邮件服务器还提供自动回复功能。电子邮件具有使用简单方便、安全可靠、便于维护等优点，缺点是用户在编写、收发、管理电子邮件的全过程都需要联网，不利于采用计时付费上网的用户。

2. 申请一个邮箱账号

在发送电子邮件之前，必须先向 ISP 申请一个电子邮箱账号。ISP 是英文"Internet Service Provider"的缩写，意为 Internet 服务提供商。这个 ISP 既可以是用户所在单位的网管中心，也可以是电信公司，还可以是一些提供电子邮箱服务的网站。一些可以获取免费电子邮箱账号的网站有"http://www.163.com"和"http://www.sina.com.cn"。

例 1-3 通过网易邮箱注册申请一个邮箱账号，并通过该账号给你的老师发一份电子邮件。操作步骤为：在浏览器地址栏中输入"http://www.163.com/"，显示如图 1-20 所示的"网易"首页；在其中"登录"下方两个文本框中输入已有的电子邮箱账号及密码。如果还没有电子邮箱账号，可单击"注册免费邮箱"链接，申请一个新的邮箱账号。

图 1-20　网易首页

3. 在浏览器中使用电子邮件

在浏览器中使用电子邮件与浏览器的使用几乎没有区别，通过在浏览器窗口中显示的"收信""写信"等按钮即可以进行阅读邮件或者建立新的邮件等操作。

4. 通过客户端软件使用电子邮件

通过客户端软件也可以使用电子邮件。微软的 Outlook Express 就是一种专门的客户端软件，它是与 IE 捆绑在一起的，而 IE 又是与 Windows 操作系统捆绑在一起的，因此，在安装了 Windows 后，系统就自然地安装了这两个软件。第一次使用 Outlook Express 时，需要将用户的电子邮件账号添加好，通过"工具"菜单中的"账户"命令可以完成添加账号的任务。当然，在添加账号时，需要知道邮箱服务器的 IP 地址及协议类型，一般可以向网络管理员询问这类信息。类似于传统的信件，使用电子邮件时进行的操作一般也就是写信、发信、读信等。在 Outlook Express 中，可以通过"创建邮件"来写信。写好信后，直接单击"发送"按钮就可以将信发出。读信更加简单，直接在"收件箱"中双击邮件的标题即可。

5. 创建电子邮件

从本质上来讲，电子邮件是传统邮件的电子化。因此，在创建电子邮件时，要遵循传统邮件的格式要求。一般地，电子邮件是由收件人的地址、抄送人的地址、邮件标题以及邮件主体等几部分组成。邮件主体包括开始时对收信人的尊称、问候语、信件的正文、信件结束时的致谢及问候语等,最后要有写信人的姓名及写信日期。在实际应用中,还涉及邮件的管理,例如,保存邮件、删除邮件等,这些都可以通过相应的菜单完成。需要特别指出的是,计算机的学习需要勇于动手、勤于实践。从目前的实际应用情况看,大多数软件的基本操作方法都是相同的,关键是要掌握操作中共性的东西。

1.5 计算机文化、信息素养和计算思维

计算机与互联网的快速发展,使得信息传输的成本大幅下降,从而促进了信息的广泛共享和自由传播。这种变化带来的不仅仅是技术上的进步,也对许多传统的观念、行为方法甚至思考方式等造成了前所未有的冲击。在今天,当人们谈到计算机时,已不能仅仅把它作为一种技术对待,而必须考虑到它对道德、法律以及文化等方面的影响。更进一步地说,如何用计算机来解决问题已经变成了一种思维方式,即"计算思维"。

1.5.1 计算机文化

由于计算机的普及与发展,人类社会的生存方式已发生了根本性的变化,并由此形成了一种崭新的文化形态,即计算机文化。过去对教育对象的要求是"能写会算",即三个 R 的读、写、算。现在针对信息化社会的要求,人们又提出要培养在计算机上"能写会算"的人,即培养具有计算机素养的人,对此,人们还归纳出新的三个 R:读计算机的书、写计算机的程序、取得计算机的实际经验。这概括了对计算机学习的基本要求。随着计算机教育的普及,计算机文化正成为人们关注的热点。

1. 计算机文化的形成

当今世界正在经历由原子(atom)时代向比特(bit)时代的变革,计算机科学与技术的进步在其中无疑起着关键性的作用。经过几十年的发展,计算机技术的应用领域几乎无所不在,这使计算机成为人们工作、生活、学习中不可或缺的重要组成部分,并由此形成了独特的计算机文化。这种崭新的文化形态体现在以下几个方面:

• 计算机理论及其技术对自然科学、社会科学的广泛渗透所表现的丰富文化内涵。

• 计算机的软、硬件设备,作为人类所创造的物质设备丰富了人类文化的物质设备品种。

• 计算机应用介入人类社会的方方面面,从而创造和形成的科学思想、科学方法、科学精神、价值标准等成为一种崭新的文化观念。

计算机文化为我们带来了崭新的学习观念。面对浩瀚的知识海洋，人脑所能接受的知识是有限的，但计算机这种工具可以解放繁重的记忆性劳动，使人脑可以更多地用来完成"创造"性的劳动。计算机文化还代表了一个新的时代文化，它已经将一个人经过文化教育后所具有的能力由传统的读、写、算上升到了一个新高度，即除了能读、写、算以外还要具有计算机运用能力（信息处理能力），而这种能力可通过计算机文化的普及来实现。

2. 计算机文化的发展

计算机文化来源于计算机技术，正是后者的发展孕育并推动了计算机文化的产生和成长；而计算机文化的普及又反过来促进了计算机技术的进步与计算机应用的扩展。

当人类跨入 21 世纪时，又迎来了以网络为中心的信息时代。网络可以把时间和空间上的距离大大缩小，借助于网络人们能够方便地彼此交谈，交流思想，交换信息。网络最重要的特点就是人人可以处在网络的中心位置，彼此完全平等地对话。作为计算机文化的一个重要组成部分，网络文化已成为人们生活的一部分，深刻地影响着人们的生活，网络文明对人类社会进步和生活改善将起到不可估量的影响。

当然，计算机文化既有知识精华在传播，也有污秽糟粕在泛滥，例如网络上传播的不健康的东西就应该被坚决取缔。

3. 计算机文化的影响

计算机的普及和计算机文化的形成及发展，对社会产生了深远的影响。网络技术的飞速发展，使互联网渗透到了人们工作、生活的各个领域，成为人们获取信息、享受网络服务的重要来源。

计算机文化的形成及发展，对语言也产生了深远的影响。网络语言的出现与发展就是一个很好的例子。网络语言包括拼音或者英文字母的缩写，含有某种特定意义的数字以及形象生动的网络动画和图片，起初主要是网虫们为了提高网上聊天的效率或某种特定的需要而采取的方式，久而久之就形成特定语言了。

今天，计算机文化已成为人类现代文化的一个重要的组成部分，完整准确地理解计算科学与工程及其社会影响，已成为新时代青年人的一项重要任务。

1.5.2 信息素养与计算思维

1. 信息素养

近几年来，计算机及网络技术迅速普及，其影响超过了历史上任何一种技术。熟练掌握计算机及网络技术也成了现代人必须具备的一种能力。但这种能力不仅仅是技术的，还涉及道德及文化层面的许多问题。在此背景下，信息素养作为一种重要的能力被纳入人才培养目标。

信息素养一般包括文化(知识方面)、信息意识(意识方面)与信息技能(技术方面)等3个层面。这个概念最早于1974年由美国人提出,到1989年得到了普遍的认可。其正式定义为:"要成为一个有信息素养的人,他必须能够确定何时需要信息,并具有检索、评价和有效使用所需信息的能力"。

在1992年发布的《信息素养全美论坛的终结报告》中,对"信息素养"的概念做了全面的描述:一个有信息素养的人,能够认识到精确和完整的信息是做出合理决策的基础;能够确定信息需求,形成基于信息需求的问题,确定潜在的信息源,制定成功的检索方案,向包括基于计算机的和其他的信息源获取信息、评价信息,组织信息用于实际的应用,将新信息与原有的知识体系进行融合以及在批判思考和问题解决的过程中使用信息。

实际上提高信息素养不仅仅是对大学生的要求。前教育部长陈至立女士在"全国中小学信息技术教育工作会议上的讲话"中指出:"信息素养已成为科学素养的重要基础,未来世界居领先地位的必是信息能力最强的国家,我们要从中华民族伟大复兴的高度认识在中小学普及信息技术教育的重要性和紧迫性,认识培养学生的信息素养的重要性和紧迫性,要像培养学生读、写、算一样培养学生掌握和运用信息技术的能力,逐步提高信息素养。"

关于"信息素养"的定义,目前还没有统一的解释,但其内涵主要包括信息意识、信息知识、信息能力和信息品质等4个方面。通常也认为信息素养应该包含以下几个方面的能力。

(1)运用信息工具的能力。

熟练使用各种信息工具,如常用的微型计算机、移动电脑及平板电脑之类的手持设备等,甚至包括传真机之类的通信工具。

(2)获取信息的能力。

获取信息的能力指根据需要通过网络等途径有效地收集各种信息资料的能力,并能熟练地掌握阅读、访问、讨论、实验以及检索等各种获取信息的方法。

(3)处理信息的能力。

能够对收集的信息进行归纳、分类、存储记忆、鉴别、选择、分析、综合抽象概括和表达等。

(4)生成信息的能力。

能准确地概述、综合、修改和表达所需的信息,使之简洁明了,通顺流畅,富有特色。

(5)创造信息的能力。

能从多角度、多方位,最全面地收集信息,并观察、研究各种信息之间的相互作用;利用信息做出新预测、新设想,产生新信息的生长点,创造新信息。

(6)发挥信息效益的能力。

正确评价信息,掌握各种信息的特点、运用场合以及局限性,并善于运用接受的信息解决问题,让信息发挥最大的效益。

(7)信息协作的能力。

在跨越时空的交往和合作中,通过信息和信息工具同外界建立多边和谐的关系。

(8)信息免疫的能力。

能自觉地抵制垃圾信息、有害信息的干扰和侵蚀;能从信息中看出事物发展的趋势、变化的模式,进而制定相应的对策。

美国把信息素养和读、写、算的能力并列,作为每一个公民生存的基本能力。事实上,世界上许多国家都专门针对学生制定了信息素养的基本要求。国外的经验未必适用于我国,但毫无疑问,我们也应该从国外的经验中吸取有益的成分。

2. 计算思维

2006年3月,美国卡内基·梅隆大学周以真教授首次提出了计算思维的概念,2010年10月,中国科学技术大学陈国良院士在"第六届大学计算机课程报告论坛"倡议将计算思维引入大学计算机基础教学,计算思维得到了国内计算机基础教育界的广泛重视。

(1)科学方法与科学思维。

科学是人们对自然、社会、思维等现实世界中各种事物及其规律进行认识而获得的知识体系,而科学发现则是在科学活动中对未知事物或规律的揭示,主要包括事实的发现和理论的提出。达尔文说过,科学就是整理事实,从中发现规律,总结出结论。

科学界一般认为,科学方法分为理论、实验和计算三大类。与三大科学方法相对的是三大科学思维:理论思维、实验思维、计算思维。理论思维以数学为基础,实验思维以物理等学科为基础,计算思维以计算机科学为基础。三大科学思维构成了科技创新的三大支柱。

(2)计算思维的内容。

计算思维不是今天才有的,从我国古代的算筹、算盘,到近代的加法器、计算器以及现代的电子计算机,直至目前风靡全球的互联网和云计算,无不体现着计算思维的思想。可以说计算思维是一种早已存在的思维活动,是每一个人都具有的一种能力,它推动着人类科技的进步。然而,在相当长的时期,计算思维并没有得到系统的整理和总结,也没有得到应有的重视。直到2006年,周以真教授对计算思维进行了清晰系统地阐述,这一概念才得到人们极大的关注。

按照周以真教授的观点,计算思维是指运用计算机科学的基础概念进行问题求解、系统设计以及人类行为理解等涵盖计算机科学之广度的一系列思维活动。计算思维建立在计算过程的能力和限制之上，由人或机器来执行。计算思维的本质是抽象(Abstraction)和自动化(Automation)。

计算思维中的抽象完全超越物理的时空观，并完全用符号来表示，与数学和物理科学相比，计算思维中的抽象显得更为丰富，也更为复杂。在计算思维中，所谓抽象就是要求能够对问题进行抽象表示、形式化表达(这些是计算机的本质)，设计问题求解过程达到精确、可行，并通过程序(软件)作为方法和手段对求解过程予以"精确"地实现，也就是说，抽象的最终结果是能够机械地一步步自动执行。

(3) 计算思维的方法与特征。

计算思维方法是在吸取了问题解决所采用的一般数学思维方法，现实世界中巨大复杂系统的设计与评估的一般工程思维方法，以及对复杂性、智能、心理、人类行为等理解的一般科学思维方法的基础上所形成的，周以真教授将其归纳为如下七类方法。

① 计算思维是通过约简、嵌入、转化和仿真等方法，把一个看来困难的问题重新阐释成一个我们知道问题怎样解决的思维方法。

② 计算思维是一种递归思维，是一种并行处理方法，是一种把代码译成数据又能把数据译成代码方法，是一种多维分析推广的类型检查方法。

③ 计算思维是一种采用抽象和分解来控制庞杂的任务或进行巨大复杂系统设计的方法，是基于关注点分离的方法(SoC方法)。

④ 计算思维是一种选择合适的方式去陈述一个问题，或对一个问题的相关方面建模使其易于处理的思维方法。

⑤ 计算思维是按照预防、保护及通过冗余、容错、纠错的方式，并从最坏情况进行系统恢复的一种思维方法。

⑥ 计算思维是利用启发式推理寻求解答，也即在不确定情况下的规划、学习和调度的思维方法。

⑦ 计算思维是利用海量数据来加快计算，在时间和空间之间，在处理能力和存储容量之间进行折衷的思维方法。

(4) 计算思维能力的培养。

随着信息化的全面深入，无处不在、无事不用的计算机使计算思维成为人们认识和解决问题的重要基本能力之一。一个人若不具备计算思维的能力，将在就业竞争中处于劣势；一个国家若不使广大受教育者得到计算思维能力的培养，在激烈竞争的国际环境中将处于落后地位。计算思维，不仅是计算机专业人员应该具备的能力，而且也是所有受教育者应该具备的能力，它蕴含着一整套解决一般问题的方法与技术。为此需要大力推动计算思维观念的普及，促进在教育过程中对学生计算思维能力的培养，以便提高我国在未来国际环境中的竞争力。

习 题 1

一、单项选择题

1. 1946 年诞生的世界上第一台电子计算机是_____。
   A. UNIVAC-I　　　B. EDVAC　　　C. ENIAC　　　D. IBM

2. CAI 的含义是_____。
   A. 计算机辅助制造　　　　　　B. 计算机辅助教学
   C. 计算机辅助设计　　　　　　D. 计算机辅助测试

3. 把计算机分为巨(大)型机、小型机、微型机和嵌入式系统设备,是按_____来划分的。
   A. 计算机的体积　　　　　　　B. CPU 的集成度
   C. 计算机的综合性能指标　　　D. 计算机的存储容量

4. 门禁中使用的指纹确认系统运用的计算机技术是_____。
   A. 机器翻译　　　　　　　　　B. 自然语言理解
   C. 过程控制　　　　　　　　　D. 模式识别

5. 第二代计算机的划分年代是_____。
   A. 1946—1957 年　　　　　　　B. 1958—1964 年
   C. 1965—1970 年　　　　　　　D. 1971 年至今

6. 用计算机进行资料检索工作在计算机应用中属于_____。
   A. 科学计算　　B. 数据处理　　C. 过程控制　　D. 人工智能

7. 工业上的自动生产线属于_____。
   A. 科学计算方面的计算机应用　　B. 过程控制方面的计算机应用
   C. 数据处理方面的计算机应用　　D. 辅助设计方面的计算机应用

8. 通常所说的计算机是_____的简称。
   A. 电子数字计算机　　　　　　B. 电子模拟计算机
   C. 电子脉冲计算机　　　　　　D. 数字模拟混合计算机

9. 计算机的应用领域大致分为 3 个方面,下列正确的是_____。
   A. 计算机辅助教学、专家系统、人工智能
   B. 工程计算、数据结构、文字系统
   C. 实时控制、科学计算、数据处理
   D. 数值处理、人工智能、操作系统

10. 早期的计算机主要是用来进行_____。
    A. 科学计算　　B. 系统仿真　　C. 自动控制　　D. 动画设计

11. 邮局对信件进行自动分拣,使用的计算机技术是_____。
    A. 机器翻译　　　　B. 自然语言理解　C. 过程控制　　　D. 模式识别
12. 第一代计算机主要是采用_____作为逻辑开关元件。
    A. 电子管　　　　　　　　　　　B. 晶体管
    C. 大规模集成电路　　　　　　　D. 中小规模集成电路
13. 目前,普遍使用的微型计算机,所采用的逻辑元件是_____。
    A. 电子管　　　　　　　　　　　B. 大规模和超大规模集成电路
    C. 晶体管　　　　　　　　　　　D. 小规模集成电路
14. 下列叙述中,不是电子计算机特点的是_____。
    A. 运算速度快　　　　　　　　　B. 计算精度高
    C. 高度自动化　　　　　　　　　D. 逻辑判断能力差
15. 微型计算机的发展以_____技术为特征标志。
    A. 操作系统　　　B. 微处理器　　　C. 磁盘　　　　D. 软件

二、填空题

1. 计算机硬件系统由_____、_____、_____、_____和_____5大部分组成,每部分实现一定的基本功能。

2. Windows 操作简便,这主要是由于它向用户提供_____的用户界面。

3. 第四代计算机主要是采用_____作为主要构成元件,它的运行速度一般能够达到_____。

4. 辅助幼儿学习英语的软件属于_____软件,辅助进行服装设计的软件属于_____。

5. 计算机术语中,英文 PC 是指_____。

三、简答题

1. 当代计算机的主要应用有哪些方面?
2. 就目前计算机的发展而言,你认为未来的计算机会是什么样的?

四、操作题

1. 访问 WWW,以"计算机技术发展对人类生活的影响"为主题,利用相关搜索引擎,搜索相关资料并对这些资料进行整理加工,形成一篇 600 字左右的短文。
2. 给你的老师发一封电子邮件,将上述短文作为附件。

第 2 章 计算机硬件

【主要内容】

◇ 进位制的基本概念。
◇ 常用进位制之间的相互转换。
◇ 计算机内部数据的表示方式及中英文编码。
◇ 指令与程序的基本概念。
◇ 存储程序原理及计算机的基本工作过程。
◇ 计算机硬件的组成。
◇ 微型计算机的主要部件。
◇ 认识多媒体技术。

【学习目标】

◇ 理解进位制的基本概念,掌握不同进位制之间的等值转换方法。
◇ 理解计算机内部采用二进制并进行数据编码的必要性。
◇ 能够根据 ASCII 码的码值判断不同字符的大小。
◇ 了解汉字编码的形式及基本结构,能够熟练使用一种汉字输入法。
◇ 能够用直观的语言准确描述在计算机工作过程中指令及程序的作用。
◇ 了解计算机的主要组成部件并能够准确描述其作用。
◇ 了解微型计算机市场的基本情况并能够根据需要正确选择。
◇ 认识媒体与多媒体技术,了解多媒体技术的特点,认识多媒体设备和软件,并了解常用的多媒体文件格式。

2.1 计算机中的数据表示

在计算机中,各种信息都是以数据的形式出现的,对数据进行处理后产生的结果为信息,因此数据是计算机中信息的载体,数据本身没有意义,只有经过处理和描述,才能赋予其实际意义,如单独一个数据"32℃"并没有什么实际意义,但如果表示为"今天的气温是 32℃"时,这条信息就有意义了。

计算机中处理的数据可分为数值数据和非数值数据(如字母、汉字和图形等)两大类,无论什么类型的数据,在计算机内部都是以二进制的形式存储和运算的。计算机在与外部交流时会采用人们熟悉和便于阅读的形式表示,如十进制数据、文字表达和图形显示等。它们与二进制数据之间的转换由计算机系统来完成。

2.1.1 进位制

进位制,又叫数制,是数的表示及计算的方法,它是用一组固定的符号和统一的规则来表示数值的方法。其中,按照进位方式计数的数制称为进位计数制。在计算机内部,各种信息都是以二进制代码形式表示。此外,为了编制程序的方便,还常常用到八进制和十六进制。顾名思义,二进制就是逢二进一的数字表示方法;依此类推,十进制逢十进一,八进制逢八进一等。

一般来说,理解任何一种数制,都需要掌握以下 3 个要点:

1. 数码及基数

进位计数制都要通过某些基本的数字符号来表示数,这些数字就是数码,数码的个数称为"基数",用字母 R 表示。例如,在十进制中,有 $0,1,2,\cdots,9$ 共 10 个数码,其数基为 10,即 $R=10$。

同理,二进制中有 0 和 1 两个数码,$R=2$;八进制数中有 $0,1,\cdots,7$ 共 8 个数码,$R=8$。而十六进制用的数码共有 16 个,除了 $0\sim9$ 外又增加了 6 个字母符号 A、B、C、D、E、F,分别对应了 10、11、12、13、14、15;其基数 $R=16$。

2. 进位规则

一般而言,R 进制的进位规则是"逢 R 进一"。例如,十进制的进位规则是"逢十进一",二进制的进位规则是"逢二进一"。

3. 位权与按权展开式

进位计数制中每个数码的数值不仅取决于数码本身,其数值的大小还取决于该数码在数中的位置,如十进制数 525.31,整数部分的第 1 个数码"5"处在百位,表示 500,第 2 个数码"2"处在十位,表示 20,第 3 个数码"5"处在个位,表示 5,小数点后第 1 个数码"3"处在十分位,表示 0.3,小数点后第 2 个数码"1"处在百分位,表示 0.01。由此可见,同一数码处在不同位置所代表的数值是不同的,它等于该数码与一个常数的积,这个常数就是"位权"。位权是一个指数幂,以"基数"为底,其指数是数位的"序号"。数码在一个数中的位置称为数制的数位,数位的序号以小数点为界,小数点左边(个位)的数位序号为 0,向左每移一位数位序号加 1,向右每移一位数位序号减 1。因此,十进制中每个数码的"位权"可表示成 10^i,10 为十进制数的基数,i 为其数位序号。

个位(第 0 位)的位权为 10^0,十位(第 1 位)的位权是 10^1,百位(第 2 位)的位权是 $10^2,\cdots$,第 n 位的位权是 10^n;小数点后第 1 位(负 1 位)的位权是 10^{-1},第 2 位(负 2 位)的位权是 $10^{-2},\cdots$,第 m 位(负 m 位)的位权是 10^{-m}。那么任何一个十进制数都可以表示为一个按位权展开的多项式之和,如数 525.31 可表示为

$$525.31 = 5\times10^2 + 2\times10^1 + 5\times10^0 + 3\times10^{-1} + 1\times10^{-2}$$

其中，10^2、10^1、10^0、10^{-1}、10^{-2} 分别是百位、十位、个位、十分位和百分位的位权。

依此类推，二进制中，第 n 位的位权是 2^n，负 m 位的位权是 2^{-m}。

对于任意的 R 进制数，R 表示基数，使用 R 个基本的数码，R^i 就是位权，其加法运算规则是"逢 R 进一"，则任意一个 R 进制数转换为十进制数 D 均可以展开表示为

$$(D)_R = \sum_{i=-m}^{n-1} K_i \times R^i$$

上式中的 K_i 为第 i 位的数码，可以为 $0,1,2,\cdots,R-1$ 中的任何一个数，R^i 表示第 i 位的位权，i 从 0 开始，m 和 n 为正整数。

例如，通过上述公式可以将二进制数 101.101 转换成与之等值的十进制数
$$N = 1\times2^2 + 0\times2^1 + 1\times2^0 + 1\times2^{-1} + 0\times2^{-2} + 1\times2^{-3} = 5.625$$

根据上述进位制的基本要点，可以得到八进制及十六进制的一些基本信息。八进制有 8 个数码，进位规则是"逢八进一"；第 n 位的权是 8^n。十六进制有 16 个数码，进位规则是"逢十六进一"；第 n 位的权是 16^n。

十进制、二进制、八进制及十六进制基本数码之间的对应关系如表 2-1 所示。

表 2-1　各种进位制之间的对应关系

十进制数	二进制数	八进制数	十六进制数
0	0000	0	0
1	0001	1	1
2	0010	2	2
3	0011	3	3
4	0100	4	4
5	0101	5	5
6	0110	6	6
7	0111	7	7
8	1000	10	8
9	1001	11	9
10	1010	12	A
11	1011	13	B
12	1100	14	C
13	1101	15	D
14	1110	16	E
15	1111	17	F

通过表 2-1 可以看出，采用不同的数制表示同一个数时，基数越大，使用的位数越少，如十进数 12，需要 4 位二进制数来表示，需要 2 位八进制数来表示，只需 1 位十六制数来表示。所以，在一些 C 语言的程序中，常采用八进制和十六进制来表示数据。

2.1.2 进位制之间的相互转换

同一个数值可以用不同的进位制来表示，基于这一原理，可以实现不同进位制之间的相互等值转换。同时为了区分不同进制的数，可以用括号加数制基数下标的方式来表示不同数制的数，例如，$(234)_{10}$ 表示十进制数，$(101.1)_2$ 表示二进制数，$(3A5)_{16}$ 表示十六进制数，也可以用带有字母的形式分别表示为 $(234)_D$、$(101.1)_B$ 和 $(3A5)_H$。在程序设计中，为了区分不同进制数，常在数字后直接加英文字母后缀来区别，如 234D、101.1B、3A5H 等。

1. 二进制数、八进制数、十六进制数转换为十进制数

二进制数、八进制数、十六进制数转换为十进制数的基本方法是"按权展开，相加求和"。

例 2-1　分别将二进制数 $(10110)_2$、八进制数 $(212)_8$、十六进制数 $(212)_{16}$、转换为等值的十进制数。

$(10110)_2 = 1\times2^4 + 0\times2^3 + 1\times2^2 + 1\times2^1 + 0\times2^0 = 16+4+2 = (22)_{10}$

$(212)_8 = (2\times8^2 + 1\times8^1 + 2\times8^0)_{10} = (128+8+2)_{10} = (138)_{10}$

$(212)_{16} = (2\times16^2 + 1\times16^1 + 2\times16^0)_{10} = (512+16+2)_{10} = (530)_{10}$

2. 十进制数转换为二进制数、八进制数、十六进制数

将十进制数转换成等值的二进制数，需要对整数和小数部分分别进行转换。整数部分转换法是连续除 2，直到商数为零，然后逆向取各个余数得到一串数位即为转换结果，例如，14 转换为二进制数可作如下运算：

$$14 \div 2 = 7 \quad \cdots\cdots \quad 余数 \quad 0$$
$$7 \div 2 = 3 \quad \cdots\cdots \quad 余数 \quad 1$$
$$3 \div 2 = 1 \quad \cdots\cdots \quad 余数 \quad 1$$
$$1 \div 2 = 0 \quad \cdots\cdots \quad 余数 \quad 1$$

逆向取余数（后得的余数为结果的高位）得：$(14)_{10} = (1110)_2$。

小数部分转换法是连续乘 2，直到小数部分为零或已得到足够多个整数位，正向取积的整数（后得的整数位为结果的低位）位组成一串数位即为转换结果，例如 0.3 转换为二进制数可作如下运算：

$$0.3 \times 2 = 0.6 \quad \cdots\cdots \quad 整数部分为 \quad 0$$
$$0.6 \times 2 = 1.2 \quad \cdots\cdots \quad 整数部分为 \quad 1$$
$$0.2 \times 2 = 0.4 \quad \cdots\cdots \quad 整数部分为 \quad 0$$
$$0.4 \times 2 = 0.8 \quad \cdots\cdots \quad 整数部分为 \quad 0$$
$$0.8 \times 2 = 1.6 \quad \cdots\cdots \quad 整数部分为 \quad 1(进入循环过程)$$

若要求保留3位小数,则结果得:$(0.3)_{10}=(0.010)_2$可见有限位的十进制小数所对应的二进制小数可能是无限位的循环或不循环小数,这就必然导致转换误差。

对于一个带有小数的十进制数在转换为二进制数时,可以将整数部分和小数部分分别进行转换,最后将小数部分和整数部分的转换结果合并,并用小数点隔开就得到最终转换结果。

例 2-2 将十进制数33.25转换成二进制数。

$$33 \div 2 = 16 \quad \cdots\cdots \quad 余数 \quad 1$$
$$16 \div 2 = 8 \quad \cdots\cdots \quad 余数 \quad 0$$
$$8 \div 2 = 4 \quad \cdots\cdots \quad 余数 \quad 0$$
$$4 \div 2 = 2 \quad \cdots\cdots \quad 余数 \quad 0$$
$$2 \div 2 = 1 \quad \cdots\cdots \quad 余数 \quad 0$$
$$1 \div 2 = 0 \quad \cdots\cdots \quad 余数 \quad 1$$
$$0.25 \times 2 = 0.5 \quad \cdots\cdots \quad 整数部分为 \quad 0$$
$$0.5 \times 2 = 1.0 \quad \cdots\cdots \quad 整数部分为 \quad 1$$

$(33.25)_{10}=(100001.01)_2$

同理,对整数部分"连除基数取余",对小数部分"连乘基数取整"的转换方法可以推广到十进制数到任意进制数的转换,这时的基数要用十进制数表示。例如,用"除8逆向取余"和"乘8正向取整"的方法可以实现由十进制数向八进制数的转换;用"除16逆向取余"和"乘16正向取整"可实现由十进制数向十六进制数的转换。

3. 二进制数与八进制数、十六进制数的相互转换

类似于十进制数与二进制数之间的相互转换,在二进制数与八进制数及十六进制数之间也存在着等值对应的关系,也可以进行等值转换。

(1) 二进制数转换成八进制数。

采用"三位分一组"的转换原则。每三位二进制数转换为与之等值对应的一位八进制数,整数部分不足三位时在高位补齐,小数部分不足三位时在最低位补齐。

例 2-3 将二进制数1011001.011转换成八进制数。

二进制数　　001　　011　　001 . 011
八进制数　　　1　　　3　　　1 . 3

得到的结果为$(1011001.011)_2=(131.3)_8$

(2)八进制数转换成二进制数。

八进制数转换成二进制数的转换原则是"一分为三",即每一位八进制数转换为与之等值对应的三位二进制数。

例 2-4　将八进制数 152.3 转换成二进制数。

八进制数　　　　1　　　5　　　2　　.　　3

二进制数　　　　001　　101　　010　.　　011

得到的结果为$(152.3)_8 = (001101010.011)_2$

(3)二进制数转换成十六进制数。

转换方法与八进制数类似,采用的转换原则是"四位分一组"。

例 2-5　将二进制数 101010111000111001 转换成十六进制数。

二进制数　　　0010　　1010　　1110　　0011　　1001

十六进制数　　2　　　A　　　E　　　3　　　9

得到的结果为$(101010111000111001)_2 = (2AE39)_{16}$

(4)十六进制数转换成二进制数。

十六进制数转换成二进制数的转换原则是"一分为四",即把每一位上的十六进制数写成对应的 4 位二进制数即可。

例 2-6　将十六进制数 3A7C 转换为二进制数。转换过程如下所示:

十六进制数　　　　3　　　A　　　7　　　C

二进制数　　　　0011　　1010　　0111　　1100

得到的结果为$(3A7C)_{16} = (0011101001111100)_2$

2.1.3　计算机内部的数据编码

在计算机内部,所有数据都以二进制形式进行存储与处理。其原因主要有以下几个方面:

(1)电路简单、可靠性高。

首先,计算机内部的主要部件都是由逻辑电路组成的,它们都通过电路的状态来表示基本数字;其次,它们都通过一些电路来实现基本的运算,例如,加法运算及逻辑运算等。二进制只有两种状态,其运算规则也比较简单,表示这些状态及运算规则的电路相对也比较简单。

二进制只有两个数码 0 和 1,通过电路的两种状态,即"开"与"关"或者"高电平"与"低电平"来表示,数字传输和处理都不容易出错,电路工作可靠。

(2)运算简单。

二进制运算法则简单,例如,加法法则和乘法法则均只有 3 条。

(3) 逻辑性强。

计算机工作原理是建立在逻辑运算基础上的,逻辑代数是逻辑运算的理论依据。二进制只有两个数码,正好代表逻辑代数中的"真"和"假"。

为了实现上的方便,计算机内部采用二进制,但是,日常生活中使用的进位制一般都是十进制,有些数据还是各种常用符号,例如 A、B、C、+、−等。目前,计算机的输入设备主要是键盘。通过键盘输入的只能是英文的字母、标点符号及数字。这就产生了一些问题,键盘输入的字符怎么样才能存储在计算机内部呢?如何通过键盘输入汉字等非英文字符呢?解决这些问题的办法是编码。

编码就是利用计算机中的 0 和 1 两个代码的不同长度表示不同信息的一种约定方式。由于计算机是以二进制的形式存储和处理数据的,因此只能识别二进制编码信息。数字、字母、符号、汉字、语音和图形等非编码信息都要用特定规则进行二进制编码才能进入计算机。对于西文与中文字符,由于形式不同,使用的编码也不同。

1. BCD 码

日常生活中人们习惯使用十进制来计数,但计算机中使用的是二进制数,因此,输入到计算机中的十进制数需要转换成二进制数;数据输出时,应将二进制数转换成十进制数。为了方便,大多数通用性较强的计算机需要能直接处理十进制形式表示的数据。为此,在计算机中还设计了一种中间数字编码形式,它把每一位十进制数用 4 位二进制编码表示,称为二进制编码的十进制表示形式,简称 BCD 码(Binary Coded Decimal)。

BCD 码有多种编码方式,常用的有 8421BCD 码。它选取 4 位二进制数的前 10 个代码分别对应表示十进制数的 10 个数码。8421BCD 码的主要缺点是实现加减运算的规则比较复杂,所以,在某些情况下,需要对运算结果进行修正。

表 2-2　十进制数与 8421BCD 码之间的对照关系

十进制数	8421 码	十进制数	8421 码
0	0000	10	00010000
1	0001	11	00010001
2	0010	12	00010010
3	0011	13	00010011
4	0100	14	00010100
5	0101	15	00010101
6	0110	16	00010110
7	0111	17	00010111
8	1000	18	00011000
9	1001	19	00011001

2. 西文字符的编码

计算机对字符进行编码，通常采用 ASCII 和 Unicode 两种编码。

(1) ASCII。

ASCII(American Standard Code for Information Interchange)的中文含义是美国标准信息交换代码，是国际上通用的英文字符编码标准，主要用于显示现代英语和其他西欧语言，被国际标准化组织指定为国际标准(ISO 646 标准)。在 ASCII 中每个字符用一个 7 位二进制数来编码表示。ASCII 可以表示 52 个所有的大写和小写字母，10 个阿拉伯数字 0~9，32 个标点符号，以及在美式英语中使用的 34 个特殊控制字符。ASCII 编码以一个字节来存储，其最高位 D7 为 0，共 $2^7=128$ 个。具体编码如表 2-3 所示。

表 2-3 7 位 ASCII 码表

$D_3D_2D_1D_0$ \ $D_6D_5D_4$	000	001	010	011	100	101	110	111
0000	NUL	DLE	SP	0	@	P	`	p
0001	SOH	DC1	!	1	A	Q	a	q
0010	STX	DC2	"	2	B	R	b	r
0011	ETX	DC3	#	3	C	S	c	s
0100	EOT	DC4	$	4	D	T	d	t
0101	ENQ	NAK	%	5	E	U	e	u
0110	ACK	SYN	&	6	F	V	f	v
0111	BEL	ETB	'	7	G	W	g	w
1000	BS	CAN	(	8	H	X	h	x
1001	HT	EM	)	9	I	Y	i	y
1010	LF	SUB	*	:	J	Z	j	z
1011	VT	ESC	+	;	K	[	k	{
1100	FF	FS	,	<	L	\	l	|
1101	CR	GS	-	=	M	]	m	}
1110	SO	RS	.	>	N	^	n	~
1111	SI	US	/	?	O	_	o	DEL

其中，低 4 位编 $D_3D_2D_1D_0$ 用作行编码，而高 3 位 $D_6D_5D_4$ 用作列编码，其中 95 个编码对应计算机键盘上的符号或其他可显示或打印的字符，另外 33 个编码被用作控制码，用于控制计算机某些外部设备的工作特性和某些计算机软件的运行情况。

确定某一个字符的 ASCII 码，首先在表 2-3 中找出它的位置，然后根据"列"确定其高 3 位编码($D_6D_5D_4$)，根据"行"确定其低 4 位编码($D_3D_2D_1D_0$)，将这两个编码连在一起就是相应字符的 ASCII 码。例如,字符 A 的 ASCII 码是 1000001,用十六进制表示为 41H,用十进制表示为 65D。

字符的 ASCII 码值的大小规律是:z>y>…>a>Z>Y>…>A>0~9>空格>控制符。

(2)Unicode。

Unicode 也是一种国际标准编码,采用两个字节编码,能够表示世界上所有的书写语言中可能用于计算机通信的文字和其他符号。目前,Unicode 在网络、Windows 操作系统和大型软件中得到应用。

3. 汉字编码

汉字为非拼音文字,如果一字一码,1000 个汉字就需要 1000 个码(又称"码位")才能区分。显然,汉字编码表比 ASCII 表要复杂得多。因此在计算机中,汉字信息的传播和交换必须有统一的编码才不会造成混乱和差错。

(1)汉字编码标准。

汉字是指包含在国家或国际组织制定的汉字字符集中的汉字,常用的汉字字符集包括 GB2312、GB18030、GBK 和 CJK 编码等。为了使每个汉字有一个全国统一的代码,1981 年,我国颁布了汉字编码的国家标准"信息交换用汉字编码字符集·基本集",即 GB2312—1980《信息交换用汉字编码字符集》基本集,这个字符集是目前国内所有汉字系统的统一标准,是计算机汉字处理的国家标准,所以又称"国标码"。

GB2312 标准收入了 6763 个常用汉字,其中一级汉字 3755 个(按拼音排序),二级汉字 3008 个(按部首排序),再加上英、俄、日文字母与其他符号 682 个,共有 7445 个符号。GB2312 规定,每个字符用 2 个字节表示。每个字节的最高位恒为"0",其余 7 位用于组成各种不同的码值。

(2)汉字编码转换过程。

由于汉字具有特殊性,在其输入、输出、存储、处理以及信息交换过程中所使用的代码各不相同。计算机对汉字信息进行处理时,首先必须将汉字代码化,即转换成汉字输入码用于汉字输入。汉字输入码送入计算机后还必须转换成汉字内部码,只有这样才能在计算机内进行存储和信息处理。处理完毕之后,再把汉字内部码转换成汉字字形码,这样才能在显示器或打印机输出。具体转换过程如图 2-1 所示。

图 2-1 计算机处理汉字及编码转换的过程

由此可见,无论采用哪一种汉字输入法,当用户向计算机输入汉字时,存入计算机中的总是它的机内码,与所采用的输入法无关。在每一种输入码与机内码之间存在着一一对应的关系,通过"输入法程序"可以把输入码转换为机内码。输出时由汉字系统调用字库中汉字的字形码得到符合需要的显示结果。

(3)汉字编码。

具体的汉字的编码可以分为输入码、机内码和字形码3种。

①汉字输入码。输入码也称外码,是指为了将汉字输入计算机而设计的代码。我们只需要按键盘上相应的键即可输入英文,汉字则不同,因为在键盘上找不到与汉字直接对应的按键,这时就要用键盘上的字符表示汉字,这种通过键盘上的符号表示汉字的编码方式就是汉字的"输入码",又称为"外码"。为了能直接使用西文标准键盘输入汉字,必须为汉字设计相应的输入编码方法。其编码方案有很多种,常用的输入码主要有"音码"与"形码"两类。

• 音码是以汉语拼音为基础的输入方法。掌握汉语拼音的人,不需训练和记忆,即可使用;但汉字同音字太多,输入重码率很高,因此,按拼音输入后,还必须进行同音字选择,影响输入速度。例如,"安徽"的拼音编码是"anhui"。

• 形码是用汉字的形状来进行的编码。汉字总数虽多,但是由一笔一画组成,全部汉字的部件和笔画是有限的。因此,把汉字的笔画、部件用字母或数字进行编码,按笔画的顺序依次输入,就能表示一个汉字了。例如五笔字型编码是最有影响的一种字形编码方法,"安徽"的五笔字型编码是"pvtm"。

②汉字机内码。在计算机内部存储、处理及传输的汉字编码称"汉字机内码"。同一个汉字以不同输入方式进入计算机时,编码长度以及0、1组合顺序差别很大,使汉字信息进一步存取、使用、交流十分不方便,必须转换成长度一致,且与汉字唯一对应的能在各种计算机系统内通用的编码,满足这种规则的编码称为汉字机内码。

为了实现中西文兼容,通常利用字节的最高位来区分某个码值是代表汉字还是ASCII码字符。如果最高位为1则为汉字字符,为0则为ASCII字符。所以,汉字机内码是在国标码的基础上,把每个字节的最高位由0改为1构成的。

③汉字字形码。存储在计算机内的汉字需要在屏幕上显示或在打印机上输出时,需要知道汉字的字形信息,汉字机内码并不能直接反映汉字的字形,而要采用专门的"字形码"。字形又称为"字模",是表示汉字字形的数字化代码,用于计算机显示和打印文字。

目前的汉字处理系统中,字形信息的表示大体上有两类形式:一类是用活字或文字版的母体字形形式;另一类是点阵表示法、矢量表示法等形式。其中最基本的,也是大多数字形库采用的是以点阵形式存储汉字字形编码的方法。点阵字形是将字符的字形分解成若干"点"组成的点阵,将此点阵置于网状上,每一小方格是点阵中的一个"点",点阵中的每一个点可以有黑、白两种颜色,有字形笔画的点用黑色,反之用白色,这样就能描写出汉字字形了。通常显示汉字使用16×16点阵,打印汉字还可以选用24×24、32×32、48×48等点阵。点数越多,打印的字形越美观,但汉字所占用的存储空间也越大。

已知汉字点阵的大小,可以计算出存储一个汉字究竟需多少个字节?例如,一个16×16点阵汉字占16行,每行有16个点。在存储时用2(16/8=2)个字节来存放一行上16个点信息,因此,一个16×16点阵汉字占32个字节。

常用的字模有4种:

① 简易型16×16点阵,每个汉字的字模占32个字节。
② 普通型24×24点阵,每个汉字的字模占72个字节。
③ 提高型32×32点阵,每个汉字的字模占128个字节。
④ 精密型48×48点阵,每个汉字的字模占288个字节。

2.2 计算机的工作原理

计算机是自动运行的电子计算设备,到目前为止,其基本工作原理都采用美籍匈牙利科学家冯·诺依曼和他的同事们提出的"存储程序"原理,冯·诺依曼本人则被称为"现代计算机之父"。

2.2.1 计算机的基本结构

尽管各种计算机在性能和用途等方面都有所不同,但是其基本结构都遵循冯·诺依曼体系机构,因此人们便将符合这种设计的计算机称为"冯·诺依曼计算机"。冯·诺依曼计算机的基本特征是:

① 采用二进制数表示程序和数据。
② 能存储程序和数据,并能自动控制程序的执行。
③ 冯·诺依曼体系结构的计算机主要由运算器、存储器、控制器、输入和输出设备5个部分组成。这5个组成部分的职能和相互关系如图2-2所示。

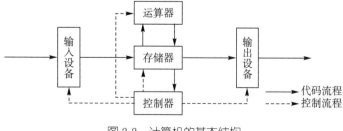

图2-2 计算机的基本结构

其中,控制器主要起到控制作用,它根据程序执行每一条指令,并向存储器、运算器以及输入/输出设备发出控制信号,控制计算机自动地、有条不紊地进行工作;运算器是在控制器的控制下对存储器里所提供的数据进行各种算术运算(加、减、乘、除)、逻辑运算(与、或、非)和其他处理(存数、取数等);存储器是计算机的存储装置,它以二进制的形式存储程序和数据。输入设备是计算机中重要的人机接口,用于接收用户输入的命令和程序等信息,负责将命令转换成计算机能够识别的二进制代码,并放入内存中。输出设备用于将计算机处理的结果以人们可以识别的信息形式输出。

2.2.2 计算机的工作原理

从纯粹的硬件角度考虑,计算机通过执行一系列的基本操作来完成一个复杂的任务。这里的"一系列基本操作"就是通常所说的程序,而其中的每一个基本操作就是一条计算机指令,又称为"机器指令"。计算机工作的过程实质上是执行程序的过程。程序是由若干条指令组成的,计算机逐条执行程序中的指令就可完成一个程序的执行,从而完成一项特定的工作。

1. 指令的组成

指令就是让计算机完成某个操作所发出的命令,是计算机完成该操作的依据。一台计算机能够执行的所有指令的集合叫做"计算机的指令系统"。指令是指挥计算机工作的指示和命令,程序是一系列按一定顺序排列的指令。

计算机指令通常分为两个部分:一部分指出该指令执行什么操作,例如,加法、减法运算等,称为"操作码";另一部分指出与操作相关的数据或者数据的地址,称为"操作数",如图 2-3 所示。操作码表示运算性质,操作数指参加运算的数据及其所在的单元地址,执行程序和指令的过程就是计算机的工作过程。

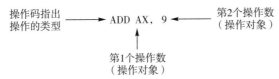

图 2-3 指令由操作码和操作数组成

机器指令通过计算机硬件执行,不同类型的计算机有不同的指令系统,用机器指令编写的程序也与计算机硬件有密切联系,只能在特定类型的计算机上运行。

2. 工作原理

计算机执行指令一般分为两个阶段:第一阶段称为取指令周期;第二阶段称为执行周期。

(1)取指令和分析指令。

执行指令时,首先从内部存储器中取出当前要执行的指令,将其送到 CPU

(中央处理器)内部的指令寄存器中暂存,然后由指令译码器分析该指令的操作码与操作数,根据指令中的操作码确定下一步计算机要执行的操作。

(2)执行指令。

控制器按照指令分析的结果,向各部件发出一系列的控制信号,指挥运算器等相关部件完成该指令的操作。与此同时为取下一条指令做好准备。第一条指令执行完毕后,再从内存中读出下一条指令到CPU内执行,重复执行上述过程,直到所有指令执行完毕。

由此可见,计算机的基本工作原理就是计算机取出指令、分析指令、执行指令,再取下一条指令,依次周而复始地执行指令序列的过程。传统上这个执行过程是顺序的,但随着并行计算技术及多核CPU的发展,并行程序的使用范围将越来越广。自从1946年第一台电子计算机问世以来,几乎所有计算机的工作原理都相同。这一原理是美籍匈牙利数学家冯·诺依曼教授于1946年提出来的,故称为冯·诺依曼原理。

2.2.3 计算机的基本工作过程

根据冯·诺伊曼原理,计算机是一种电子设备,采用二进制表示数据,能够在预先存储的指令集(即程序)的控制下,接受输入、存储并处理数据,将处理结果以通常能够理解的方式输出,如图2-4所示。

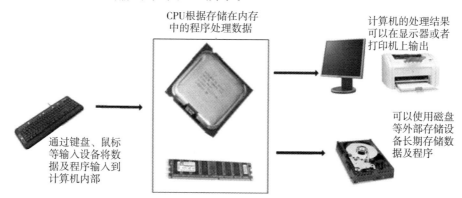

图2-4 计算机的基本工作过程

1. 输入数据及程序

计算机要完成指定的任务必须知道两个方面的信息——"做什么"与"如何做"。"做什么"是指计算机要处理的是哪些信息或者数据,即原始数据;"怎么做"指的是为获得需要的结果,原始数据应该经过什么样的处理或者操作过程。通常所说的程序就是对原始数据及其处理过程的描述,换言之,程序中包含了"做什么"与"怎么做"的信息。为了让计算机知道"做什么",就必须有输入。

对于计算机系统而言,"输入"有两个方面的含义:一方面是指向计算机系统输入的信息,这些信息与处理对象及处理方法相关。一台计算机可以处理的输入有文档中的字符或者符号、数字、图片、音视频信号等,另外还有完成处理任务的指令。另一方面是指将信息输入到计算机中的过程或者动作。这种过程或者动作总是要借助于一定的物理设备及操作来实现。实现输入的设备被称为"输入设备",目前使用最广泛的输入设备是键盘和鼠标。随着计算机技术的发展,输入设备的类型也在迅速增加,例如,扫描仪、数码相机以及麦克风等,也是目前常用的输入设备。

2. 处理数据

这里的数据是指已经输入到计算机中并存储起来等待处理的对象。计算机根据同样已经输入到计算机中并存储起来的"如何做"的信息对这些数据进行处理,在这个处理过程中,原始数据逐渐变化直到形成最终的结果。"如何做"的信息通常是一个指令序列(即程序),其中的每一条指令都对应着计算机需要执行的一个操作,处理的过程按照这些规定的操作自动进行。计算机处理数据的部件叫做"中央处理器"(Central Processing Unit,CPU),由运算器与控制器两部分组成。在计算机系统中,不管输入的信息是什么,在存储时,均已经全部转换为二进制形式的数据。对于 CPU 而言,它的处理对象都是用二进制表示的。

3. 存储数据

对数据及程序进行存储是冯·诺伊曼型计算机与以往计算工具的本质区别。通过存储,计算机既可以将原始数据以及与原始数据相对应的表示处理方法的指令序列保存起来,又可以保存计算过程中产生的各种中间结果以备以后计算时使用。正如前面提到的,计算机是根据编制好的指令序列自动工作的。

计算机中存储数据的地方称为"存储器",存储的所有数据也都是二进制形式。对存储器的操作与数据有关。将数据"存储"到存储器中称为"写(Write)";从存储器中"取出"数据称为"读(Read)"。从用户的角度看,对存储器操作包含"写""读""修改"及"删除"等多种类型。但从计算机的角度来看,就只有"读"和"写"两种类型。当计算机"读"数据的时候,被读的数据实际上仍然存储于原先的位置,它还可以被再次"读",正是这一特点使得数据可以共享。

衡量存储器性能的主要指标是存储器的容量,这也是衡量一台计算机性能的重要指标。读写数据的速度是另一个重要指标,目前一般以纳秒(ns)为单位表示。

数据有不同的使用方式,这与数据存储的位置或者说存储器的类型有关。一般的计算机都有两种类型的存储器,一种用于保存立即就要送 CPU 处理的数据,称为"主存"或者"内存",其中存储的数据在计算机电源关闭(又称为"掉电")后将立即丢失;另一种用于保存需要永久存储的数据,称为"外存",其中存储的数据不会因为计算机的"掉电"而丢失,但这些数据一般不能直接送CPU处理,在需要处理时应该先将其读入到内存中。

4. 输出数据结果

计算机完成了指定的任务后,需要把处理结果通知用户,这就要求处理结果必须以用户能够理解的方式表示。这就是计算机的"输出"。

类似于"输入","输出"也有两方面的含义:一方面是指计算机的处理结果,这种结果通常可以是报告、文档、图片或者音视频信号等;另一方面是指产生输出的过程,而这一过程需要通过输出设备来实现。最常用的输出设备包括显示器、打印机以及外部存储器等。

2.2.4 计算机系统

计算机系统由硬件系统和软件系统两部分组成。硬件是指物理上存在的各种设备,如计算机的机箱、显示器、键盘、鼠标、打印机及机箱内的各种电子器件或装置,它们是计算机工作的物质基础;软件是指运行在计算机硬件上的程序、运行程序所需的数据和相关文档的总称。在一台计算机中,硬件和软件两者缺一不可,如图2-5所示。

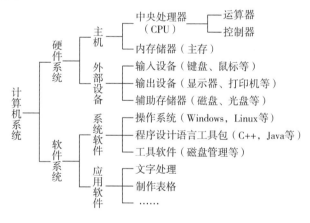

图2-5 计算机系统的基本组成

计算机软硬件之间是一种相互依靠、相辅相成的关系,如果没有软件,计算机便无法正常工作(通常将没有安装任何软件的计算机称为"裸机");反之,如果没有硬件的支持,计算机软件便没有运行的环境,再优秀的软件也无法把它的性能体现出来。因此,计算机硬件是计算机软件的物质基础,计算机软件必须建立在计算机硬件的基础上才能运行。

1. 硬件系统

计算机硬件是指计算机中看得见、摸得着的一些实体设备。不管是微型机、小型机、大型机,还是巨型机,其基本工作原理都是冯·诺依曼的"存储程序"原理,基本的组成部分也都是输入设备、输出设备、存储器、运算器和控制器。

在实际的计算机系统中,运算器和控制器被集成在一个芯片中,被称为"中央处理器"(CPU)。存储器又分为主存储器与辅助存储器两类。CPU和内存又统称为"主机"。

输入输出设备主要是用于计算机与人的"互动"与"沟通",进行数据的输入和输出显示,其中键盘和鼠标是使用最普遍的输入设备,显示器和打印机是最常见的输出设备。输入设备与输出设备又简称为"I/O设备"或者"输入/输出设备"。一般将输入设备、输出设备和外部存储器统称为"外部设备"。

外部设备除了输入设备以及输出设备外,还包括外部存储器,如磁盘及光盘等。如果考虑到计算机技术的发展,外部设备的范围则要广泛得多。最新的研究技术表明,人的眼睛甚至大脑都可以作为计算机的外部设备。

在所有的硬件设备中,与用户关系最密切的是外部设备。用户通过外部设备与计算机交互。从某种意义上讲,外部设备是用户最关心的计算机设备。

硬件是计算机工作的物理基础,计算机的基本性能,如运算速度、存储容量、平均无故障工作时间等都是由硬件决定的。不同类型的计算机硬件配置可能会有较大的区别,但是基本结构是一致的。

2. 软件系统

软件是人们为了在计算机上完成某一具体任务而编写的一组程序,这些程序决定了计算机能够做什么,告诉计算机怎么做。计算机的软件系统分为系统软件和应用软件两大类。

(1)系统软件。

系统软件是指控制和协调计算机及外部设备,支持应用软件开发和运行的系统,其主要功能是调度、监控和维护计算机系统,同时负责管理计算机系统中各种独立的硬件,使它们可以协调工作。系统软件是应用软件运行的基础,所有应用软件都是在系统软件上运行的。

系统软件主要分为操作系统、语言处理程序、数据库管理系统和系统辅助处理程序等,具体介绍如下。

①操作系统:主要负责管理计算机中软、硬件资源的分配、调度、输入/输出控制和数据管理等工作,用户只有通过它才能使用计算机。如 DOS、Windows、UNIX、Linux 等。

②语言处理程序:人与计算机之间进行信息交换通常使用程序设计语言。人们把自己的意图用某种程序设计语言编写程序,并将其输入计算机,告之完成什么任务以及如何完成,从而达到计算机为人做事的目的。程序设计语言经历了机器语言、汇编语言和高级语言3个阶段。

- 机器语言。机器语言是机器的指令序列。机器指令是用一串 0 和 1 的二进制编码表示的,可以直接被计算机识别并执行。机器语言是面向机器的语言,与计算机硬件密切相关,针对某一类计算机编写的机器语言程序不能在其他类型的计算机中运行。机器语言的缺点是编写程序很困难,而且程序难改、难读。但机器语言编写的程序执行速度快,占用内存空间少。由于是直接根据硬件的情况来编制程序的,因此可以编制出效率高的程序。

- 汇编语言。汇编语言是指用一些有特定含义的符号替代机器的指令作为编程用的语言,其中使用了很多英文单词的缩写。这些字母和符号称为助记符,如助记符 ADD 表示加法、SUB 表示减法等。汇编语言又称为符号语言。这些助记符易编程、可读性好、修改方便,但机器并不认识,所以需把它翻译成相对应的机器语言程序,这种翻译的过程就叫汇编。将汇编语言程序翻译成相对应的机器语言程序是由汇编程序完成的。汇编语言的每一条语句和机器语言指令一一对应,故仍属于一种面向机器的语言。

- 高级语言。高级语言是用英文单词、数学表达式等易于理解的形式书写的,并按严格的语法规则和一定的逻辑关系组合的一种计算机语言。高级语言编写的程序独立于机型,可读性好、易于维护,提高了程序设计效率。常见的过程化高级语言有 BASIC、C 语言等,针对面向对象的程序设计方法出现的可视化编程语言有 Visual Basic、Delphi、Visual C++等,以及计算机网络语言 Java、C#等。

计算机只能直接识别和执行机器语言,因此要在计算机上运行高级语言程序就必须配备程序语言翻译程序,翻译程序本身是一组程序,不同的高级语言都有相应的翻译程序。

③数据库管理系统。数据库管理系统(Database Management System,DBMS)是一种操作和管理数据库的大型软件,它是位于用户和操作系统之间的数据管理软件,也是用于建立、使用和维护数据库的管理软件,把不同性质的数据进行组织,以便能够有效地查询、检索和管理这些数据。常用的数据库管理系统有 SQL Server、Oracle 和 Access 等。

④系统辅助处理程序。系统辅助处理程序也称为软件研制开发工具或支撑软件,主要有编辑程序、调试程序、装备和连接程序、调试程序等,这些程序的作用是维护计算机的正常运行,如 Windows 操作系统中自带的磁盘整理程序等。

(2)应用软件。

应用软件是指一些具有特定功能的软件,是为解决各种实际问题而编制的程序,包括各种程序设计语言,以及用各种程序设计语言编制的应用程序。计算机中的应用软件种类非常繁多,这些软件能够帮助用户完成特定的任务。如若要编辑一篇文章可以使用 Word,若要制作一份报表可以使用 Excel。仓库管理软件、工资核算软件等也属于应用软件。表 2-4 列举了不同应用领域的常用应用软件，用户可以结合工作或生活的需要进行选择。

表 2-4　不同应用领域的常用应用软件

软件种类	举　　例
办公软件	Microsoft Office、WPS Office
图形处理与设计	Photoshop、3ds Max 和 AutoCAD
程序设计	Visual C++、Visual Basic、Python
图文浏览软件	Adobe Reader、超星图书阅览器、ReadBook
翻译与学习	金山词霸、金山快译、金山打字通
多媒体播放和处理	Windows Media Player、酷狗音乐、会声会影、Premiere
网站开发	Dreamweaver、Flash
网络通信	腾讯 QQ、微信
上传与下载	迅雷、百度网盘
计算机病毒防护	金山毒霸、360 杀毒软件、百度杀毒、卡巴斯基

实际上，计算机完成某一个任务，是由硬件与相应的软件协同实现的，或者说，是在计算机上运行相应的业务处理软件完成的。例如，在一台安装了文字处理软件的计算机上，可以进行文字处理；而在一台安装了数据库软件的计算机上，可以建立起各种数据库。

2.3　计算机硬件组成

在组成计算机系统的硬件中，运算器与控制器合称为"中央处理器"；CPU 与存储器一起被称为"主机"；输入与输出设备统称为"输入/输出设备"或者"外部设备"，又叫 I/O(Input/Output)设备。

2.3.1　中央处理器

中央处理器通常也称为微处理器，是计算机系统的核心部件，也是系统最高的执行单位，所以常被人们称作计算机的"心脏"。它是由一片或少数几片大规模集成电路组成的，主要由运算器、控制器、寄存器组和内部总线等构成，这些电路执行控制部件和算术逻辑部件的功能。CPU 其外观如图 2-6 所示。

随着功能的增加，其体积也在相应增加，并且由于主频的增加，运行过程中产生的热量也越来越多，需要配备专门的风扇为其散

图 2-6　CPU

热。若散热不好，CPU 就会停止工作或者被烧毁，出现"死机"现象。

CPU 既是计算机的指令中枢，也是系统的最高执行单位，主要负责指令的执行。作为计算机系统的核心组件，CPU 在计算机系统中占有举足轻重的地位，是影响计算机系统运算速度的重要因素。

根据摩尔定律，CPU 的主频以 18～24 个月的速度翻一番。但主频越高，能耗越大，散发的热量也越多，因此当 CPU 的主频发展到近 4 GHz 时，散热就成为难以解决的问题。主要的 CPU 生产商，如 Intel 及 AMD 等，转向了多核技术，通过在一块芯片上集成多个核来提高整体的主频及运算速度，如图 2-7 所示。

目前，主流的微处理器生产厂商还有 IBM、威盛(VIA)和龙芯(Loongson)及 SUN 等，其中 AMD 的 CPU 与 Intel 兼容，主要运行 Windows

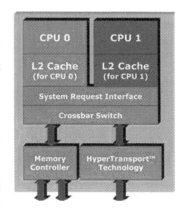

图 2-7　多核 CPU 结构图

及 Linux 操作系统。市场上主要销售的 CPU 产品是 Intel 和 AMD，主流的产品有 Intel Core i7、Intel Core 2 Quad、Intel Core 2 Duo、AMD Phenom II X4(羿龙 II)及 AMD Phenom X4 Quad-Core 等。

"龙芯二号"于 2005 年上市。新一代的"龙芯三号"也已经上市。中国科学技术大学基于"龙芯三号"研制成功了超级计算机，运行速度达到万亿次/秒。

1. CPU 的基本结构

CPU 除了包括运算器和控制器外，还集成有寄存器组和一些总线等，下面依次进行简单介绍。

(1)运算器。

运算器是计算机对数据进行加工处理的核心部件。其主要功能是对二进制编码进行算术运算(加、减、乘、除等)和逻辑运算(与、或、非、异或、比较等)，参加运算的数(称为操作数)由控制器控制，从存储器内取到运算器中。

(2)控制器。

控制器是整个计算机系统的控制指挥中心。它主要负责从存储器中取出指令，并对指令进行译码，再根据指令的要求，按时间的先后顺序，负责向其他各部件发出控制信号，保证各部件协调一致地工作，一步一步地完成各种操作。

(3)寄存器。

一个 CPU 可有几个乃至几十个内部寄存器，包括用来暂存操作数或运算结果以提高运算速度的数据寄存器和支持控制器工作的地址寄存器、状态标志寄存器等。

(4)内部总线。

内部总线是将处理器的内部结构相连的信息传输线路。其宽度可以是8、16、32或64位。目前比较流行的几种内部总线技术有：I2C总线、SPI总线、SCI总线。

总体上讲，CPU的工作过程可以分为取指、解码、执行和写回4个阶段。它的工作原理为：控制单元识别输入的指令后，将其送到逻辑单元进行处理形成数据，然后再送到存储单元里，最后等着交给应用程序使用。

2. CPU的性能指标

微型计算机(Microcomputer)，又称个人计算机(Personal Computer，PC)，是以微处理器芯片为核心构成的计算机。一个CPU的强弱或性能的好坏，不是由某项指标来决定的，而是由它的系统结构、指令系统、硬件组成、软件配置等多方面的因素综合决定的。但对大多数普通用户来说，可以从以下几个指标来大体评价：

(1)字长(Word Length)。

字长是指计算机的运算部件能够同时处理的二进制数据的位数，CPU的字长反映了计算机可处理的最大二进制数，它决定了计算机的精度、寻址速度和处理能力。一般情况下，字长越长，计算精度越高，处理能力越强。例如，如果计算机的字长是32位的，则其寻址能力为2^{32}，即4G。不同等级的计算机的字长是不同的，微型计算机的字长先后有8位(8080)、16位(8086、80286)、32位(80386、80486DX、Pentium)和64位(Alpha 21364)等多种。

(2)主频(Master Clock Frequency)。

主频是指CPU的时钟频率，其单位是MHz，在很大程度上决定了计算机的运算速度。一般来说，主频越高的CPU在单位时间里完成的指令数也越多，相应的处理器速度也越快。

在描述微型计算机的CPU时，经常见到586/166或者PⅣ/1.7G之类的形式，其中586、PⅣ是指CPU类型，166、1.7G则是CPU的主频，单位分别是MHz与GHz(兆/吉赫兹)。目前，CPU供应商也通过产品代号来表示主频，例如，Intel Core 2 Duo E8400 的主频是3.0 GHz，而 Intel Core 2 Duo E7300 的主频是2.66 GHz，AMD Phenom Ⅱ X4 940 的主频是3.0 GHz，这里的E8400及E7300等就是产品的代号。

(3)运算速度。

运算速度是衡量计算机性能的一项重要指标。通常所说的计算机运算速度是指计算机每秒钟所能执行的指令条数，也称为计算机的平均运算速度。运算速度的单位一般用"百万条指令/秒"(MIPS)或百万条浮点指令/秒(MFPOPS)来描述。虽然主频越高运算速度越快，但它不是决定运算速度的唯一因素，运算速度在很大程度上还取决于 CPU 的体系结构以及其他技术措施。

除了上述指标外,CPU 的技术参数还包括缓存、处理器倍频、总线速度以及支持的指令集等。另外,不同的 CPU 可能有不同的接口类型及针脚数目,需要有相应的主板与之配套。

2.3.2 存储器

在一个计算机系统中,有多种功能各异的存储器,有直接与 CPU 交换数据的内存储器,也有用于长期保存数据的外存储器。一般情况,将计算机中的存储器分为内存储器和外存储器两种。其中,内存储器也叫主存储器,简称内存。内存储器又可以分为 RAM 及 ROM 等不同的类型。外存储器简称外存,是指除计算机内存及 CPU 缓存以外的存储器,此类存储器一般断电后仍然能保存数据。外存储器的类型更加丰富,常见的有软盘、硬盘、光盘以及 U 盘等多种类型。

1. 存储单位

无论数值数据还是非数值数据,在计算机内部均表现为二进制形式,都要占用一定的存储空间。在计算机内存储和运算数据时,通常要涉及的衡量数据大小的单位有以下几种。

(1) 位(bit)。

计算机中的数据都是以二进制来表示的,二进制只有 0,1 两个数码,采用多个数码(0 和 1 的组合)来表示一个数,其中的每一个数码称为一位,位是计算机中最小的数据单位。

(2) 字节(Byte)。

在对二进制数据进行存储时,以 8 位二进制代码为一个单元存放在一起,称为一个字节,即 1 Byte = 8 bit。字节是计算机中信息组织和存储的基本单位,也是计算机体系结构的基本单位。在计算机中,通常用 B(字节)、KB(千字节)、MB(兆字节)或 GB(吉字节)为单位来表示存储器(如内存、硬盘和 U 盘等)的存储容量或文件的大小。所谓存储容量指存储器中能够包含的字节数,存储单位 B、KB、MB、GB 和 TB 的换算关系如下:

1 KB(千字节) = 2^{10} B(字节) = 1 024 B(字节)

1 MB(兆字节) = 2^{20} B(字节) = 1 024 KB(千字节)

1 GB(吉字节) = 2^{30} B(字节) = 1 024 MB(兆字节)

1 TB(太字节) = 2^{40} B(字节) = 1 024 GB(吉字节)

(3) 字长。

人们将计算机一次能够并行处理的二进制代码的位数称为字长。字长是衡量计算机性能的一个重要指标,字长越长,数据所包含的位数越多,计算机的数据处理速度越快。计算机的字长通常是字节的整倍数,如8位、16位、32位、64位和128位等。

2. 内存

内存是计算机中用来临时存放数据的地方,是直接与CPU相联系的存储设备,是微型计算机工作的基础,也是CPU处理数据的中转站,内存的容量和存取速度直接影响CPU处理数据的速度,图2-8所示为内存条。内存主要由内存芯片、电路板和金手指等部分组成。它的容量虽然不大,一般几吉字节至几十个吉字节,但运转速度非常快。

图2-8 内存条

从工作原理上说,内存一般采用半导体存储单元,包括随机存储器(RAM),只读存储器(ROM)和高速缓冲存储器(Cache)。

(1)随机存储器RAM。

随机存储器(Random Access Memory,RAM)是计算机工作的存储区,一切要执行的程序和数据都要先装入该存储器内。根据需要可以从随机存储器中读出数据,也可以将数据写入随机存储器。通常所说的1 GB内存指的就是RAM的容量。目前,RAM的容量的单位一般是MB或者GB。例如,一台PC机的标准内存可能是512MB、1GB或者2GB。

平常所说的内存通常是指随机存储器,它既可以从中读取数据,也可以写入数据,当计算机电源关闭时,存于其中的数据会丢失,所以说RAM是计算机处理数据的临时存储区。如果希望将数据长期保存起来,就必须将数据保存到外存储器中。为此,用户在操作计算机的过程中一定要养成将数据随时存盘的良好习惯,以免断电时丢失。

到目前为止,RAM电路中的基本元素是电容,通过电容的充电与放电表示数据。充电时表示"1",放电时表示"0"。显然,在掉电后RAM中就不能保存任何数据。为了管理方便,以字节(8个二进制位)为单位将RAM空间划分为若干单元,并为每个单元分配一个编号,这个编号就是内存地址,一般用十六进制表示,如图2-9所示。

单元1中两个充电的电容
表示该位上是1

0	1	0	0	0	0	0	1	0000H
0	1	0	0	0	0	1	0	0001H
0	1	0	0	0	0	1	1	⋮

| 0 | 0 | 0 | 0 | 0 | 0 | 0 | 0 | |

图2-9 内存单元及其地址

RAM 的操作也归并为"读(Read)"与"写(Write)"两种类型。从 RAM 的某一单元中读出数据不会改变原来的数据；相反，如果向 RAM 中写入数据，则原单元中的数据将被新写入的数据覆盖。影响 RAM 性能的另一个指标是速度，通常以纳秒(nonsecond,ns)或者 MHz 为单位。1 纳秒是十亿分之一秒。这个数字越小，RAM 的速度越快，也就是读写数据的时间越短。

随机存储器可分为静态随机存取存储器(Static RAM,SRAM)和动态随机存取存储器(Dynamic RAM,DRAM)两大类。DRAM 的特点是集成度高，主要用于大容量内存储器；SRAM 的特点是存取速度快，主要用于高速缓冲存储器。现在微机的内存储器都采用 DRAM 芯片构成的内存条，它可以直接插到主板的内存插槽上，内存条与插槽接触的部分，行话称为"金手指"。微机中动态存储器主要有：同步动态随机存储器(Sychronous Dynamic RAM,SDRAM)、双倍速率同步动态随机存储器(Double Data Rate SDRAM,DDR SDRAM)。其中 DDR SDRAM (简称 DDR)占据了内存条的主流市场，而 SDRAM 因处理器前端总线的不断提高已无法满足新型处理器的需要。目前市场上的主流内存为 DDR3，因为它的数据传输能力更强大，能够达到 2 000 MHz 的速度，其内存容量一般为 2 GB 和 4 GB。一般而言，内存容量越大越有利于系统的运行。

(2) 只读存储器 ROM。

只读存储器(Read Only Memory,ROM)即只能读出数据，而不能写入数据的存储器。只读存储器与 RAM 不同，ROM 中的指令被直接固化在电路里，ROM 中的数据是由设计者和制造商事先编制好固化在计算机内的一些程序，使用者不能随意更改。因此，只读存储器最大的特点是，即使停电，存储的程序数据也不会丢失。

当打开计算机后，CPU 加电并准备执行指令，但由于刚刚开机，RAM 中还是空的，里面没有要执行的指令。这时候，ROM 的作用就发挥出来了。ROM 中存储的是被称为"基本输入/输出系统(Basic Input/Output System)的指令集合"，这些指令可以命令计算机访问硬盘、搜索操作系统并将其加载到 RAM 中。因此 ROM 中存储的程序主要用于检查计算机系统的配置情况并提供最基本的输入/输出控制程序，如存储 BIOS 参数的 CMOS 芯片。

(3) 高速缓冲存储器。

由于 CPU 处理数据的速度比 RAM 的快，为解决两者间数据处理的速度不匹配而专门设置了高速缓冲存储器。高速缓冲存储器是指介于 CPU 与内存之间的高速存储器(通常由静态存储器 SRAM 构成)。

与 SDRAM 相比，CPU 的速度相对较快，在它与 SDRAM 配合工作时往往需要插入等待状态，这样难以发挥 CPU 高速度的优势，也难以提高整机的性能。如果采用静态存储器 SRAM，则可以解决该问题。但 SRAM 的价格较高，在同等容量下，SARM 的价格是 DRAM 的 4 倍，而且 SRAM 体积大、集成度低。为解决这个问题，内存一般还是用 DRAM，而用少量的 SRAM 作为 CPU 与 DRAM 之间的缓冲区，即 Cache 系统。

计算机工作时，系统先将数据通过外部设备读入 RAM 中，再由 RAM 读入 Cache 中，CPU 则直接从 Cache 中取数据进行操作。由于 Cache 的速度与 CPU 相当，因此 CPU 就能在零等待状态下迅速地完成数据的读写。只有 Cache 中没有 CPU 所需要的数据时，CPU 才去访问主存。

3. 外存

外储存器简称外存，是指除计算机内存及 CPU 缓存以外的储存器。与内存相比，外存储器的特点是存取速度慢，存储容量大；但因其速度低，CPU 必须要先将其信息调入内存，再通过内存使用其资源，也就是说它只能与内存储器交换信息，而不能被计算机系统的其他任何部件直接访问。

外存储器也称为辅助存储器，用于长期存放数据信息和程序信息。此类储存器一般断电后仍然能保存数据，常见的外存储器有硬盘、光盘和可移动存储设备（如 U 盘、移动硬盘）等。

（1）硬盘。

硬盘（见图 2-10）是计算机中最大的存储设备，是计算机中利用磁记录技术在涂有磁记录介质的旋转圆盘上进行数据存储的辅助存储器。操作系统、各种应用软件和大量数据都存储在硬盘上。它具有容量大、数据存取速度快、存储数据可长期保存等特点，是各种计算机安装程序、保存数据的最重要的存储设备。

图 2-10　硬　盘

① 硬盘结构。硬盘的内部结构比较复杂，主要由主轴电机、盘片、磁头和传动臂等部件组成，在硬盘中通常将磁性物质附着在盘片上，并将盘片安装在主轴电机上，当硬盘开始工作时，主轴电机将带动盘片一起转动，在盘片表面的磁头将在电路和传动臂的控制下进行移动，并将指定位置的数据读取出来，或将数据存储到指定的位置。

硬盘的数据容量与硬盘格式有关，这种格式是在硬盘格式化时决定的。格式化的过程就是在磁盘上建立磁道及扇区的过程。

② 硬盘的性能指标。硬盘的性能参数除了存储容量外，还有电动机的转速和内置 Cache 的大小。

• 硬盘容量。硬盘容量是指在一块硬盘中可以容纳的数据量，它是选购硬盘的主要性能指标之一。硬盘容量包括总容量、单碟容量和盘片数 3 个参数，其中，总容量是表示硬盘能够存储多少数据的一项重要指标,通常以 GB 为单位。硬盘的容量发展很迅速,已经从过去的几百兆字节,发展到现在的几千吉字节。目前主流的硬盘容量有 500 GB、800 GB、1 TB、4 TB 等。

• 硬盘转速。硬盘转速指硬盘的电动机旋转的速度,它的单位是 rpm(Revolutions Per Minute),即每分钟多少转。硬盘转速是决定硬盘内部传输率的因素之一,它的快慢决定了硬盘的速度,同时也是区别硬盘档次的重要标志。目前,硬盘的转速主要有 5 400 rpm、7 200 rpm 以及 10 000 rpm。转速越快,硬盘的性能越好,较高的转速可缩短硬盘的平均寻道时间和实际读写时间。

• 高速缓存。硬盘数据传输率可以分为内部数据传输率和外部数据传输率,通常所说的数据传输率是指外部数据传输率,数据传输率越高,硬盘性能越好。由于硬盘内部传输速度与硬盘外部传输速度目前还不能一致,因此必须通过缓存来缓冲。目前主流硬盘的高速缓存主要有 1 M、2 M、8 MB 等。

(2) 光盘。

光盘是以光作为存储的载体存储数据,利用光学方式读写数据,其特点是容量大、成本低、保存时间长。读取时需要有光盘驱动器配合使用,如图 2-11 所示。光学介质不受湿度、指印、灰尘和磁场的影响,理论上可以保存 30 年甚至更长时间;但是使用光学介质不像使用磁介质那样方便,一般不容易改变存储的数据。另外,实际的数据存储时间也达不到理论极限。

与硬盘一样,光盘也能以二进制数据的形式存储文件和音乐信息。要在光盘上存储数据,首先必须借助计算机将数据转换成二进制,然后用激光按数据模式灼刻在扁平的、具有反射能力的盘片上。激光在盘片上刻出的小坑代表"1",空白处代表"0"。光盘的种类很多,但其外观尺寸是一致的。一般光盘尺寸统一为直径 12 cm,厚度 1 mm,如图 2-12 所示。

图 2-11 光 驱

图 2-12 光 盘

光盘可分为不可擦写光盘(即只读型光盘,如 CD-ROM、DVD-ROM 等)、可擦写光盘(如 CD-RW、DVD-RAM 等)。

• CD-ROM(CD-Read Only Memory,只读光盘)是一次成型的产品,用户只能读取光盘上已经记录的各种信息,不能修改或写入新的信息。其中的数据由厂家在生产时用程序或数据刻制的母盘压制而成,其直径为 13 cm(约为 5.25 英寸),容量为 650 MB。

* CD-R(CD-Recordable,一次性可写入光盘)需要专用的刻录机将信息写入,刻录好的光盘不允许再次更改。这种光盘的数据存储量一般为 650 MB。

* CD-RW(CD-ReWritable,可擦写的光盘)与 CD 光盘本质的区别是可以被重复读/写,即操作者可以根据需要自由更改、读取、复制和删除存储在光盘上的信息。

* DVD(Digital Video Disc,数字视频光盘)主要用于记录数字影像。它集计算机技术、光学记录技术和影视技术等为一体。它的盘片尺寸与 CD 光盘相同,并且兼容 CD 光盘,其容量有 4.7 GB、7.5 GB 和 17 GB 等多种。

(3)可移动存储设备。

可移动存储设备包括移动 USB 盘和移动硬盘等,是一种可以直接插在 USB 接口上进行读写的外存储器。由于它具有容量大、体积小、即插即用、可以保存信息可靠和易携带等优点,目前已被广泛使用,是计算机必不可少的附属配件之一。

①U 盘。U 盘是 USB 盘的简称,而优盘则是 U 盘的谐音称呼。U 盘是闪存的一种,因此也叫闪盘或者闪存盘,是采用闪存(Flash Memory)存储介质和通用总线接口,以电擦写方式存储数据的移动存储器。自从 1999 年深圳朗科公司发明了 U 盘以来,U 盘就以其轻巧精致、容量大、速度快、使用与携带方便、即插即用、数据存储安全稳定、价格低等优点而很快流行起来,如图 2-13 所示。

②移动硬盘。移动硬盘(Mobile Hard Disk)是以硬盘为存储介质、便携性的存储设备,其数据的读写模式与标准 IDE 硬盘是相同的,外观如图 2-14 所示。移动硬盘具有容量大、传输速率高、使用方便、可靠性强等特点。

图 2-13 U 盘

图 2-14 移动硬盘

2.3.3 输入设备

输入设备是向计算机输入数据和信息的设备,是用户和计算机系统之间进行信息交换的主要装置,用于将数据、文本和图形等转换为计算机能够识别的二进制代码并将其输入计算机。键盘、鼠标、摄像头、扫描仪、光笔、手写输入板、游戏杆和语音输入装置等都属于输入设备。下面介绍常用的几种输入设备。

1. 鼠标

鼠标(见图 2-15)是图形界面的操作系统中不可缺少的输入设备,可以代替键盘的大部分功能。鼠标对应于显示器屏幕上一个特定的标识,当在桌面上平移鼠标时屏幕上的标识也会跟着移动,这个标识在屏幕不同区域会有不同的形状,用户可通过定位、移动、单击、双击、拖拽等操作控制计算机完成相应的工作。

鼠标的工作原理是将鼠标移动方向、位移和键位信号编码后输入计算机,以确定屏幕上光标的位置,实现对计算机的操作。

根据鼠标按键可以将鼠标分为三键鼠标和两键鼠标;根据鼠标的工作原理可以将其分为机械鼠标和光电鼠标,另外,还可分为无线鼠标和有线鼠标。知名度较好的鼠标品牌有罗技、双飞燕等。

2. 键盘

键盘(见图 2-16)是使用最早也是最普遍的输入设备,是用户和计算机进行交流的工具,可以直接向计算机输入各种字符和命令,简化计算机的操作。不同生产厂商所生产出的键盘型号各不相同,知名度较高的键盘品牌有微软、罗技等。按照键盘键数区分,目前常用的为 101 键键盘和 104 键键盘。按照键盘内部结构区分,通常包括机械式键盘和电容式键盘。按照功能划分,可将键盘分为功能键区、主键盘区、编辑控制键区和副键盘区 4 个大区,另外,在键盘的右上方还有一个指示灯区。

图 2-15 鼠 标

图 2-16 键 盘

图 2-17 扫描仪

3. 扫描仪

扫描仪是处理图像的一种输入设备,利用光电技术和数字处理技术,以扫描方式将图形或图像信息转换为数字信号,并传送给计算机,再由计算机进行图像处理、编辑、存储、打印输出或传送给其他设备。其主要功能是文字和图像的扫描输入。扫描仪的外观如图 2-17 所示。

随着技术的进步,输入设备的类型也在增加,并极大地丰富了计算机的功能及使用方式。例如,由于语音技术的成熟,用户可以通过麦克风直接向计算机"口述"命令。

2.3.4 输出设备

输出设备是计算机硬件系统的终端设备,用于将计算机的运算结果数据或信息以用户能够理解的数字、字符、图像或声音等方式表示出来的部件。常用的输出设备有显示器、打印机、绘图仪、音效系统、数码相机与视频设备等。下面介绍几种常用的输出设备。

1. 显示器

显示器(Display)是微机中重要的输出设备,其作用是将显卡输出的电信号转换成可以直接观察到的字符、图形或图像。用户通过它可以很方便地查看送入计算机的程序、数据、图形等信息及经过计算机处理后的中间结果和最后结果。

目前按显示设备所用的显示器件的不同,显示器主要有两种,一种是液晶显示器(LCD 显示器),另一种是使用阴极射线管的显示器(CRT 显示器),如图 2-18 所示。LCD 液晶显示器是目前市场上的主流显示器,具有无辐射危害、屏幕不会闪烁、工作电压低、功耗小、重量轻和体积小等优点,但 LCD 显示器的画面颜色逼真度不及 CRT 显示器。

图 2-18 CRT 显示器和 LCD 显示器

显示器作为一种外部设备,需要通过显示适配器(即显卡)与主机连接。显卡(见图 2-19)又称显示适配器或图形加速卡,其功能主要是将计算机中的数字信号转换成显示器能够识别的信号(模拟信号或数字信号),再将显示的数据进行处理和输出,分担 CPU 的图形处理工作。

图 2-19 显 卡

显示器的主要技术指标如下:

(1)尺寸。

尺寸是指显像管对角尺寸,单位为英寸。根据显示管对角线的尺寸可将显示器分为 17 英寸、19 英寸、20 英寸、22 英寸、24 英寸和 26 英寸等。尺寸越大,显示的有效范围就越大。对于一般的计算机,有专家认为,17 英寸显示器最符合人眼视力的特点。生产显示器的著名制造商有 LG、飞利浦等。

(2)点距。

在传统的 CRT 显示器中,点距是显像管内荫罩上孔洞间的距离,即屏幕上的两个相同颜色的磷光点间的距离。点距越小意味着单位显示区内可以显示的像点越多,显示的图像也越清晰,一般为 0.28 mm 或 0.26 mm。

(3) 分辨率。

分辨率是指屏幕上可以容纳的像素的个数,分辨率越高,屏幕上能显示的像素个数也就越多,图像也越细腻。但分辨率受到点距和屏幕尺寸的限制,屏幕尺寸相同,点距越小,分辨率越高,行扫描频率越高分辨率相应地也就越高。一般显示器的分辨率有 640×480、800×600、1024×768 等。

随着技术的进步,液晶显示器的价格越来越便宜,已经取代 CRT 显示器成为微型计算机系统的标准配置。目前,常用的液晶显示器的分辨率有 1024×768、1440×900、1920×1080 等多种类型。

除上述参数外,色彩、屏幕比例及亮度等也是衡量液晶显示器性能的主要指标。

2. 打印机

打印机是计算机常见的一种输出设备,在办公中经常会用到,其主要功能是将文字和图像进行打印输出。根据工作原理分类,有针式打印机、喷墨打印机、激光打印机 3 种,如图 2-20 所示。

图 2-20　针式打印机、喷墨打印机与激光打印机

- 针式打印机是较早的一类打印机,其工作原理是用一排针头把色带上的颜色按点阵图模式击打在纸上形成文字或图案。其优点是耗材便宜,可使用连续纸张;缺点是噪声大、速度不够快。
- 喷墨打印机的工作原理类似于针式打印机,只是把针式打印机的打印头换成了喷墨头,色带换成了墨盒装在喷墨头后,按点阵图模式在纸张上喷出图案墨点后烘干就可以了。这种打印机价格低廉,但是速度慢、耗材贵,适合打印量不多的家庭使用。
- 激光打印机采用静电原理将墨粉烫印在纸张上,因此对纸的质量要求比较高。它的优点是速度快,打印效果非常好;缺点是价格太高,特别是彩色激光打印机。

3. 音效系统

音效系统是计算机系统中输入和输出声音的部件,主要包括声卡、扬声器和麦克风等。计算机中安装声卡后,配上扬声器就可以把声音播放出来,再配上麦克风还可以录入语音。常见的音效系统就是音箱。音箱在音频设备中的作用类似于显示器,可直接连接到声卡的音频输出接口中,并将声卡传输的音频信号输出为人们可以听到的声音。

随着计算机及多媒体技术的发展,音效系统已成为计算机的基本配置。不同的声卡功能也有很大差别。声卡就将声音进行数字信号处理并输出到音箱或其他的声音输出设备,目前集成声卡(声卡以芯片的形式集成到主板中)是市场的主流声卡。

4. 数码相机与视频设备

随着多媒体技术的发展,数码相机与视频设备也成为计算机的输入设备之一。视频摄像头用于拍摄数字视频。一般采用 USB 接口。数码相机拍摄的数码照片保存在存储卡上,数码摄像机拍摄的数码视频保存在数码录像带上。用户可以将它们传输到计算机中加工处理。

2.3.5 总　线

总线(Bus)是计算机各种功能部件之间传送信息的公共通信干线,主机的各个部件通过总线相连接,外部设备通过相应的接口电路与总线相连接,从而形成了计算机硬件系统,因此总线被形象地比喻为"高速公路"。总线分为内部总线与外部总线。

1. 内部总线

内部总线是外围设备访问 CPU 和内存的数据通道,由地址总线(AB)、数据总线(DB)和控制总线(CB)构成,分别传送地址信号、数据信号和控制信号。

(1)地址总线。

地址总线上传送的是 CPU 向存储器、I/O 接口设备发出的地址信息。地址总线的宽度决定了系统最大内存的容量,如某计算机有 20 位地址线,则它的最大内存容量为 1 M(2^{20}=1024 K);如果有 32 位地址总线,则其最大内存容量可以达到 4 G(2^{32}=4×1024 M)。

(2)数据总线。

数据总线用于在 CPU 与 RAM(随机存取存储器)之间来回传送需处理、储存的数据。通常所说的总线宽度就是指数据总线宽度。它一次传送的数据量和传输的速度也是衡量计算机性能的重要指标。

(3)控制总线。

控制总线用来传送控制信息,这些控制信息包括 CPU 对内存和输入/输出接口的读写信号,输入/输出接口对 CPU 提出的中断请求等信号,以及 CPU 对输入/输出接口的回答与响应信号,输入/输出接口的各种工作状态信号和其他各种功能控制信号。

目前,常见的总线标准有 ISA 总线、PCI 总线、AGP 总线和 EISA 总线。ISA 是"工业标准体系结构"(Industrial Standard Architecture)的简称,最大宽度是 16 位,最高时钟频率为 8 MHz。PCI 是"外设组件互联标准"(Peripheral Component Interconnection)的简称,是 Intel 公司于 1991 年推出的用于定义局部总线的标准,最大宽度可以达到 32 位或 64 位。该标准允许在计算机内安装多达 10 个遵从 PCI 标准的扩展卡。

2. 外部总线

常见的外部总线有 RS-232、USB(Universal Serial Bus,通用串行总线)等。USB 接口即插即用,可以接入不同的外设,如键盘、鼠标、数字相机、扫描仪等。它能与多个外设相互串接,树状结构最多连接 127 个外设。

IEEE1394 接口也是目前使用较多的一种接口标准,主要连接数码相机和数码摄像机等高速数字视频设备。

微型计算机的基本结构是总线结构,如图 2-21 所示。这种类似于积木式的结构,为微型计算机的扩展提供了方便。总线已经成为一种标准,任何一家工厂生产的 CPU、内存、接口卡,只要符合总线标准,均可以连接到计算机系统中。通过扩展接口卡,可以随时根据需要增加外部设备。

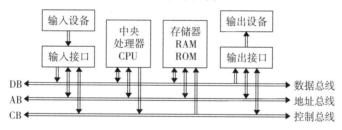

图 2-21 基于总线的微型计算机结构

2.4 微型计算机硬件组成

2.4.1 概述

微型计算机又叫"个人计算机"(PC)。相对而言,它的体积较小,价格便宜,对使用环境没有严格的要求。从外观上看,微型计算机主要由主机、显示器、鼠标和键盘等部分组成,如图 2-22 所示。主机背面有许多插孔和接口,用于接通电源或连接键盘和鼠标等外设;而主机箱内包括光驱、CPU、硬盘、内存和主板等硬件,图 2-23 所示为微型计算机主机箱内部硬件。根据目前的市场行情,一台中档性能的微型计算机价格在 4000 元左右。

图 2-22 微型计算机的外观组成

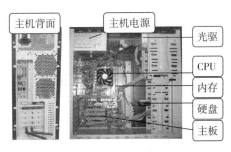
图 2-23 微型计算机主机箱内部硬件

微型计算机与一般的计算机没有本质区别,也是由运算器、控制器、存储器、输入设备和输出设备等五部分组成,常用的存储系统及输入/输出设备也都是相同的。

从直观上看,微型计算机的硬件主要包括主板以及安插在主板上的 CPU、内存条、I/O 芯片、接口卡等,还包括硬盘、光驱以及显示器等各种外部设备。其中主板是最基本的部件。

2.4.2 主 板

主板(MainBoard)也称为"母板(Mother Board)"或"系统板(System Board)",是机箱中最重要的电路板,如图 2-24 所示。从形式上看,主板是一块印制电路板,上面布满了各种电子元器件、插座、插槽和各种外部接口,它可以为计算机的所有部件提供插槽和接口,并通过其中的线路统一协调所有部件的工作。

1. 主板的组成

主板上的部件包括 CPU 插槽、内存插槽及芯片组(Chipset)等。

主板上的芯片组包括 BIOS 芯片和南北桥芯片。BIOS 芯片是一块矩形的存储器,里面存有与该主板搭配的基本输入/输出系统程序,能够让主板识别各种硬件,还可以设置引导系统的设备和调整 CPU 外频等,如图 2-25 所示。南北桥芯片通常由南桥芯片和北桥芯片组成,它们为主板提供一个通用平台供不同设备连接,控制不同设备的沟通,也包含对不同扩充插槽的支持,例如 CPU、PCI、ISA、AGP 和 PCI Express。芯片组还为主板提供了一些附加的功能,例如,集成显卡、集成声卡(分别称为"内置显卡"和"内置声卡")。南桥芯片主要负责硬盘等存储设备和 PCI 总线之间的数据流通,北桥芯片主要负责处理 CPU、内存和显卡三者间的数据交流。

主板上的插槽包括内存插槽、CPU 插槽和各种扩展插槽,主要用于安装能够进行插拔的配件,如内存条、显卡和声卡等。目前常用的 CPU 插槽主要有 LGA775、LGA1366 以及 Socket AM2/AM2+等几种类型。内存插槽一般都是 DIMM 类型。

图 2-24　微型计算机主板　　　　　图 2-25　主板上的 BIOS 芯片

主板上还有一些直接连接外围设置的接口，例如，连接标准的 3.5 英寸软盘驱动器的 FDC 接口以及连接硬盘驱动器的 IDE 接口（当然，连接硬盘驱动器的接口不仅仅是 IDE）；另外还有各种 I/O 接口，包括 PS/2 键盘接口、鼠标接口、串行通信适配器接口 COM1 和 COM2，并行打印机适配器接口 LPT1 和 LPT2 等。USB 接口出现在 1996 年，先后有 1.0、2.0、3.0 版本。目前许多外部设备，例如打印机、鼠标等都可以通过 USB 接口与主机相连。

2. 主板的性能指标

主板的性能主要由配合 CPU 的芯片组决定，主要生产公司有 Intel、ADM、VIA 和 SIS 等。选择主板要考虑它支持的最大内存容量、扩展槽的数量、支持的最大系统外频以及可扩展性等因素。

2.4.3　主机箱

主机箱提供了安装电源、硬盘、光驱、主板及有关硬件的物理空间。一般由特殊的金属材料和塑料面板制成，具有防尘、防静电、防干扰等作用，是微机最重要的组成部分。主机箱内主要有主板、CPU、内存条、硬盘、光驱以及电源等设备。主机箱的外观与内部结构如图 2-23 所示。

常见的机箱样式有卧式与立式两种，机箱结构有 ATX/MicroATX 等多种类型，此外，机箱还提供多种类型的接口，如 USB 接口等。

2.4.4　电　源

电源的主要作用是通过交直流转换为主板、内存及 CPU 等供电。质量差的电源不仅不能保证整个计算机系统的稳定性，还会影响其他部件的使用寿命，因此千万不可忽视电源的质量。电源的外观如图 2-26 所示。

2.4.5　风　扇

风扇用于解决主机箱的散热问题，以免因温度过高而烧坏 CPU。风扇的外观如图 2-27 所示。

图 2-26 电 源

图 2-27 风 扇

2.4.6 网络接口卡

网络接口卡(Network Interface Card,NIC)简称网卡,是计算机中必不可少的网络基本设备,它为计算机之间的数据通信提供物理连接,如图 2-28 所示。一台计算机要接入网络,就需要安装网卡。网卡一般安装在计算机主板的扩展插槽上。内置的网卡可以用于 PC、MAC 以及图

图 2-28 网 卡

形工作站等系统。外置的网卡通常用于笔记本电脑,或直接集成在主板上。

2.5 多媒体计算机概述

多媒体技术使计算机具备了处理文字、声音、图像及视频信息的能力,将多媒体技术应用于计算机就产生了"多媒体计算机"。

2.5.1 媒体与多媒体技术

谈到多媒体,首先要理解计算机领域中的媒体概念。媒体(Medium)主要有两层含义:一是指存储信息的实体(媒质),如磁盘、光盘、磁带和半导体存储器等;二是指传递信息的载体(媒介),如文本、声音、图形、图像、视频、音频和动画等。通常所说的多媒体技术中的"媒体"指的是前者。

国际电信联盟电信标准局 ITU-T(原 CCITT)将媒体分为 5 种类型,分别是感觉媒体、表示媒体、显示媒体、存储媒体及传输媒体。

多媒体(Multimedia)是由单媒体复合而成的,融合了两种或两种以上的人机交互式信息交流和传播媒体。多媒体不仅是指文本、声音、图形、图像、视频、音频和动画这些媒体信息本身,还包含处理和应用这些媒体信息的一整套技术,我们称为多媒体技术。多媒体技术是指能够同时获取、处理、编辑、存储和演示两种以

上不同类型信息的媒体技术。在计算机领域中,多媒体技术就是用计算机实时地综合处理图、文、声和像等信息的技术,这些多媒体信息在计算机内都是转换成0和1的数字化信息进行处理的。

2.5.2 多媒体的基本特点

多媒体的基本特点包括多样性、集成性、交互性、实时性和协同性5个方面。

1. 多样性

多媒体技术的多样性是指信息载体的多样性,计算机所能处理的信息从最初的数值、文字、图形已扩展到音频和视频信息等多种媒体。它使人与计算机之间的交互方式产生了很大的变化。例如,除了可以用键盘输入文字信息外,还可以通过话筒输入声音、通过摄像机输入图像,甚至直接用手指输入信息。因此,信息的多样化使得计算机更加人性化。

2. 集成性

集成性主要体现在两方面:一方面是指以计算机为中心综合处理多种信息媒体,使其集文字、声音、图形、图像、音频和视频于一体,例如,在多媒体教学系统中,通过将文字、语音及图像集成在一起而形成一个图文并茂的、直观的教学课件;另一方面是指多媒体处理工具和设备的集成能够为多媒体系统的开发与实现建立一个理想的集成环境,形成多媒体系统。

3. 交互性

交互性是指用户可以与计算机进行交互操作,并提供多种交互控制功能,使人们在获取信息和使用信息时变被动为主动,并改善人机操作界面。早期,计算机与用户之间通过键盘、屏幕等进行信息交互。随着多媒体技术的成熟与应用,人与计算机系统的交互手段也发生了很大变化,由单一的字符形式转向了多媒体形式,可以通过一些专用的设备输入输出语音、图像或者视频信息。

4. 实时性

多媒体技术的实时性是指多媒体技术需要同时处理声音、文字和图像等多种信息,其中声音和视频还要求实时处理,从而应具有能够对多媒体信息进行实时处理的软硬件环境的支持。

5. 协同性

多媒体技术的协同性是指多媒体中的每一种媒体都有其自身的特性,因此各媒体信息之间必须有机配合,并协调一致。

多媒体技术的快速发展和应用将极大推动许多产业的变革和发展,并逐步改变人类社会的生活与工作方式。多媒体技术的应用已渗透到人类社会的各个领域,它不仅覆盖了计算机的绝大部分应用领域,同时还在教育培训、商务演示、咨询服务、信息管理、宣传广告、电子出版物、游戏、娱乐和广播电视等领域中得到普通应用。此外,可视电话和视频会议等也为人们提供了更全面的信息服务。目前,多媒体技术主要包括音频技术、视频技术、图像技术、图像压缩技术和通信技术。

2.5.3 多媒体计算机系统

多媒体计算机系统是指能够输入、处理并输出多媒体信息的计算机系统。从直观上看,多媒体计算机在传统计算机的基础上扩展了视觉及听觉功能,能够处理声音、图像及视频等信息。类似于普通的计算机系统由硬件和软件组成,一个完整的多媒体系统是由多媒体硬件系统和多媒体软件系统两个部分构成的。下面主要针对多媒体计算机系统,来介绍多媒体设备和软件。

1. 多媒体硬件系统

多媒体计算机的硬件系统除了计算机常规硬件设备,如 CPU、主板、内存、软盘驱动器、硬盘驱动器、显示器及打印机等之外,还包括专用的多媒体信息处理设备,如音频输入/输出和处理设备、视频输入/输出和处理设备,其基本结构如图 2-29 所示。

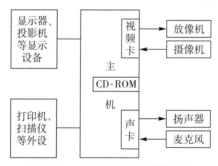

图 2-29 多媒体硬件系统组成

(1)主机。

主机是多媒体计算机系统的核心。目前使用最多的是微型计算机,其 CPU 一般都具有多媒体处理能力,有些主机的主板上还集成了专用的多媒体处理芯片,例如,集成的声卡、显卡或者视频卡等。

(2)声卡。

声卡又被称为"音频卡",它是多媒体技术中最基本的硬件组成部分,用于处理音频信息,是实现声波/数字信号相互转换以及数字音频的压缩、解压缩与播放等功能。声卡提供与其他音响设备的接口,如话筒、耳麦、外接音箱以及 MIDI 设备等,它把来自话筒、磁带、光盘的原始声音信号加以转换,从而输出到耳机、扬声器、扩音机和录音机等声响设备,也可通过音乐设备数字接口(MIDI)进行声音输出。它们一道组成了多媒体计算机系统中的音频系统。

目前，常用的有两种形式的声卡，独立声卡和集成声卡。独立声卡是一块独立的可插拔的板卡，插在主板的扩展槽中，音频效果较好。集成声卡被集成在微型计算机的主板上，其音频效果相对于独立声卡要略差一些。

(3) 显卡与视屏卡。

显卡即图形加速卡，它工作在 CPU 与显示器之间，基本作用是控制视频信号的输出。与声卡一样，显卡也分为独立显卡和集成显卡。一般地，独立显卡的功能较强，能够流畅地显示复杂的三维场景。

视频卡也叫视频采集卡，用于将模拟摄像机、录像机、LD 视盘机和电视机输出的视频数据或者视频和音频的混合数据输入计算机，并转换成计算机可识别的数字数据。视频卡也提供了与信号源连接的接口，如摄像头、放像机及影碟机等。视频卡按照其用途可以分为广播级视频采集卡、专业级视频采集卡和民用级视频采集卡。经常提到的 1394 卡就是一款典型的视频卡。

(4) 光驱及大容量存储设备。

光驱是大容量存储设备的一种。由于多媒体信息的数据量一般都比较大，需要有专用的存储设备，光存储技术正是在这个背景下产生的。目前使用的光存储设备包括只读光驱(CD-ROM)、可读写光驱(CD-R、CD-RW)以及数字视频光盘(Digital Video Disc，DVD)等。

(5) 其他设备。

多媒体数据的输入以及输出都需要一些专门的设备。多媒体处理过程中常用到的外部设备主要包括摄像机/录放机、数字照相机/头盔显示器、扫描仪、激光打印机、光盘驱动器、光笔/鼠标/传感器/触摸屏、话筒/喇叭、传真机(FAX)和可视电话机等。

2. 多媒体软件系统

多媒体计算机的软件种类较多，根据功能可以分为多媒体操作系统、媒体处理系统工具和用户应用软件 3 种。

(1) 多媒体操作系统。

多媒体操作系统应具有实时任务调度，多媒体数据转换和同步控制，多媒体设备的驱动和控制，以及图形用户界面管理等功能。实际上，目前主流的操作系统都具有多媒体功能，或者说，都支持多媒体应用。例如，在 Windows 系列操作系统中，都具有较强的多媒体功能，包括多媒体设备的管理以及集成的播放器软件等。

例如，在 Windows 7 系统中，可以通过设备管理器检查或者配置声音及视频设备。通过在"控制面板"中选择"系统"，打开"系统"对话框。按下"设备管理器"按钮，就能打开如图 2-30 所示的"设备管理器"对话框。此时，可以选择需要检查的设备,例如"Realtek High Definition Audio",单击右键,在弹出的快捷菜单中选择"属性"命令,屏幕显示设备属性对话框。

图 2-30　多媒体设备管理器对话框

此外,在 Windows 7 中,还可以对声音及音频设备进行更加细化的管理。通过单击任务栏中的扬声器图标,可以设置扬声器的音量。右击任务栏中的扬声器图标,在弹出的快捷菜单中选择"声音"命令,屏幕就能显示相应的对话框,然后选择"声音"选项卡,设置应用于 Windows 及程序事件的声音方案。如图 2-31 所示。

图 2-31　声音选项卡设置

(2) 媒体处理系统工具。

媒体处理系统工具主要包括媒体创作软件工具、多媒体节目写作工具和媒体播放工具,以及其他各类媒体处理工具,如多媒体数据库管理系统、动画制作工具Flash、图像处理工具Photoshop以及多媒体集成工具Premier等。

(3) 用户应用软件。

用户应用软件是根据多媒体系统终端用户要求来定制的应用软件,目前国内外已经开发出了很多服务于图形、图像、音频和视频处理的软件,通过这些软件,可以创建、收集和处理多媒体素材,制作出丰富多样的图形、图像和动画。常用的多媒体应用软件包括多媒体教学软件、游戏软件以及具备多媒体数据处理功能的应用系统等。另外,操作系统提供的一些应用程序,如Windows系统中的录音机、媒体播放器等也都是多媒体应用软件。

目前,比较流行的多媒体应用软件有Photoshop、Flash、Illustrator、3ds Max、Authorware、Director和PowerPoint等。它们各有所长,在多媒体处理过程中可以综合运用。声音播放软件主要包括Windows自带的录音机播放软件和Windows Media Player等,动画播放软件有Flash Player和Windows Media Player等,视频播放软件有Windows Media Player和暴风影音等。

2.5.4 常用媒体文件格式

在计算机中,利用多媒体技术可以将声音、文字和图像等多种媒体信息进行综合式交互处理,并以不同的文件类型进行存储。下面分别介绍常用的媒体文件格式。

1. 音频文件格式

在多媒体系统中,语音和音乐是必不可少的,存储声音信息的文件格式有多种,包括WAV、MIDI、MP3、RM和VOC文件等,具体如表2-5所示。

表2-5 常见声音文件格式

文件格式	文件扩展名	相关说明
WAV	.wav	WAV文件来源于对声音模拟波形的采样,主要针对话筒和录音机等外部声源录制,经声卡转换成数字化信息,播放时再还原成模拟信号由扬声器输出。这种波形文件是最早的数字音频格式。WAV文件支持多种采样的频率和样本精度的声音数据,并支持声音数据文件的压缩,通常文件较大,主要用于存储简短的声音片断
MIDI	.mid/.rmi	音乐设备接口(Musical Instrument Digital Interface,MIDI)是乐器和电子设备之间进行声音信息交换的一组标准规范。MIDI文件并不像WAV文件那样记录实际的声音信息,而是记录一系列的指令,即记录的是关于乐曲演奏的内容,可通过FM合成法和波表合成法来生成。MIDI文件比WAV文件存储的空间要小得多,且易于编辑节奏和音符等音乐元素,但整体效果不如WAV文件,且过于依赖MIDI硬件质量

续表

文件格式	文件扩展名	相关说明
MP3	.mp3	MP3 采用 MPEG Layer 3 标准对音频文件进行有损压缩，压缩比高，音质接近 CD 唱盘，制作简单，且便于交换，适用于网上传播，是目前使用较多的一种格式
RM	.rm	RM 采用音频/视频流和同步回放技术在互联网上提供优质的多媒体信息，其特点是可随着网络带宽的不同而改变声音的质量
VOC	.voc	它是一种波形音频文件格式，也是声霸卡使用的音频文件格式

2. 图像文件格式

图像是多媒体中最基本和最重要的数据，包括静态图像和动态图像。其中，静态图像又可分为矢量图形和位图像两种，动态图像又分为视频和动画两种。常见的静态图像文件格式如表 2-6 所示。

表 2-6　常见静态图像文件格式

文件格式	文件扩展名	相关说明
BMP	.bmp	BMP 是英文 Bitmap(位图)的缩写，它的特点是包含图像信息较丰富，几乎不进行压缩，但文件占用磁盘空间过大。BMP 是 Windows 操作系统中的标准图像文件格式，几乎所有与图形图像有关的软件都支持这种格式
GIF	.gif	GIF 是英文"Graphics Interchange Format"(图像交换格式)的缩写。顾名思义，这种格式是用来交换图片的。GIF 格式的特点是压缩比高，磁盘空间占用较少，可以同时存储若干幅静止图像进而形成连续的动画，但只能用 256 色来表现物体。目前 Internet 上大量采用的彩色动画文件多为这种格式的文件
JPEG	.jpg/.jpeg	JPEG 由联合图像专家组(Joint Photographic Experts Group)开发，用于连续变化的静止图像，文件后缀名为".jpg"或者".jpeg"。它采用有损压缩方式去除冗余的图像和彩色数据，在获取高压缩比的同时能展现十分丰富生动的图像
PNG	.png	PNG(Portable Network Graphics)是一种新兴的网络图像格式。它吸取了 GIF 和 JPEG 的优点，采用无损压缩方式来减少文件的大小，并且支持透明图像。现在，越来越多的软件开始支持这一格式，而且在网络上也越来越流行
WMF	.wmf	WMF 是 Windows 中常见的一种图元文件格式，属于矢量文件格式，具有文件小、图案造型化的特点，其图形往往较粗糙

3. 视频文件格式

视频文件一般比其他媒体文件要大一些，比较占用存储空间。常见的视频文件格式如表 2-7 所示。

表 2-7 常见视频文件格式

文件格式	文件扩展名	相关说明
AVI	.avi	AVI 是由 Microsoft 公司开发的一种数字视频文件格式,允许视频和音频同步播放,但由于 AVI 文件没有限定压缩标准,因此不同压缩标准生成的 AVI 文件必须使用相应的解压算法才能播放
MOV	.mov	(MOV)是 Apple 公司开发的一种音频、视频文件格式,具有跨平台和存储空间小等特点,已成为目前数字媒体软件技术领域的工业标准
ASF	.asf	ASF 是微软公司开发的一种可直接在网上观看视频节目的视频文件压缩格式,其优点有可本地或网络回放、可扩充媒体类型、可部件下载以及具有扩展性等
WMV	.wmv	WMV 格式是微软公司针对 Quick Time 之类的技术标准而开发的一种视频文件格式,可使用 Windows Media Player 播放,是目前比较常见的视频格式

2.5.5 多媒体数据压缩技术

由于音频和视频等多媒体信息的数据量非常庞大,为了便于存取和交换,在多媒体计算机系统中通常采用压缩的方式来进行有效地压缩,使用时再将数据进行解压缩还原。根据对压缩后的数据是否能够准确地恢复压缩前的数据来分类,可将其分成无损压缩和有损压缩两种类型。其中无损压缩的压缩率比较低,但能够确保解压后的数据不失真,而有损压缩则是以损失文件中某些信息为代价来获取较高的压缩率。

数据压缩就是在无失真或者允许一定失真的情况下,通过编码技术以尽可能少的数据表示各种多媒体对象,以方便存储与传输。这个过程类似于果汁的浓缩过程,通过排除果汁中的水分可以浓缩果汁。通过压缩文件中的某些字节,可以减少文件大小。类似于浓缩的果汁可以加水还原,数据压缩的过程也是可逆的。在使用经压缩后的多媒体文件时,通过解压缩可以将数据文件还原成原始数据,如图 2-32 所示。

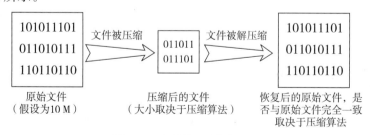

图 2-32 文件的压缩与解压缩

衡量数据压缩技术主要有 4 个指标:

①压缩比,即压缩前后文件大小之比,这个指标是越大越好,当然过大的压缩比也可能意味着失真。

②恢复效果。在实际使用时要尽可能地恢复到原始数据。

③处理速度,即压缩与解压缩的速度,特别是解压缩的速度必须保证实时性。

④软硬件开销。如果一种压缩技术对软硬件开销的要求较高,那么该技术是不太实际的。

习 题 2

一、单项选择题

1. 1KB 的准确数值是_____。
   A. 1 024 Byte   B. 1 000 Byte   C. 1 024 bit   D. 1 024 MB

2. 如果按 ASCII 值从大到小的顺序排列,字符 a、A、5、空格的排列顺序为_____。
   A. 空格、A、a、5   B. 5、a、A、空格
   C. a、A、5、空格   D. A、a、5、空格

3. 1K 字节的存储空间能存储_____个汉字。
   A. 1024   B. 512   C. 1000   D. 500

4. 计算机中基本的存储单位是_____。
   A. 二进制位   B. 字节   C. 字   D. 字母

5. CPU 每执行一条_____,就完成一个基本操作。
   A. 软件   B. 指令   C. 命令   D. 语句

6. 下面 4 个数中最大的数是_____。
   A. 二进制数 01111111   B. 十进制数 75
   C. 八进制数 37   D. 十六进制数 1A

7. 计算机中的所有信息以二进制形式表示的主要原因是_____。
   A. 节省存储空间   B. 运算速度快
   C. 物理器件易于实现   D. 信息处理方便

8. 在关于数制的转换中,下列叙述正确的是_____。
   A. 采用不同的数制表示同一个数时,基数(R)越大,使用的位数越少
   B. 采用不同的数制表示同一个数时,基数(R)越大,使用的位数越多
   C. 不同数制采用的数码是各不相同的,没有一个数码是一样的
   D. 进位计数制中每个数码的数值不取决于数码本身

9. 计算机上使用的 ASCII 码是对_____的编码。
   A. 英文字母   B. 英文字母和数字
   C. 西文字符集   D. 英文字符和中文字符

10. 在下列英文缩写中,与内存无关的是_____。
    A. ROM   B. RAM   C. KB   D. MIPS
11. 一个字节能表示的无符号整数的个数是_____。
    A. 128   B. 255   C. 256   D. 512
12. 在计算机中,一条指令由操作码和_____组成。
    A. 指令码   B. 程序码   C. 控制码   D. 操作数
13. 计算机执行一条指令可分为取指令、_____和执行指令3个过程。
    A. 存储指令   B. 分析指令   C. 计算指令   D. 传输指令
14. 微型计算机中的外存可以直接与_____进行数据交换。
    A. 运算器   B. 控制器   C. 微处理器   D. 内存
15. 计算机内存储器一般是由_____组成。
    A. RAM 和 CMOS   B. ROM、RAM 和硬盘
    C. RAM 和 ROM   D. 硬盘和光盘
16. 内存中的每个存储单元,都被赋予一个唯一的编号,称为_____。
    A. 地址   B. 字节   C. 位号   D. 容量
17. 如果正在使用计算机时突然断电,则_____全部丢失。
    A. ROM 和 RAM 中的信息   B. ROM 中的信息
    C. RAM 中的信息   D. 硬盘中的信息
18. 十进制数 55 转换成二进制数等于_____。
    A. 111111   B. 110111   C. 111001   D. 111011
19. 与二进制数 101101 等值的十六进数是_____。
    A. 2D   B. 2C   C. 1D   D. B4
20. 现在,打印机、扫描仪和数字相机等设备都通过 USB 接口与主机相连,这里的 USB 是_____。
    A. 通用串行总线   B. 通用并行总线
    C. SCSI 接口   D. 通用卡式接口
21. 多媒体信息不包括_____。
    A. 动画、影像   B. 文字、图像   C. 声卡、光驱   D. 音频、视频
22. 指令由_____解释。
    A. 编译程序   B. 解释程序   C. 控制器   D. 运算器
23. 显示卡上的显示存储器是_____。
    A. 随机读写 RAM 且暂时存储要显示的内容
    B. 只读 ROM
    C. 将要显示的内容转换为显示器可以接收的信号
    D. 字符发生器

24. 计算机执行指令的过程为:在控制器的指挥下,把_____①_____的内容经过地址总线送入_____②_____的地址寄存器,按该地址读出指令,再经过数据总线送入_____③_____,经过_____④_____进行分析产生相应的操作控制信号送各执行部件。

  A. 存储器   B. 运算器   C. 程序计数器   D. 指令译码器
  E. 指令寄存器   F. 时序控制电路   G. 通用寄存器   H. CPU

二、简答题

1. 据你所知,当前主流的微型计算机配置什么样的 CPU、内存及主板等,请写出 2 到 3 种不同配置。

2. 常用的存储器有哪几种类型?它们各自具有什么样的特点?

3. 根据自己的经验,写出几种多媒体的应用。

计算机软件

【主要内容】
◇ 软件的概念与分类。
◇ 软件的版权与使用许可。
◇ 软件的运行环境与安装。
◇ 程序、程序设计及程序设计语言的简单描述。
◇ 数据库系统的概念与常见的数据库系统。
◇ 常用工具软件。

【学习目标】
◇ 理解软件与程序的关系,能够正确地描述它们之间的区别。
◇ 理解不同类型的软件在计算机系统中的作用。
◇ 能够正确判断计算机硬件是否符合软件的安装要求,并正确地安装软件。
◇ 理解程序设计语言及语言处理程序的关系。

3.1 软件概述

计算机系统各种功能的实现是建立在硬件技术和软件技术相结合的基础之上的。没有软件的计算机通常称为"裸机",就像没有 CD 的 CD 机一样,无法帮助用户处理各种任务。在实际应用中,用户接触的计算机系统都安装了许多软件,其功能的强弱与所配备的软件有一定的关系。

3.1.1 软件概念

一个完整的计算机系统包括硬件和软件系统两大部分,硬件和软件协同工作才能完成某一项给定任务。软件是计算机程序以及开发、使用和维护程序所需要的文档集合。

计算机程序是指为得到某种结果由计算机执行的代码指令序列,或者可以被自动转换成指令的符号化语句序列,同一计算机程序的源程序和目标程序为同一作品。一个软件所对应的程序是由多个文件组成的,这些文件又可以分为不同的类型,如 Microsoft Office 软件中包含了众多的扩展名为.exe、.dat 和.dll 的文件。

文档,是用来描述程序的内容、组成、设计、功能规格、开发情况、测试结果及使用方法的文字资料和图表等,如程序设计说明书、流程图、用户手册等。

在实际应用中,用户看到的软件可能是由一张或多张CD、使用说明书、合格证及保修卡等组成的一个软件包,如图3-1所示。

图3-1　Office 2010 软件包

3.1.2　软件分类

软件通常分为系统软件和应用软件两大类。

系统软件由操作系统、实用程序、编译程序、支撑软件等组成。操作系统实施对各种软硬件资源的管理控制。实用程序是为方便用户所设,如文本编辑等。编译程序的功能是把用户用汇编语言或某种高级语言所编写的程序,翻译成机器可执行的机器语言程序。支撑软件有接口软件、工具软件、环境数据库等,它能支持用机的环境,提供软件研制工具。

应用软件是根据用户需求编写的专用程序,它借助系统软件来运行,是软件系统的最外层。

3.1.3　软件版权

软件版权属于知识产权的著作权范畴,具有知识产权的特征,即时间性、专有性和地域性。软件版权在法律上称为"计算机软件著作权"。它属于著作权(知识产权)的一种。

计算机软件著作权是指软件的开发者或者其他权利人依据有关著作权法律的规定，对于软件作品所享有的各项专有权利。软件经过登记后，软件著作权人享有发表权、开发者身份权、使用权、使用许可权和获得报酬权。国家颁布有《计算机软件保护条例》，保护权益人的软件著作权。

根据《计算机软件保护条例》第八条规定："软件著作权人享有下列各项权利：发表权、署名权、修改权、复制权、发行权、出租权、网络传播权、翻译权、应当由软件著作权人享有的其他权利"。

3.1.4 软件运行环境

软件运行环境在狭义上是指软件运行所需要的硬件支持，广义上也可以说是一个软件运行所要求的各种条件，包括软件环境和硬件环境。如各种操作系统需要的硬件支持是不一样的，对 CPU、内存等要求也不一样，而许多应用软件不仅要求硬件满足一定的条件，还需要软件环境的支持。通俗地讲就是，Windows 支持的软件，Linux 不一定支持，苹果的软件只能在苹果机上运行，如果这些软件想跨平台运行，必须修改软件本身，或者模拟它所需要的软件环境。下面列出的就是中文 Word 2010 的环境要求：

①CPU：500Mhz 或更快的 CPU。

②内存：至少 256 MB，建议 512 MB 以上。

③显示器：支持 1024×768 或更高分辨率的显示器。

④安装 Office 2010 套装至少需要 3 GB 以上的磁盘空间，如果单独安装 Word 2010，需要 2 GB 以上空间。

⑤操作系统：Windows XP(SP3)、Windows Vista(SP1)或 Windows 7。需要安装 Internet Explorer 6.0 及以上版本的浏览器。

3.1.5 软件安装

微型计算机在出售前一般都会预先安装一些软件，主要包括操作系统及常用的工具软件，但是大多数用户仍然需要安装其他软件。

在软件包中，一般都有一个名为 setup.exe 或 install.exe 的安装程序，运行该程序后，首先自动检测系统的软件硬件配置是否符合安装要求；接下来，在 Windows 环境下，屏幕还会显示一系列的安装向导对话框，在这些对话框中会给出一些基本的提示信息、是否接受许可证协议的选择、应用软件的安装位置等。图 3-2 所示的是在安装迅雷时显示的是否接受许可协议的选择对话框。

概括而言，在 Windows 环境下的软件安装基本上是通过安装程序自动进行的,用户只需做少量的工作。

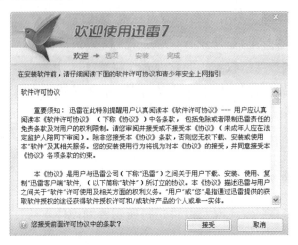

图 3-2　安装迅雷时弹出的许可协议窗口

3.2　程序与程序设计语言

程序是软件的核心,软件开发的主要任务也是设计与开发程序。从直观上讲,程序有 3 种基本功能:一是告诉计算机需要处理的数据是什么;二是告诉计算机处理数据的方法或者过程是什么;三是告诉计算机处理的结果如何显示。

3.2.1　程　序

计算机实际上自己不能决定做什么,也不能独立思考,所以程序员必须给计算机下达指令,不发指令,计算机就无法处理任务。为了让计算机执行某项具体任务而提供给它的详细指令集合就是"程序"。它告诉计算机如何执行特殊的任务。因此,关于程序的一种直观描述是"为完成某种特定任务而编写的命令序列"。这个描述体现三方面的含义:一是程序具有一定的目的性,是围绕着特定的目标而设计的;二是从形式上看,程序是一个命令序列;三是程序应该能够在计算机上正确运行,因为只有正确运行了,才能完成特定任务,换言之,程序必须被计算机理解并执行。

3.2.2　程序设计

程序设计是指设计、编制、调试程序的方法和过程。按照结构性质,程序设计有结构化程序设计与非结构化程序设计之分。前者是指具有结构性的程序设计方法与过程。它具有由基本结构构成复杂结构的层次性,后者反之。按照用户的要求,程序设计有过程式程序设计与非过程式程序设计之分。前者是指使用过程式程序设计语言的程序设计,后者指使用非过程式程序设计语言的程序设计。按照程序设计的成分性质,程序设计有顺序程序设计、并发程序设计、并行程序设计、分布式程序设计之分。按照程序设计风格,程序设计有逻辑式程序设计、函数式程序设计、对象式程序设计之分。

传统上,可以将程序设计的主要过程划分为需求分析、建模、算法设计、编写代码以及调试等5个阶段。

3.2.3 程序设计语言与开发工具

程序设计语言,通常简称为"编程语言",是一组用来定义计算机程序的语法规则。它是一种被标准化的交流技巧,用来向计算机发出指令。

程序设计语言包含3个方面,即语法、语义和语用。语法表示程序的结构或形式,亦即表示构成程序的各个记号之间的组合规则,但不涉及这些记号的特定含义,也不涉及使用者。语义表示程序的含义,亦即表示按照各种方法所表示的各个记号的特定含义,但也不涉及使用者。语用表示程序与使用者的关系。

程序设计语言的基本成分主要包含:

① 数据部分:用于描述程序所涉及的数据。

② 运算部分:用于描述程序中所包含的运算。

③ 控制部分:用于描述程序中所包含的控制。

④ 传输部分:用于表达程序中数据的传输。

程序设计语言可以分为低级程序设计语言(也称"低级语言")和高级程序设计语言(也称"高级语言")。低级语言有机器语言和汇编语言。机器语言是表示成数码形式的机器基本指令集,或者是操作码经过符号化的基本指令集。汇编语言是机器语言中地址部分符号化的结果。

高级语言的表示方法要比低级语言更接近于待解问题的表示方法,使得计算机程序设计语言不再过度地依赖某种特定的机器或环境。这是因为高级语言在不同的平台上会被编译成不同的机器语言,而不是直接被机器执行。最早出现的编程语言之一——FORTRAN的一个主要目标就是实现平台独立。

面向对象的程序设计语言是一种将物体对象化的程序设计语言,其基本要素是抽象,主要概念是类与对象。类与结构体类似,它是物体的抽象表示方法,主要包括属性和方法两个重要内容。对象是类的一个实例。

面向对象程序设计语言具有继承性、封装性与多态性。继承,就是面向对象中类与类之间的一种关系。继承的类称为"子类""派生类";而被继承的类称为"父类""基类"或"超类"。通过继承,使得子类具有父类的属性和方法,同时子类也可以加入新的属性和方法或者修改父类的属性和方法,建立新的类层次。封装隐藏了类内部的具体实现细节,对外则提供统一的访问接口来操作内部数据成员。多态是指两个或多个属于不同类型的对象对同一个消息(方法调用)做出不同响应的能力,虚函数和重载就实现了多态。

程序开发工具包通常包含一组程序开发工具,例如,用于编辑源程序的编辑器、用于编译源程序的编译器(语言处理程序)、调试工具以及用于打包及发布程序的打包工具等。目前,使用比较广泛的程序开发工具包都是基于 Windows 环境及面向对象技术的,如 Microsoft 公司的 Visual C++集成开发环境,如图 3-3 所示。

图 3-3　Visual C++集成开发环境

3.3　数据库系统概述

早期的计算机主要用于科学计算。当计算机用于档案管理、财务管理、图书管理、仓库管理等领域时,它所面对的是数量惊人的各种类型的数据。为了有效地管理和利用这些数据,就产生了计算机的数据管理技术。

数据库技术自 20 世纪 60 年代中期诞生以来,已有 50 多年的历史,因其发展速度快、应用范围广而成为现代信息技术的重要组成部分。目前,各种各样的计算机应用系统和信息系统绝大多数是以数据库为基础和核心的,因此掌握数据库技术与应用是当今大学生信息素养的重要组成部分。

3.3.1 什么是数据库系统

数据库系统(DataBase System,DBS)是由硬件系统、数据库管理系统、数据库、数据库应用程序、数据库系统相关人员等构成的人机系统。数据库系统并不单指数据库或数据库管理系统,而是指带有数据库的整个计算机系统。

数据库(DataBase,DB)是数据库系统的核心部分,是数据库系统的管理对象。所谓"数据库"是长期存储在计算机外存上的、有结构的、可共享的数据集合。数据库中的数据按照一定的数据模型描述、组织和存储,具有较小的冗余度、较高的数据独立性和可扩展性,并可以为不同的用户所共享。

数据库的性质由数据模型决定。如果数据库中数据的组织结构支持层次模型的特性,则该数据库为层次数据库;如果数据的组织结构支持网络模型的特性,则该数据库为网络数据库;如果数据的组织结构支持关系模型的特性,则该数据库为关系数据库;如果数据的组织结构支持面向对象模型的特性,则该数据库为面向对象数据库。

数据库管理系统(DataBase Management System,DBMS)是指数据库系统中对数据库进行管理的软件系统,是数据库系统的核心组成部分,数据库的一切操作,如查询、更新、删除等各种操作,都是通过 DBMS 进行的。

DBMS 是位于用户和操作系统之间的系统软件。DBMS 是在操作系统支持下运行的,借助于操作系统实现对数据的存储和管理,使数据能被各种不同的用户共享,保证用户得到的是完整的、可靠的数据。

数据库管理系统是数据库的核心,其主要工作是管理数据库,为用户或应用程序提供访问数据库的方法。

3.3.2 常用数据库系统介绍

目前,数据库产品很多,大致可以分成两类:桌面型数据库和网络数据库。

1. 桌面型数据库

Access、FoxPro 等数据库管理系统创建的数据库被称为"桌面型数据库",它们没有或只提供有限的网络应用功能。

2. 网络数据库

SQL、Server、Oracle、DB2 等数据库管理系统创建的数据库被称为"网络数据库",具有强大的网络功能。

3.3.3 Access 数据库简介

Access 是一种关系型数据库管理系统。它提供了一套完整的工具和向导,即使是初学者,也可以通过可视化的操作来完成大部分的数据库管理和开发工作。对高级数据库系统人员来说,可以通过 VBA(Visual Basic for Application)开发高质量的数据库系统。

Access 数据库由数据库对象和组两部分组成,其中的对象包括表、查询、窗体、报表、数据访问页、宏和模块等 7 种。

所有的 Access 数据库对象都保存在同一个扩展名为".mdb"的数据库文件中,这是 Access 与其他桌面数据库不同的地方,在其他的一些桌面数据库中,这些对象是作为独立的文件分别存储的,在管理与使用上不及 Access 方便。当然不同的数据库对象有不同的作用。

各个对象之间存在着一定的依赖关系,其中表是数据库的核心与基础,所有的数据都存储在表中。报表、窗体和查询基本上都是从表中获取数据,以满足用户特定的需要,例如,查找或者统计并打印信息、编辑修改信息等。

3.4　常用工具软件

工具软件一般是指在使用计算机进行工作和学习时经常要使用的软件。这些软件有很多,它们一般具有如下特点:占用空间小;功能单一;可免费使用;使用方便且更新较快。根据其功能的不同,主要有系统维护工具软件、安全保护工具软件和播放器工具软件等。

3.4.1　计算机病毒防治工具

随着计算机技术和网络技术的发展,计算机已成为人们生活和工作中不可缺少的工具。与此同时,计算机信息安全也越来越重要。计算机病毒注定成为计算机应用领域中的一种顽症。因此,应该通过加强对计算机病毒的认识,及早发现并及时清除计算机病毒。实现系统安全保护的工具软件很多,常用的有 360 安全卫士等。

1. 360 安全卫士介绍

360 安全卫士是一款由奇虎 360 公司推出的功能强、效果好、受用户欢迎的安全软件。360 安全卫士拥有查杀木马、清理插件、修复漏洞、电脑体检、电脑救援、保护隐私等多种功能,并独创了"木马防火墙""360 密盘"等功能,依靠抢先侦测和云端鉴别,可全面、智能地拦截各类木马,保护用户的账号、隐私等重要信息。软件启动后的界面如图 3-4 所示。

图 3-4 "360 安全卫士"主界面

2. 360 安全卫士的使用

360 安全卫士界面比较简约,各功能模块一目了然,操作简单清晰。通过主界面上的按钮和菜单栏的按钮即可完成木马与病毒的查杀和对系统的安全进行管理。

①电脑体检:主要是对计算机安全做全面体检。单击"立即体检"按钮后,通过检测,360 安全卫士会得出一个当前计算机安全的评价指数,如图 3-5 所示。单击"一键修复"按钮后,安全卫士会对提示的可以进行修复的选项进行修复。

图 3-5 360 安全卫士体检结果

②木马查杀:单击"木马查杀"选项,显示软件提供了三种扫描方式:"快速扫描""全面扫描"和"自定义扫描"。不同的扫描方式,会以不同的方式对电脑的不同位置进行扫描。如图 3-6 所示为正在以"快速扫描"的方式对电脑的关键部位进行扫描。经常扫描可以帮助用户清除硬盘中的木马。

③漏洞修复:在"漏洞修复"选项卡,安全卫士会扫描并提示系统中是否有需要修复的漏洞,用户可以根据需要选择其中的一部分进行修复。

④电脑清理：在"电脑清理"选项卡，用户可以选择清理电脑中的垃圾、插件、使用痕迹、注册表等。

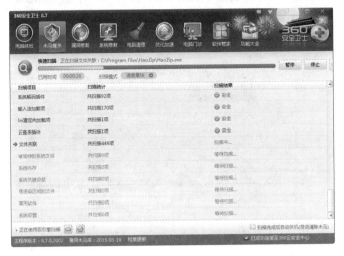

图 3-6　360 安全卫士查杀木马界面

⑤软件管家：在"软件管家"中可以对本机已经安装的软件进行卸载、修复、升级等。也可以在线选择需要安装的软件进行下载安装。

⑥功能大全：360 在这部分提供了几十个小工具，例如"360 手机助手""360 带宽测速器""360 木马防火墙""文件粉碎机"等，提供了强大的系统管理功能。

3.4.2　电子阅读工具软件

随着电子出版物的日益丰富和因特网的快速普及，人们可以很方便地获得大量的、各学科的电子资料。各政府机关、学术机构、标准组织和各大公司在网上发行的各种资料与产品手册愈来愈多地使用 Adobe 公司开发并推广的 PDF 格式。

PDF(Portable Document Format)文件即"便携式文档文件"，与 WPS 文字文档一样，PDF 文档可以用来保存文本格式、图形的信息。它的最大的特点是在不同的操作系统之间传送时能够保证信息的完整性和准确性。

PDF 相关软件主要有 Adobe Reader、Adobe Acrobat 等。其中 Adobe Reader 是阅读、查看和打印 PDF 文件必要的专用软件。

1. Adobe Reader 界面介绍

双击桌面 Adobe Reader 的快捷图标，或者在 PDF 文件图标上双击，会打开如图 3-7 所示窗口。

2. 调整文档视图

①调整页面的位置：可以使用手形工具移动页面来查看页面的不同区域，也可以直接在定位框中 18 /411页 输入想要访问的页面的页码。

②放大与缩小视图：可以通过单击功能区中的"放大"按钮➕或"缩小"按钮➖来调整页面的大小。

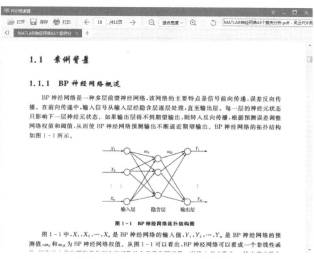

图 3-7　"Adobe Reader"主界面

3. 文档的搜索

在功能区的搜索栏中输入想要搜索的内容，点击搜索栏后面的箭头，指定向前或向后查找指定的内容。

3.4.3　播放器工具软件

多媒体的应用离不开各种工具软件。常用多媒体播放器有 RealPlayer 等。

1. RealPlayer 介绍

RealPlayer 是 Real Networks 公司出品的实时多媒体播放工具，是支持 rm 格式文件的软件之一。RealPlayer 的操作非常简便，只需使用按钮，就可以接收新闻报道或广播、欣赏喜爱的运动队的比赛实况、在线收听歌曲等。软件启动后界面如图 3-8 所示。

图 3-8　"RealPlayer"主界面

2. 播放视频

RealPlayer 最常用来播放视频，双击要打开的视频文件会直接启动 RealPlayer 进行播放；也可以在"文件"菜单中选择"打开"命令，在打开的对话框的文本框中输入网址，打开该网址上的视频；或者点击该对话框中的"浏览"按钮，在打开的对话框中可以选择电脑中已有的视频文件进行播放。播放时将鼠标移入画面，在画面上方会出现控制台，显示目前画面与原画面的比例。用户可以设为 1 倍、2 倍或者全屏播放，或者通过调整窗口的大小来调整画面大小。

3. 刻录光盘

在 RealPlayer 的主界面上有一个"刻录"按钮，点击后会将当前正在播放的媒体文件传送到 CD 或 DVD 刻录机上进行刻录。

4. 媒体库

为了方便用户管理计算机中的多媒体文件，RealPlayer 提供了媒体库功能，点击 RealPlayer 主界面上的"媒体中心"，可以进入媒体库界面。媒体库中分类存放了所有 RealPlayer 曾经打开过的多媒体文件，用户也可以将电脑中未打开过的媒体文件添加进来。

习 题 3

一、单项选择题

1. 计算机的软件一般分为_____。
   A. 数据库软件和网络软件　　B. 系统软件和应用软件
   C. 客户端软件和服务器端软件　D. 应用软件和网络软件
2. 在计算机指令系统中，一条指令通常由_____组成。
   A. 数据和字符　　　　　　　B. 操作码和操作数
   C. 运算符和数据　　　　　　D. 被运算数和结果
3. 下列软件中属于应用软件的是_____。
   A. UNIX　　　B. WPS　　　C. Windows　　　D. DOS
4. 计算机能直接执行的程序是_____。
   A. 源程序　　　　　　　　　B. 机器语言程序
   C. 高级语言程序　　　　　　D. 汇编语言程序
5. 为解决某一特定问题而设计的指令序列称为_____。
   A. 文档　　　B. 程序　　　C. 系统设计　　　D. 计算机语言

二、操作题

1. 安装 360 安全卫士，对计算机进行全面扫描，并将查找出的病毒清除。
2. 扫描硬盘并设置拦截木马选项。

3. 学会使用迅雷软件下载网络资料。

4. 利用谷歌金山词霸软件,将一篇英文文档翻译成中文文档。

5. 请列出计算机中常用的 10 个软件,并说明哪些是系统软件,哪些是应用软件。

第 4 章 Windows 7 操作系统

【主要内容】
◇ 操作系统的定义、功能、分类、演化。
◇ Windows 7 桌面、Windows 7 窗口和菜单的操作。
◇ Windows 7 桌面小工具的使用方法。
◇ Windows 7 控制面板的使用。

【学习目标】
◇ 理解操作系统的定义、功能和分类。
◇ 了解操作系统的演化过程。
◇ 掌握 Windows 7 的常用操作。
◇ 了解 Windows 系统中常见应用程序的使用方法。

4.1 操作系统概述

4.1.1 操作系统的含义

要使计算机系统中所有软硬件资源协调一致、有条不紊地工作,就必须有一套软件来进行统一的管理和调度,这种软件就是操作系统。操作系统是管理软硬件资源、控制程序执行、改善人机界面、合理组织计算机工作流程和为用户使用计算机提供良好运行环境的一种系统软件。计算机系统不能缺少操作系统,正如人不能没有大脑一样,而且操作系统的性能在很大程度上直接决定了整个计算机系统的性能。操作系统直接运行在裸机上,是对计算机硬件系统的第一次扩充。只有在操作系统的支持下,计算机才能运行其他的软件。从用户的角度看,操作系统加上计算机硬件系统形成一台虚拟机(通常广义上的计算机),它为用户构成了一个方便、有效、友好的使用环境。因此可以说,操作系统不但是计算机硬件与其他软件的接口,而且也是用户和计算机的接口。

4.1.2 操作系统的基本功能

操作系统作为计算机系统的管理者,它的主要功能是对系统所有的软硬件资源进行合理而有效的管理和调度,提高计算机系统的整体性能。一般而言,引入操作系统有两个目的:第一,从用户角度来看,操作系统将裸机改造成一台功能更强、服务质量更高、用户使用起来更加灵活方便、更加安全可靠的虚拟机,使用户无须了解更多有关硬件和软件的细节就能使用计算机,从而提高用户的工作效率;第二,为了合理地使用系统包含的各种软硬件资源,提高整个系统的使用效率。具体地说,操作系统具有处理器管理、存储管理、设备管理、文件管理和作业管理等功能。

1. 处理器管理

处理器管理也称"进程管理"。进程是一个动态的过程,是执行起来的程序,是系统进行资源调度和分配的独立单位。

进程与程序的区别,有以下 4 点。

① 程序是"静止"的,它描述的是静态指令集合及相关的数据结构,所以程序是无生命的;进程是"活动"的,它描述的是程序执行起来的动态行为,所以进程是有生命周期的。

② 程序可以脱离机器长期保存,即使不执行的程序也是存在的。而进程是执行着的程序,当程序执行完毕,进程也就不存在了。进程的生命是暂时的。

③ 程序不具有并发特征,不占用 CPU、存储器、输入/输出设备等系统资源,因此不会受到其他程序的制约和影响。进程具有并发性,在并发执行时,由于需要使用 CPU、存储器、输入/输出设备等系统资源,因此受到其他进程的制约和影响。

④ 进程与程序不是一一对应的。一个程序可以多次执行,产生多个不同的进程。一个进程也可以对应多个程序。

进程在其生存周期内,由于受资源制约,其执行过程是间断的,因此进程状态也是不断变化的。一般来说,进程有以下 3 种基本状态。

① 就绪状态。进程已经获取了除 CPU 之外所必需的一切资源,一旦分配到 CPU,就可以立即执行。

② 运行状态。进程获得了 CPU 及其他一切所需的资源,正在运行。

③ 等待状态。由于某种资源得不到满足,进程运行受阻,处于暂停状态,等待分配到所需资源后,再投入运行。

操作系统对进程的管理主要体现在调度和管理进程从"创生"到"消亡"整个生存周期过程中的所有活动,包括创建进程、转变进程的状态、执行进程和撤销进程等操作。

2. 存储管理

存储器是计算机系统中存放各种信息的主要场所,因而是系统的关键资源之一,能否合理、有效地使用这种资源,在很大程度上影响到整个计算机系统的性能。操作系统的存储管理主要是对内存的管理。除了为各个作业及进程分配互不发生冲突的内存空间,保护放在内存中的程序和数据不被破坏外,还要组织最大限度的共享内存空间,甚至将内存和外存结合起来,为用户提供一个容量比实际内存大得多的虚拟存储空间。

3. 设备管理

外部设备是计算机系统中完成和人及其他系统间进行信息交流的重要资源,也是系统中最具多样性和变化性的部分。设备管理是负责对接入本计算机系统的所有外部设备进行管理,主要功能有设备分配、设备驱动、缓冲管理、数据传输控制、中断控制、故障处理等。人们常采用缓冲、中断、通道、虚拟设备等技术尽可能地使外部设备和主机并行工作,解决快速 CPU 与慢速外部设备的矛盾,使用户不必去涉及具体设备的物理特性和具体控制命令就能方便、灵活地使用这些设备。

4. 文件管理

计算机中存放着成千上万的文件,这些文件保存在外存中,但其处理却是在内存中进行的。对文件的组织管理和操作都是由被称为文件系统的软件来完成的。文件系统由文件、管理文件的软件和相应的数据结构组成。文件管理支持文件的建立、存储、检索、调用、修改等操作,解决文件的共享、保密、保护等问题,并提供方便的用户使用界面,使用户能实现对文件的按名存取,而不必关心文件在磁盘上的存放细节。

5. 作业管理

作业管理是为处理器管理做准备的,包括对作业的组织、调度和运行控制。我们将一次解题过程中或一个事务处理过程中要求计算机系统所完成的工作的集合,包括要执行的全部程序模块和需要处理的全部数据,称为一个作业(Job)。

作业有 3 个状态:当作业被输入到系统的后备存储器中,并建立了作业控制模块(Job Control Block,JCB)时,称其处于后备态;当作业被作业调度程序选中并为它分配了必要的资源,建立了一组相应的进程时,称其处于运行态;当作业正常完成或因程序出错等而被终止运行时,称其进入完成态。

CPU 是整个计算机系统中较昂贵的资源,它的速度要比其他硬件快得多,所以操作系统要采用各种方式充分利用它的处理能力,组织多个作业同时运行,主要解决对处理器的调度、冲突处理和资源回收等问题。

4.1.3 操作系统的分类

经过 50 多年的迅速发展,操作系统多种多样,功能也相差很大,目前已能够适应各种不同的应用环境和各种不同的硬件配置。操作系统按不同的分类标准可分为不同类型的操作系统,如图 4-1 所示。

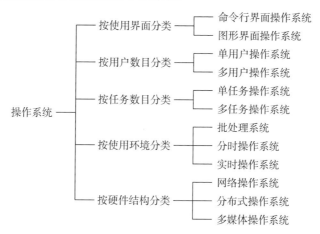

图 4-1　操作系统的分类示意图

1. 按与用户交互的界面分类

(1)命令行界面操作系统。

在命令行界面操作系统中,用户只能在命令提示符后(如 C:\>)输入命令才能操作计算机。如果其界面不友好,用户就需要记忆各种命令,否则无法使用系统,如 MS-DOS、Novell 等系统。

(2)图形界面操作系统。

图形界面操作系统交互性好,用户无须记忆命令,可根据界面的提示进行操作,简单易学,如 Windows 系统。

2. 按能够支持的用户数目分类

(1)单用户操作系统。

单用户操作系统只允许一个用户使用操作系统,该用户独占计算机系统的全部软硬件资源。在微型计算机上使用的 MS-DOS、Windows 3.x 和 OS/2 等均属于单用户操作系统。单用户操作系统可分为单任务操作系统和多任务操作系统。其区别是一台计算机能否同时执行两项(含两项)以上的任务,如在数据统计的同时能否播放音乐等。

(2)多用户操作系统。

多用户操作系统是在一台主机上连接有若干台终端,能够支持多个用户同时通过这些终端机使用该主机进行工作。根据各用户占用该主机资源的方式,多用户操作系统又分为分时操作系统和实时操作系统。典型的多用户操作系统有 UNIX、Linux、VAX-VMS 等。

3. 按是否能够运行多个任务分类

(1) 单任务操作系统。

单任务操作系统的主要特征是系统每次只能执行一个程序。例如，在打印时，微机就不能再进行其他工作了，如 DOS 操作系统。

(2) 多任务操作系统。

多任务操作系统允许同时运行两个以上的程序。例如，在打印时，可以同时执行另一个程序，如 Windows NT、Windows 2000/XP、Windows Vista/7、UNIX 等系统。

4. 按使用环境分类

(1) 批处理操作系统。

将若干作业按一定的顺序统一交给计算机系统，由计算机自动地、顺序完成这些作业，这样的系统称为批处理系统。批处理系统的主要特点是用户脱机使用计算机和成批处理，这大大提高了系统资源的利用率和系统的吞吐量，如 MVX、DOS/VSE、AOS/V 等操作系统。

(2) 分时操作系统。

分时操作系统是一台主机带有若干台终端，CPU 按照预先分配给各个终端的时间片，轮流为各个终端服务，即各个用户分时共享计算机系统的资源。它是一种多用户系统，其特点是具有交互性、即时性、同时性和独占性，如 UNIX、XENIX 等操作系统。

(3) 实时操作系统。

实时操作系统是对来自外界的信息在规定的时间内即时响应并进行处理的系统。它的两大特点是响应的即时性和系统的高可靠性，如 IRMX、VRTX 等操作系统。

5. 按硬件结构分类

(1) 网络操作系统。

网络操作系统是用来管理连接在计算机网络上的多个独立的计算机系统(包括微机、无盘工作站、大型机和中小型机系统等)，使它们在各自原来操作系统的基础上实现相互之间的数据交换、资源共享、相互操作等网络管理和网络应用的操作系统。连接在网络上的计算机被称为网络工作站，简称工作站。工作站和终端的区别是前者具有自己的操作系统和数据处理能力，后者要通过主机实现运算操作，如 Netware、Windows NT、OS/2Warp、Sonos 操作系统。

(2) 分布式操作系统。

分布式操作系统也是通过通信网络将物理上分布存在的、具有独立运算功能的数据处理系统或计算机系统连接起来，实现信息交换、资源共享和协作完成任务的系统。分布式操作系统管理系统中的全部资源,为用户提供一个统一的界面,强调分布式计算和处理,更强调系统的坚强性、重构性、容错性、可靠性和快速性。从物理连接上看,它与网络系统十分相似,它与一般网络系统的主要区别表现在:当操作人员向系统发出命令后能迅速得到处理结果,但运算处理是在系统中的哪台计算机上完成的,操作人员并不知道,如 Amoeba 操作系统。

(3)多媒体操作系统。

多媒体计算机是近几年发展起来的集文字、图形、声音、活动图像于一体的计算机。多媒体操作系统对上述各种信息和资源进行管理,包括数据压缩、声像同步、文件格式管理、设备管理、提供用户接口等。

4.1.4 微机操作系统的演化过程

1. DOS 操作系统

(1)DOS 的功能。

DOS(Disk Operating System)即磁盘操作系统,它是配置在 PC 上的单用户命令行界面操作系统。它曾经最广泛地应用在 PC 上,对于计算机的应用普及可以说是功不可没的。其功能主要是进行文件管理和设备管理。

(2)DOS 的文件。

文件是存放在外存中、有名字的一组信息的集合。每个文件都有一个文件名,DOS 按文件名对文件进行识别和管理,即所谓的"按名存取"。文件名由主文件名和扩展名两部分组成,其间用圆点"."隔开。主文件名用来标识不同的文件,扩展名用来标识文件的类型。主文件名不能省略,扩展名可以省略。主文件名由 1~8 个字符组成,扩展名最多由 3 个字符组成。DOS 对文件名中的大小写字母不加区分,字母或数字都可以作为文件名的第 1 个字符。一些特殊字符(如:$、~、-、&、#、%、@、(、)等)可以用在文件名中,但不允许使用"!"","""\"空格等。

对文件操作时,在文件名中可以使用具有特殊作用的两个符号"*"、"?"(称它们为"通配符")。其中"*"代表在其位置上连续且合法的零个到多个字符,"?"代表它所在位置上的任意一个合法字符。利用通配符可以很方便地对一批文件进行操作。

(3)DOS 的目录和路径。

磁盘上可存放许多文件,通常情况下,各个用户都希望自己的文件与其他用户的文件分开存放,以便查找和使用。即使是同一个用户,也往往把不同用途的文件互相区分,分别存放,以便于管理和使用。

①树形目录。为了实现对文件的统一管理,同时又能方便用户对自己的文件

进行管理和使用,DOS 系统采用树形结构来实施对所有文件的组织和管理。该结构很像一棵倒置的树,树根在上,树叶在下,中间是树枝,它们都称为节点。树的节点分为 3 类:根节点表示根目录;枝节点表示子目录;叶节点表示文件。在目录下可以存放文件,也可以创建不同名字的子目录,子目录下又可以建立更小的子目录并存放一些文件。上级子目录和下级子目录之间的关系是父子关系,即父目录下可以有子目录,子目录下又可以有自己的子目录,呈现出明显的层次关系,如图 4-2 所示。

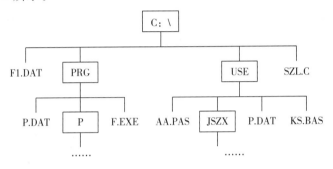

图 4-2　DOS 的树形结构

②路径。要指定 1 个文件,DOS 就必须知道 3 条信息:文件所在的驱动器(即盘符)、文件所在的目录和文件名。路径即为文件所在的位置,包括盘符和目录名,如 C:\PRG\P。

2. Windows 操作系统

从 1983 年到 1998 年,美国 Microsoft 公司陆续推出了 Windows 1.0、Windows 4.0、Windows 3.0、Windows 3.1、Windows NT、Windows 95、Windows 98 等系列操作系统。Windows 98 以前版本的操作系统都由于存在某些缺点而很快被淘汰。而 Windows 98 提供了更强大的多媒体和网络通信功能,以及更加安全可靠的系统保护措施和控制机制,从而使 Windows 98 系统的功能趋于完善。1998 年 8 月,Microsoft 公司推出了 Windows 98 中文版,这个版本当时应用非常广泛。

2000 年,Microsoft 公司推出了 Windows 2000 的英文版。Windows 2000 也就是改名后的 Windows NT5,Windows 2000 具有许多意义深远的新特性。同年,又发行了 Windows Me 操作系统。

2001 年,Microsoft 公司推出了 Windows XP。Windows XP 整合了 Windows 2000 的强大功能特性,并植入了新的网络单元和安全技术,具有界面时尚、使用便捷、集成度高、安全性好等优点。

2005 年,Microsoft 公司又在 Windows XP 的基础上推出了 Windows Vista。Windows Vista 仍然保留了 Windows XP 整体优良的特性,通过进一步完善,在安全性、可靠性及互动体验等方面更为突出和完善。

Windows 7 第一次在操作系统中引入 Life Immersion 概念，即在系统中集成许多人性因素，一切以人为本，同时沿用了 Vista 的 Aero(Authentic 真实，Energetic 动感，Reflective 反射性，Open 开阔)界面，提供了高质量的视觉感受，使桌面更加流畅、稳定。为了满足不同定位用户群体的需要，Windows 7 提供了 5 个不同版本：家庭普通版(Home Basic 版)、家庭高级版(Home Premium 版)、商用版(Business 版)、企业版(Enterprise 版)和旗舰版(Ultimate 版)。2009 年 10 月 22 日 Microsoft 公司于美国正式发布 Windows 7 作为 Microsoft 公司新的操作系统。

目前，Microsoft 公司已经发布了 Windows 8、Windows 10 等后续各种版本。

4.1.5 网络操作系统

计算机网络可以定义为互联的自主计算机系统的集合。所谓自主计算机是指计算机具有独立处理能力，而互联则是表示计算机之间能够实现通信和相互合作。可见，计算机网络是在计算机技术和通信技术高度发展的基础上相互结合的产物。

通常人们可以把网络操作系统定义为：实现网络通信的有关协议以及为网络中各类用户提供网络服务的软件的集合，其主要目标是使用户能通过网络上各个计算机站点去方便而高效地享用和管理网络上的各类资源(数据与信息资源，软件和硬件资源)。

目前流行的网络操作系统有 UNIX、Linux、Windows XP/2000/2003/Vista/7/10 等。

4.2 中文 Windows 7 使用基础

4.2.1 Windows 7 的安装

安装 Windows 7 之前，要了解计算机的配置，如果配置太低，会影响系统的性能或者根本不能成功安装。

1. 对计算机软、硬件的要求

CPU：时钟频率至少需要 1 GHz(单或双核处理器)，推荐使用 64 位双核以上或频率更高的处理器。

内存：推荐使用 512 MB 或更高的(RAM 安装识别的最低内存为 490 MB，否则可能会影响性能和某些功能)内存。

硬盘：20 GB 以上可用空间。

显卡：不低于集成显卡 64 MB 显存的配置。

视频适配器：Super VGA(像素为 800×600)或分辨率更高的视频适配器。

输入设备：键盘、鼠标或兼容的设备。

其他设备:CD/DVD 驱动器或 U 盘引导盘。

2. Windows 7 系统安装方式

目前,Windows 7 的安装盘有很多版本,不同安装盘的安装方法不一样。一般是用光盘启动计算机,然后根据屏幕的提示进行安装。

4.2.2 Windows 7 的启动和关闭

1. Windows 7 的启动

打开电源,系统自动启动 Windows 7,启动后在屏幕上会出现一个对话框,等待输入用户名和口令。输入正确后,按回车键进入 Windows 7 操作系统。

2. Windows 7 的关闭

选择桌面左下角的"开始"按钮,选择"关闭",即开始关机过程。在关闭过程中,若系统中有需要用户进行保存的程序,Windows 会询问用户是否强制关机或者取消关机。

4.2.3 Windows 7 的桌面

在第一次启动 Windows 7 时,首先看到桌面,即整个屏幕区域(用来显示信息的有效范围)。为了简洁,桌面只保留了"回收站"图标。我们在 Windows XP 中熟悉的"我的电脑""Internet Explorer""我的文档""网上邻居"等图标被整理到了"开始"菜单中。"开始"菜单带有用户的个人特色,由两个部分组成,左边是常用程序的快捷列表,右边为系统工具和文件管理工具列表。

Windows 7 仍然保留了大部分 Windows 9x、Windows NT 和 Windows 2000/XP 等操作系统用户的操作习惯及与其一致的桌面模式,如图 4-3 所示。

图 4-3 Windows 7 的桌面

1. 桌面的组成

桌面由桌面背景、图标、任务栏、"开始"菜单、语言栏和通知区域组成。桌面上放置有各式各样的图标，如"我的文档""我的电脑""网上邻居""回收站"和"Internet Explorer"图标。图标的多少与系统设置有关。

(1) 图标。

每个图标由两部分组成，一是图标的图案，二是图标的标题。图案部分是图标的图形标识，为了便于区别，不同的图标一般使用不同的图案。标题是说明图标的文字信息。图标的图案和标题都可以修改。标题的修改方法是：右键单击该图标，在弹出的快捷菜单中选择"重命名"，此时输入新的名字即可。图案的更改方法是：右键单击该图标，在弹出的快捷菜单中选择"属性"，在弹出的窗口中选择"快捷方式"标签，再选择其中的"更改图标"按钮来选择一个新的图案即可。

桌面上的图标有一部分是快捷方式图标，其特征是在图案的左下方有一个向右上方的箭头。快捷方式图标用来方便启动与其相对应的应用程序（快捷方式图标只是相应应用程序的一个映像，它的删除并不影响应用程序的存在）。在桌面上建立快捷方式有以下几种方法：

① 右击桌面，在弹出的快捷菜单中选择"新建"→"快捷方式"来建立快捷方式。

② 通过鼠标左键的"拖放"功能来建立快捷方式。

③ 通过鼠标右键的"拖放"功能来建立快捷方式。

为了保持桌面的整洁和美观，可以用以下几种方式对桌面上的图标进行排列。

① 用鼠标拖动：先选中要拖动的图标（可以是一个，也可以是多个），然后按住鼠标左键把图标拖到适当的位置松开。

② 使用快捷菜单：在桌面的空白处（即没有图标和窗口的地方）单击鼠标右键，在弹出的快捷菜单中选择"查看"或"排序方式"，然后根据需求对桌面图标进行自动排列。

桌面上图标的大小可以调整。按住"Ctrl"键的同时，向上或向下滚动鼠标轮即可改变图标的大小。

(2) 任务栏。

在桌面的底部有一个长条，称为"任务栏"。"任务栏"的左端是"开始"按钮，右边是窗口区域、语言栏、工具栏、通知区域、时钟区等，最右端为显示桌面按钮，中间是应用程序按钮分布区。工具栏默认不显示，它的显示与否可以通过"任务栏和「开始」菜单属性"里的"工具栏"进行设置。

① "开始"按钮。"开始"按钮是 Windows 7 进行工作的起点，在这里不仅

可以使用 Windows 7 提供的附件和各种应用程序,而且还可以安装各种应用程序以及对计算机进行各项设置等。

在 Windows 7 中取消了 Windows XP 中的快速启动栏,取而代之的是用户可以直接把程序附加在任务栏上快速启动。

②时钟。显示当前计算机的时间和日期。若要了解当前的日期,只需要将光标移动到时钟上,信息会自动显示。单击该图标,可以显示当前的日期和时间及设置信息。

③空白区。每当用户启动一个应用程序时,应用程序就会作为一个按钮出现在任务栏上。当该程序处于活动状态时,任务栏上的相应按钮处于被按下的状态,否则,处于弹起状态。可利用此区域在多个应用程序之间进行切换(只需要单击相应的应用程序按钮即可)。

任务栏在默认情况下,总是出现在屏幕的底部,而且不被其他窗口所覆盖。其高度只能够容纳一行按钮。在任务栏为非锁定状态时,将鼠标移到任务栏的边缘附近,当鼠标指针变成上下箭头形状时按住鼠标左键上下拖动,就可改变任务栏的高度(最高到屏幕高度的一半)。用鼠标拖动任务栏可以将任务栏拖到屏幕的上、下、左、右 4 个边缘位置。

在 Windows 7 中也可根据个人的喜好定制任务栏。右键单击任务栏的空白处,在弹出的快捷菜单中选择"属性"命令,出现"任务栏和「开始」菜单属性"对话框,选择"任务栏"选项卡,出现如图 4-4 所示的对话框。

图 4-4 "任务栏和「开始」菜单属性"对话框

"任务栏外观"选项组包括以下几种设置任务栏外观效果的选项。

• 锁定任务栏:保持现有任务栏的外观,避免意外的改动。

• 自动隐藏任务栏:当任务栏未处于使用状态时,将自动从屏幕下方退出。鼠标移动到屏幕下方时,任务栏又重新回到原位置。

• 使用小图标:使任务栏上的窗口图标以小图标样式显示。
• 屏幕上的任务栏位置:可选顶部、左侧、右侧和底部。
• 任务栏按钮:将同一个应用程序的若干窗口进行组合管理。
• 在"通知区域"选项组里可以自定义通知区域出现的图标和通知。
• 在"使用 Aero Peek 预览桌面"选项组里可以选择是否使用 Aero Peek 预览桌面。

(3)"开始"菜单。

单击"开始"按钮会弹出"开始"菜单。开始菜单集成了 Windows 7 中大部分的应用程序和系统设置工具,如图 4-5 所示(普通方式下),显示的具体内容与计算机的设置和安装的软件有关。

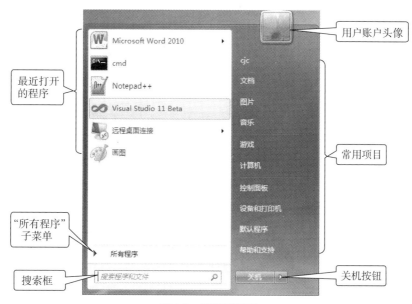

图 4-5 "开始"菜单

在"开始"菜单中,每一项菜单除了有文字之外,还有一些标记:图案、文件夹图标、"?"或者"◀"以及用括号括起来的字母。其中,文字是该菜单项的标题,图案是为了美观(在应用程序窗口中,此图案与工具栏上相应按钮的图案一样);文件夹图标表示里面有菜单;"■"或者"◀"表示显示或隐藏子菜单项;字母表示当该菜单项在显示时,直接按该字母就可打开相应的菜单项。当某个菜单项为灰色时,表示它此时不可用。

当"开始"菜单显示之后,可以用键盘或鼠标选择某一项来执行相应的操作。选择的方法有以下两种。

① 单击要用的菜单项。

② 用键盘上的上下箭头移动光标到要用的菜单项上(此菜单项高亮显示),然后按回车键。

"开始"菜单最常用的用途是打开安装到计算机中的应用程序,由常用程序列表、搜索框、右侧窗格、关机按钮及其他选项组成。

菜单中主要项的含义如下:

①关机。选择"关机"命令后,计算机会执行快速关机命令,单击该命令右侧的"▶"图标则会出现如图4-6所示的子菜单,默认有5个选项。

　　a.切换用户。当存在两个或以上用户的时候,可通过此按钮进行多用户的切换改动。

　　b.注销。用来注销当前用户,以备下一个人使用或防止数据被其他人操作。

　　c.锁定。锁定当前用户。锁定后需要重新输入密码认证才能正常使用。

　　d.重新启动。当用户需要重新启动计算机时,应选择"重新启动"。系统将结束当前的所有会话,关闭Windows,然后自动重新启动系统。

　　e.睡眠。当用户短时间不用计算机又不希望别人以自己的身份使用计算机时,应选择此命令。系统将保持当前的状态并进入低耗电状态。

在Windows 7中,"关机"按钮并不是固定的按钮,可通过图4-4中的"「开始」菜单"选项卡中的"电源按钮操作"来设置,如图4-7所示。

②搜索框。使用搜索框可以快速找到所需要的程序和文件。搜索框还能取代"运行"对话框,在搜索框中输入程序名,可以启动程序。

③所有程序菜单。单击该菜单项,会列出一个按字母顺序排列的程序列表,在程序列表的下方还有一个文件夹列表,如图4-8所示。单击程序列表中的某个程序图标打开该应用程序。打开应用程序的同时,"开始"菜单会自动关闭。

图4-6　"关闭计算机"菜单

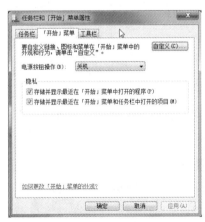
图4-7　「开始」菜单对话框

④帮助和支持。该命令可打开"帮助和支持中心"窗口,也可通过"F1"功能键打开。在帮助窗口中,可以通过两种方式获得帮助。

方式一:在"搜索"文本框中输入要查找的帮助信息的关键字,单击🔍按钮,系统会在窗口中列出相关内容的标题。单击某一个标题,系统就会显示具体的帮助信息。

方式二:通过"选项"→"浏览帮助"的设置,可以以目录的形式查看帮助。单击大标题则跳转至分类更为详细的小标题页;通过单击任一个标题,可直接获得特定的某种帮助。

⑤常用项目。我们可以通过常用项目中的游戏、计算机、控制面板、设备和打印机等菜单进行快速访问及其他操作。

⑥列表栏。列出用户最近使用过的文档或者程序。

⑦运行栏。可以使用该命令来启动或打开文档。

2. 开始菜单的设置

①在"任务栏和「开始」菜单属性"对话框中选择"「开始」菜单"选项卡,打开如图 4-8 所示的对话框。

②单击"自定义"按钮,在弹出的对话框中可以对开始菜单进行各项设置;也可使用"使用默认设置"按钮把各种设置恢复到 Windows 的默认状态。

③在"开始菜单"选项卡里可以为电源按钮选择默认操作。

图 4-8 "所有程序"菜单示意图

④隐私。在"隐私"选项组中,可以选择是否存储并显示最近在"开始"菜单中打开的程序和存储并显示最近在"开始"菜单和任务栏中打开的项目。

4.2.4 Windows 7 窗口

Windows 7 窗口在屏幕上呈一个矩形,是用户和计算机进行信息交换的界面。

1. 窗口的分类

窗口一般分为应用程序窗口、文档窗口和对话框窗口。

①应用程序窗口:表示一个正在运行的应用程序。

②文档窗口:在应用程序中用来显示文档信息的窗口。文档窗口顶部有自己的名字,但没有自己的菜单栏,它共享应用程序的菜单栏。当文档窗口最大化时,它的标题栏将与应用程序的标题栏合为一行。文档窗口总是位于某一应用程序的窗口内。

③对话框窗口:它是在程序运行期间,用来向用户显示信息或者让用户输入信息的窗口。

2. 窗口的组成

每一个窗口都有一些共同的组成元素,但并不是所有的窗口都具有每种元素,如对话框无菜单栏。窗口一般包括 3 种状态:正常、最大化和最小化。正常窗口是 Windows 系统的默认大小；最大化窗口充满整个屏幕；最小化窗口则缩小为一个图标和按钮。当工作窗口处于正常或最大化状态时，都有边界、工作区、标题栏、状态控制按钮等组成部分，如图 4-9 所示。

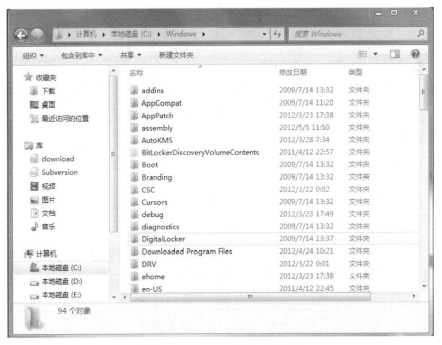

图 4-9 Windows 7 窗口示意图

Windows 7 在应用工作区中设置了一个功能区，即位于窗口左边部分的列表框。通过"组织"→"布局"菜单调整是否显示菜单栏以及各种窗格，如图 4-10 所示。

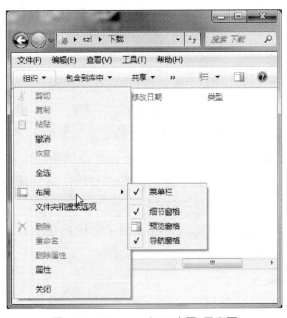

图 4-10 Windows 窗口"布局"示意图

①控制菜单。控制菜单位于窗口的左上角,其图标为该应用程序的图标。单击该图标,可弹出控制菜单,其中包括改变窗口的大小、最大化、最小化、恢复和关闭窗口等菜单项。双击系统菜单,则关闭当前窗口。

②标题栏。标题栏位于窗口的顶部,单独占一行,其中显示的有当前文档的名称和应用程序的名称,两者之间用短横线隔开。拖动标题栏可以移动窗口的位置,双击它可最大化或恢复窗口。当标题栏为深蓝色显示时,表示当前窗口是活动窗口。非活动窗口的标题栏是灰色显示的。

③菜单栏。菜单栏位于标题栏的下面,列出该应用程序可用的菜单。每个菜单都包含若干个菜单命令,通过选择菜单命令可完成相应操作。不同的应用程序,其菜单的内容可能有所不同。

④工具栏。工具栏位于菜单栏的下面,它的内容可由用户自己定义。工具栏上有一系列小图标,单击小图标可完成相应的操作。它的功能与菜单栏的功能是相同的,只不过使用工具栏更方便、快捷。

⑤滚动条。滚动条位于窗口的右边框或下边框。当窗口无法显示出所有的内容时,拖动滚动条中间的滑块或单击滚动条两端的三角按钮或单击滚动条上的空白位置,都可以查看窗口中的其他内容。

⑥最小化、最大化恢复按钮。这些按钮位于窗口的右上角,单击这3个按钮中的某一个,可实现窗口状态的切换。

当拖动窗口的标题栏到桌面的顶端时,窗口会显示一个最大化的透明窗口,如果此时松开鼠标,窗口就会最大化。

当拖动窗口的上边框到桌面的顶端时(或当拖动窗口的下边框到桌面的底端时),窗口会显示一个最大高度的透明窗口,如果此时松开鼠标,窗口就上(下)充满桌面。

⑦关闭按钮。关闭按钮位于窗口的右上角,单击此按钮,可关闭当前窗口。

⑧窗口的边框和角。窗口的边框是指窗口的四边边界。将鼠标移动到窗口边框,当鼠标指针变为垂直或水平双向箭头时,拖动鼠标可改变窗口垂直或水平方向的大小。

窗口的角是指窗口的4个角。将鼠标移动到窗口角,当鼠标指针变为斜向双向箭头时,拖动鼠标指针可同时改变窗口的高和宽。

⑨工作空间。窗口内部的区域称为工作空间,是用来进行工作的地方。

⑩功能区。功能区位于窗口的左侧,包含了该窗口使用最频繁的操作。

3. 对话框

对话框是人机交互的特殊窗口。有的对话框一旦打开,就不能在程序中进行其他操作,必须把对话框处理完毕并关闭后才能进行其他操作。如图4-11所示,表示需要用户设置页面。对话框由选项卡、下拉列表框、编辑框、单选钮、复选框、按钮等元素组成。

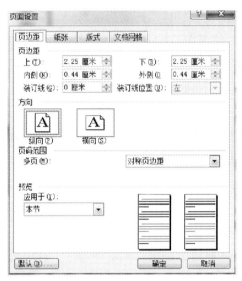

图 4-11 "页面设置"对话框

①选项卡。如果对话框的内容比较多,一个窗口显示不完,那么系统就会以选项卡的形式给出。选择的选项卡不同,显示的内容就不同。

②下拉列表框。单击右边向下的箭头,可显示一些选项让用户进行选择,有时,用户也可直接输入内容。

③编辑框。编辑框是只能用来输入内容的框。

④单选钮。单选钮表示在几种选择中,用户能且仅能选择其中的某一项。前面显示为"〇",当用户选中时,显示为"⦿"。

⑤复选框。复选框表示用户可以从若干项中选择某些项,用户可以全不选,也可以全选。前面显示为"☐",当用户选中时,显示为"☑"。

⑥按钮。按钮用来完成一定的操作。

注意:在窗口的右上角有一个"?"按钮,其功能是帮助用户了解更多的信息。

4. 窗口的关闭

对于那些不再使用的窗口,可以将其关闭。关闭窗口的方法主要有以下几种:

①单击窗口标题栏右端的"关闭"按钮 ✖ 。

②如果窗口中显示了"文件"菜单,则选择"文件"→"退出"。

③右击窗口对应的任务栏按钮,然后在弹出菜单中选择"关闭窗口"。

④双击窗口左上角的"控制菜单"。

当关闭的文档未保存时,系统会提示是否保存对文档所做的更改。

5. 窗口位置的调整

用鼠标拖动窗口的标题栏到适当位置即可。

6. 多窗口的操作

(1) 窗口之间的切换。

在使用计算机的过程中,经常会打开多个窗口,此时,需要经常在窗口之间进行切换。切换的方法如下。

方法一:通过单击窗口的任何可见部分。

方法二:通过单击某个窗口在任务栏上对应的图标。

方法三:使用组合快捷键"Alt+Tab"。

方法四:使用"WIN+Tab"键以 Flip 3D 窗口切换。

(2) 窗口的排列。

若想对多个窗口的大小和位置进行排列,可右键单击任务栏的空白处,在弹出的快捷菜单中选择"层叠窗口""堆叠显示窗口"或"并排显示窗口"。同理,选择相应的取消功能可取消相应的操作。

4.3 中文 Windows 7 的基本资源与操作

Windows 7 的基本资源主要包括磁盘以及存放在磁盘上的文件,下面先介绍如何对资源进行浏览,再介绍如何对文件和文件夹进行操作,最后介绍磁盘的操作及有关系统设置等内容。

在 Windows 中,系统的整个资源呈树形层次结构,它的最上层是"桌面",第二层是"计算机""网络"等。

4.3.1 浏览计算机中的资源

为了很好地使用计算机,用户要对计算机的资源(主要是存放在计算机上的文件或文件夹)进行了解,一般来说,是对相关的内容进行浏览和操作。在 Windows 7 中,资源管理器发生了很大的变化,从布局到内在都焕然一新。

打开资源管理器窗口的方法很多,最常用的有以下 3 种方法。

1. 计算机

双击桌面上的"计算机"图标,出现"计算机"窗口,如图 4-12 所示。

Windows 7 的资源管理器主要由地址栏、搜索栏、工具栏、导航窗格、资源管理器窗格、预览窗格以及细节窗格 7 部分组成,其中的预览窗格默认不显示。用户可以通过"组织"菜单中的"布局"来设置菜单栏、细节窗格、预览窗格和导航窗格是否显示。

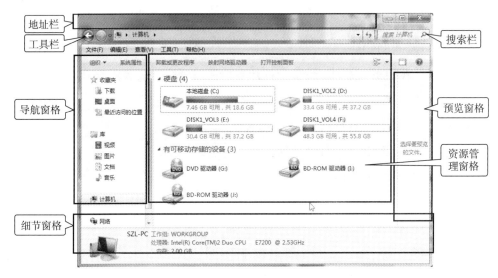

图 4-12 "计算机"窗口

(1) 地址栏。

地址栏与 IE 浏览器非常相似,有"后退""前进""记录""地址栏""上一位置""刷新"等按钮。其中,"记录"按钮的列表最多可以记录最近的 10 个项目。Windows 7 的地址栏引入了"按钮"的概念,用户能够更快地切换文件夹。如图 4-13 所示,当前显示的是"C:\Program Files\Microsoft Office",只要在地址栏中单击"本地磁盘(C:)"即可直接跳转到该位置。不仅如此,还可以在不同级别文件夹间跳转,如单击"本地磁盘(C:)"右边的,下拉显示"本地磁盘(C:)"所包含的内容,直接选择某一个文件夹即可实现跳转。

地址栏同时具有搜索的功能。

图 4-13 地址栏使用示意图

(2) 搜索栏。

在搜索栏中输入内容的同时,系统就开始搜索。在搜索时,用户还可以设置搜索条件,如种类、修改日期、类型、大小、名称(见图 4-14(a))。例如,选择修改日期,会出现如图 4-14(b)所示的搜索条件。

当把鼠标指针移动到地址栏和搜索栏之间时,鼠标指针会变成水平双向的箭头,此时向水平方向拖动鼠标,可以更改地址栏和搜索栏的宽度。

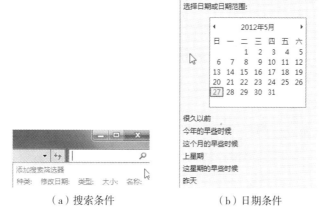

(a) 搜索条件　　　　　(b) 日期条件

图 4-14　搜索栏使用示意图

(3) 导航窗格。

导航窗格能够辅助用户在磁盘、库中切换。导航窗格中分为收藏夹、库、家庭组、计算机和网络 5 部分,其中的家庭组仅当加入某个家庭组后才会显示。

用户可以在资源管理窗格中将对象拖到导航窗格的某个位置。系统会根据情况提示"创建链接""复制"或"移动"等操作。

(4) 细节窗格。

细节窗格用于显示一些特定文件、文件夹以及对象的信息。如图 4-12 所示,当在资源管理窗格中没有选中对象时,细节窗格显示的是本机的信息。

(5) 预览窗格。

预览窗格是 Windows 7 中的一项改进,它在默认情况下不显示,这是因为大多数用户不会经常预览文件内容。可以通过单击工具栏右端的"显示/隐藏预览窗格"按钮 来显示或隐藏预览窗格。

Windows 7 资源管理器支持多种文件的预览,包括音乐、视频、图片、文档等。如果文件是比较专业的,则需要安装有相应的软件才能预览。

(6) 工具栏。

Windows 7 中的资源管理器工具栏相比以前版本的 Windows 显得更加智能。工具栏按钮会根据不同文件夹显示不同的内容。例如,当选择音乐库时,显示的工具栏如图 4-15 所示,与图 4-12 就不同了。

图 4-15　工具栏示意图

通过单击工具栏上 ▦▾ 左边的"更改视图"来切换资源管理器窗格中对象的显示方式,也可单击其右边的"更多选项"直接选择某一显示方式。

(7)资源管理窗格。

资源管理窗格是用户进行操作的主要地方。在此窗格中,用户可进行选择、打开、复制、移动、创建、删除、重命名等操作。同时,根据显示的内容,在资源管理窗格的上部会显示不同的相关操作。

2. 资源管理器

右击"开始"按钮,选择"打开 Windows 资源管理器",可以打开资源管理器窗口。

3. 网络

双击桌面上的"网络"图标,也可打开资源管理器窗口。

4.3.2 执行应用程序

用户要想使用计算机,就必须通过执行各种应用程序来完成。例如,想播放视频,就需要执行"暴风影音"等应用程序;想上网,就需要执行"Internet Explorer"等应用程序。

执行应用程序的方法有以下几种:

①对 Windows 自带的应用程序,可通过"开始"→"所有程序",再选择相应的菜单项来执行。

②在"计算机"窗口中找到要执行的应用程序文件,用鼠标双击(或选中之后按回车键;也可右键单击程序文件,然后选择"打开")。

③双击应用程序对应的快捷方式图标。

④单击"开始"→"运行",在命令行输入相应的命令后单击"确定"按钮。

4.3.3 文件和文件夹的操作

1. 文件的含义

文件是通过名字(文件名)来标识的存放在外存中的一组信息。在 Windows 7 中,文件是存储信息的基本单位。

2. 文件的类型

在计算机中储存的文件类型有多种,如图片文件、音乐文件、视频文件、可执行文件等。不同类型的文件在存储时的扩展名是不同的,如音乐文件有.MP3、.WMA等,视频文件有.AVI、.RMVB、.RM等,图片文件有.JPG、.BMP等。不同类型的文件在显示时的图标也不同,如图 4-16 所示。Windows 7 默认会将已知的文件扩展名隐藏。

图 4-16　不同的文件类型示意图

3. 文件夹

文件夹是用来存放文件或文件夹,与生活中的"文件夹"相似。在文件夹中还可以再存储文件夹。相对于当前文件夹来说,它里面的文件夹被称为子文件夹。文件夹在显示时,也用图标显示,包含内容不同的文件夹在显示时的图标是不太一样的,如图 4-17 所示。

图 4-17　不同文件夹的图标示意图

4. 文件的选择操作

在 Windows 中,对文件或文件夹操作之前,必须先选中它。根据选择的对象,选中分单个的、连续的多个、不连续的多个 3 种情况。

①选中单个文件:用鼠标单击即可。

②选中连续的多个文件:先选第 1 个(方法同①),然后按住"Shift"键的同时单击最后 1 个,则它们之间的文件就被选中了。

③选中不连续的多个文件:先选中第 1 个,然后按住"Ctrl"键的同时再单击其余的每个文件。

如果想把当前窗口中的对象全部选中,则选择"编辑"→"全部选中"命令,也可按"Ctrl＋A"组合键。

如果多选了,可取消选中。如果单击空白区域,则可把选中的文件全部取消；如果想取消单个文件或部分文件,则可在按住"Ctrl"键的同时,再单击需要取消的文件。

备注：只有先选中文件,才可以进行上述各种操作。

5. 复制文件

方法一：先选择"编辑"→"复制"(也可用"Ctrl＋C"组合键),然后转换到目标位置,选择"编辑"→"粘贴"(也可用"Ctrl＋V"组合键)。

方法二：用鼠标直接把文件拖动到目标位置松开即可(如果是在同一个磁盘内进行复制的,则在拖动的同时按住"Ctrl"键)。

方法三：如果是把文件从硬盘复制到软盘、U 盘或活动硬盘,则可右键单击文件,在弹出的快捷菜单中选择"发送到",然后选择一个盘符即可。

6. 移动文件

方法一:先选择"编辑"→"剪切"(也可用"Ctrl+X"组合键),然后转换到目标位置,选择"编辑"→"粘贴"命令(也可用"Ctrl+V"组合键)。

方法二:用鼠标直接把文件拖动到目标位置松开即可(如果是在不同盘之间进行移动的,则在拖动的同时按住"Shift"键)。

7. 文件的删除

对于不需要的文件,应及时从磁盘上清除,以便释放它所占用的空间。

方法一:直接按"Delete"键。

方法二:右键单击图标,从快捷菜单中选择"删除"命令。

方法三:选择"文件"→"删除"命令。

执行以上3种方法中的任何一种时,系统会出现一个对话框,让用户进一步确认,此时把删除的文件放入回收站(在空间允许的情况下),用户在需要时可以从回收站还原。

若在删除文件的同时按住"Shift"键,则文件被直接彻底删除,而不放入回收站。

8. 文件重新命名

文件的复制、移动、删除操作一次可以操作多个对象。而文件的重命名一次只能操作一个文件。

方法一:右键单击图标,从快捷菜单中选择"重命名",然后输入新的文件名。

方法二:选择"文件"→"重命名"命令,然后输入新的文件名。

方法三:单击图标标题,然后输入新的文件名。

方法四:按"F2"键,输入新的文件名。

9. 修改文件的属性

在 Windows 7 中,为了简化用户的操作和提高系统的安全性,只有"只读"和"隐藏"属性可供用户操作。

修改属性的方法如下:

方法一:右键单击文件图标,从快捷菜单中选择"属性"命令。

方法二:选择"文件"→"属性"命令。

以上两种方法都会出现"属性"对话框,分别在属性前面的复选框中选择,然后单击"确定"按钮。

在文件属性对话框中,还可以更改文件的打开方式,查看文件的安全性以及详细信息等。

10. 文件夹的操作

在 Windows 中,文件夹是一个存储区域,用来存储文件和文件夹等信息。

文件夹的选中、移动、删除、复制和重命名与文件的操作完全一样,在此不再重复讲解。在这里,主要介绍与文件不同的操作。

注意:文件夹的移动、复制和删除操作,不仅仅是文件夹本身,而且还包括它所包含的所有内容。

(1) 创建文件夹。

先确定文件夹所在的位置,再选择"文件"→"新建",或者在窗口的空白处单击鼠标右键,在弹出的快捷菜单中选择"新建"→"文件夹",系统将生成相应的文件夹,用户只要在图标下面的文本框中输入文件夹的名字即可。系统默认的文件夹名是"新建文件夹"。

(2) 修改文件夹选项。

"文件夹选项"命令用于定义资源管理器中文件与文件夹的显示风格,选择"工具"→"文件夹选项"命令,打开"文件夹选项"对话框,它包括"常规""查看"和"搜索"3个选项卡。

① "常规"选项卡。常规选项卡中包括3个选项:"浏览文件夹""打开项目的方式"和导航窗格。分别可以对文件夹显示的方式、窗口打开的方式以及文件和导航窗格的方式进行设置。

② "查看"选项卡。单击"文件夹选项"对话框中的"查看"选项卡,将打开如图4-18所示的对话框。

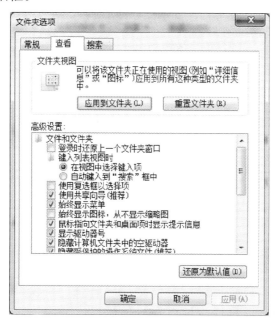

图 4-18 "查看"选项卡

"查看"选项卡中包括了两部分的内容:"文件夹视图"和"高级设置"。

"文件夹视图"提供了简单的文件夹设置方式。单击"应用到文件夹"按钮,会使相应文件夹的属性同当前打开的文件夹相同;单击"重置文件夹"按钮,将恢复文件夹的默认状态,用户可以重新设置相应的文件夹属性。

在"高级设置"列表框中可以对多种文件的操作属性进行设定和修改。

③"搜索"选项卡。"搜索"选项卡可以设置搜索内容、搜索方式等。

4.3.4 库

库(Libraries)是 Windows 7 中新一代文件管理系统,它彻底改变了以往的文件管理方式,将死板的文件夹方式变得更为灵活和方便。

库可以集中管理视频、文档、音乐、图片和其他文件。在某些方面,库类似传统的文件夹,在库中查看文件的方式与文件夹完全一致。但与文件夹不同的是,库可以收集存储在任意位置的文件,这是一个细微但重要的差异。库实际上并没有真实存储数据,它只是采用索引文件的管理方式,监视其包含项目的文件夹,并允许用户以不同的方式访问和排列这些项目。库中的文件都会随着原始文件的变化而自动更新,并且可以以同名的形式存在于文件库中。

不同类型的库,库中项目的排列方式也不尽相同,如图片库有月、日、分级、标记几个选项,文档库中有作者、修改日期、标记、类型、名称几个选项。

以视频库为例,可以通过单击"视频库"下面的"包括"来打开"视频库位置"对话框,如图 4-19 所示。在此对话框中,可以查看到库所包含的文件夹信息,也可通过右边的"添加""删除"按钮向库中添加文件夹和从库中删除文件夹。

图 4-19 库操作示意图

库仅是文件(夹)的一种映射,库中的文件并不位于库中。用户需要向库中添加文件夹位置(或者是向库包含的文件夹中添加文件),只有这样才能在库中组织文件和文件夹。

若想在库中不显示某些文件,就不能直接在库中将其删除,因为这样会删除计算机中的原文件。正确的做法是:调整库所包含的文件夹的内容,调整后库显示的信息会自动更新。

4.3.5 回收站的使用和设置

回收站是一个比较特殊的文件夹,它的主要功能是临时存放用户删除的文件和文件夹(这些文件和文件夹从原来的位置移动到"回收站"这个文件夹中),此时它们仍然存在于硬盘中。用户既可以在回收站中把它们恢复到原来的位置,也可以在回收站中彻底删除它们以释放硬盘空间。

1. 回收站的打开

在桌面上双击"回收站"图标,即可打开"回收站"窗口。

2. 基本操作

(1)还原回收站中的文件和文件夹。

要还原一个或多个文件夹,可以在选定对象后在菜单中选择"文件"→"还原"命令。

要还原所有文件和文件夹,单击工具栏中的"还原所有项目"。

(2)彻底删除文件和文件夹。

彻底删除一个或多个文件和文件夹,可以在选定对象后在菜单中选择"文件"→"删除"。

要彻底删除所有文件和文件夹,即清空回收站,可以执行下列操作之一。

方法一:右键单击桌面上的"回收站"图标,在弹出的快捷菜单中选择"清空回收站"命令。

方法二:在"回收站"窗口中,单击工具栏中的"清空回收站"按钮。

方法三:选择"文件"→"清空回收站"命令。

注意:当"回收站"中的文件所占用的空间达到了回收站的最大容量时,"回收站"就会按照文件被删除的时间先后从回收站中彻底删除。

3. 回收站的设置

在桌面上右键单击"回收站"图标,单击"属性"命令,即可打开"回收站属性"对话框,如图 4-20 所示。

如果选中"自定义大小"单选钮,则可以在每个驱动器中分别进行设置。

如果选定"不将文件移到回收站中,移除文件后立即将其删除。",则在删除文件和文件夹时不使用回收站功能,直接执行彻底删除。

图 4-20 "回收站属性"对话框

如果选定"显示删除确认对话框",则在删除文件和文件夹前,系统会弹出"确认"对话框;否则,直接删除。

设置回收站的存储容量,可选中本地磁盘盘符后,在"自定义大小"→"最大值"里输入数值。

4.3.6 中文输入法

在中文 Windows 7 中,中文输入法采用了非常方便、友好而又有个性的用户界面,新增加了许多中文输入功能,使得用户输入中文更加灵活。

1. 添加和删除汉字输入法

在安装 Windows 7 时,系统已默认安装了微软拼音、ABC 等多种输入方法,但在语言栏中只显示了一部分,此时,可以进行添加和删除操作。

① 单击"开始"→"控制面板"→"时钟、语言和区域"→"更改键盘或其他输入法"命令,打开"区域和语言"对话框。

② 选择"键盘和语言"选项卡,单击"更改键盘",打开如图 4-21 所示的界面。

③ 根据需要,选中(或取消选中)某种输入法前的复选框,单击"确定"或"删除"按钮即可。

对于计算机上没有安装的输入方法,用户可使用相应的输入法安装软件直接安装。

2. 输入法之间的切换

输入法之间的切换是指在各种不同的输入方法之间进行选择。对于键盘操作,可以用"Ctrl+Space"组合键来启动或关闭中文输入法,使用"Ctrl+Shift"组合键在英文及各种中文输入法之间切换。在切换的同时,任务栏右边的"语言指示器"在不断地变化,以指示当前正在使用的输入法。输入法之间的切换还可以用鼠标进行,具体方法是:单击任务栏上的"语言指示器",然后选择一种输入方法即可。

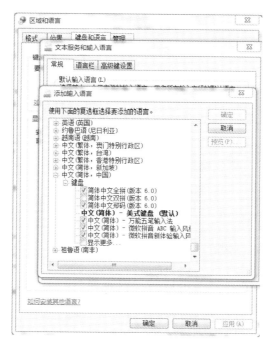

图 4-21 "区域和语言"对话框

3. 全/半角及其他切换

在半角方式下,一个字符(字母、标点符号等)占半个汉字的位置,而在全角方式下,则占一个汉字的位置。用户可通过全/半角状态来控制字符占用的位置。

同样,也要区分中英文的标点符号,如英文中的句号是".",中文中的句号是"。",其切换键是"Ctrl+."组合键。"Shift+Space"组合键用于全/半角的切换。"Shift"键用于切换中英文字符的输入。

在图 4-22 所示的输入法指示器中,从左向右分别表示中文(中国)、微软拼音输入法、微软拼音新体验输入风格、中文/英文、中/英文标

图 4-22 输入法指示器

点、开启/关闭输入板、功能菜单最小化和选项按钮,用户可通过上面讲述的组合键切换,也可通过单击相应的图标切换。

4. 输入法热键的定制

为了方便使用,可为某种输入法设置热键(组合键),按此热键,可直接切换到所需的输入法。定制的方法是:在图中选择"高级键设置",在打开窗口的"输入语言的热键操作"中选择一种输入方法,再单击"更改按键顺序",弹出如图 4-23 所

示的对话框,在其中进行相应的按键设置。

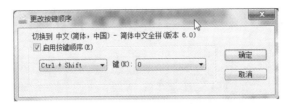

图 4-23 "更改按键顺序"对话框

4.4 Windows 7 提供的若干附件

Windows 7 的改变不仅体现在一些重要功能上,如安全性、系统运行速度等,而且系统自带的附件也发生了非常大的变化。相比以前版本的附件,新版本附件的功能更强大、界面更友好,操作也更简单。

4.4.1 Windows 桌面小工具

Windows 桌面小工具是 Windows 7 中非常不错的桌面组件,通过它可以改善用户的桌面体验。用户不仅可以改变桌面小工具的尺寸,还可以改变位置,并且可以通过网络更新、下载各种小工具。

单击"开始"→"所有程序"→"桌面小工具库"命令,打开桌面小工具,如图 4-24 所示。

图 4-24 Windows 桌面小工具

整个面板看起来非常简单。左上角的页数按钮用来显示或切换小工具的页码;右上角的搜索框可以用来快速查找小工具;中间显示的是每个小工具,当左下角的"显示详细信息"展开时,每选中一个小工具,窗口下部会显示该工具的相关信息;右下角的"联机获取更多小工具"表示连到互联网上可下载更多的小工具。

1. 添加小工具到桌面

右击小工具面板中的小工具,在弹出的快捷菜单中选择"添加",即可把小工具添加到桌面右侧顶部,若添加多个小工具,则会依次在桌面右侧从顶部向下排列;也可直接用鼠标左键把小工具从小工具面板中拖到桌面上。

2. 调整小工具

当鼠标指向某个小工具时,其右边会出现一个工具条,如图 4-25(a)所示。工具条从上到下的功能分别是:关闭、较大、选项和拖动。当选择"较大"时,会出现如图 4-25(b)所示的界面。

（a）　　　　　　　（b）

图 4-25　桌面小工具较小/较大尺寸显示操作示意图

右击小工具,会弹出快捷菜单,可进行"添加小工具""移动""大小""前端显示""不透明度""选项"和"关闭小工具"等操作。

3. 关闭与卸载小工具

当不需要小工具时,可以将桌面的小工具关闭。关闭后的小工具将保留在 Windows 小工具面板中,以后可以再次将小工具添加到桌面。关闭的方法是:单击如图 4-25(a)所示右上角的"关闭"按钮;也可右击小工具,在弹出的快捷菜单中选择"关闭小工具"。

要卸载小工具,可右击如图 4-24 所示的 Windows 桌面小工具中的某个小工具,在弹出的快捷菜单中选择"卸载"。

4. 向小工具面板中添加小工具

若系统中的小工具无法满足用户的需要,则可通过网络下载更多的小工具。在小工具面板中单击右下角的"联机获取更多小工具",打开 Windows 7 个性化主页,单击网页底部的"获取更多桌面小工具"链接,打开 Windows Live 小工具网站。在网站中选择合适的小工具,下载到本机,安装即可。

由于 Windows Live 小工具库网站是开放性的平台,用户和软件开发人员可以自行发布所开发的小工具,并不是所有的小工具都经过 Windows Live 以及微软验证,所以用户在选择小工具时应当尽量选择比较热门的进行下载,才能尽可能确保小工具的安全性和实用性。

4.4.2　画　图

画图工具是 Windows 中基本的作图工具。在 Windows 7 中,画图工具发生了非常大的变化，它采用了"Ribbon"界面，使界面更加美观，同时内置的功能也更加丰富、细致。

"开始"菜单中选择"所有程序"→"附件"→"画图"命令，打开如图4-26所示的"画图"应用程序窗口。

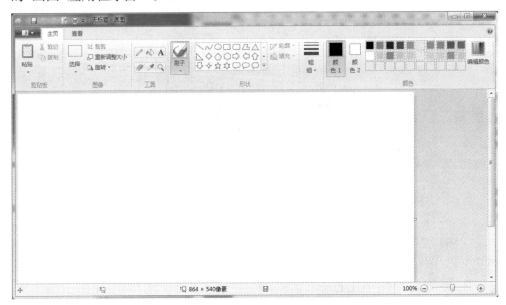

图4-26　"画图"应用程序窗口

窗口的顶端是标题栏，它包含两部分内容："自定义快速访问工具栏"和"标题"。在标题栏的左边可以看到一些按钮，这些按钮称为自定义快速访问工具栏，通过此工具栏，可以进行一些常用的操作，如存储、撤销、重做等。按钮的多少可以通过单击右边向下的三角图标，在弹出的菜单中设置，如图4-27所示。

图4-27　画图工具的快速访问工具栏

标题栏下方是菜单和画图工具的功能区，这是画图工具的主体。它用来控制画图工具的功能等。菜单栏包含"画图"按钮和两个菜单项：主页和查看。

单击"画图"按钮,出现的菜单项可以进行文件的新建、保存、打开、打印等操作。

当选择"主页"菜单项时,桌面会现出相应的功能区,包含剪贴板、图像、工具、形状、粗细和颜色功能模块,提供给用户对图片进行编辑和绘制的功能。下面对各个功能模块进行逐一介绍。

①在剪贴板模块中,用户可以对图像进行剪切、复制和粘贴。

②图像模块给用户提供选择、剪切、调整大小和扭曲、旋转等功能。

③工具栏模块给用户提供各种绘图工具,单击某一个工具按钮,并在工具选项框中选择适当的类别,即可在窗口中间的绘图区利用该工具绘图,它们分别是"铅笔 ✎""用颜色填充 ✦""文本 A""橡皮擦 ✐""颜色吸取器 ✐"和"放大镜 ✐"。

④刷子模块提供各种刷子供用户使用。

⑤形状模块提供了各种线型,选中某一线型,并在粗细模块中选择合适的线条,即可在绘图区域绘图。

⑥在功能区的最右侧为颜色模块,其中显示了各种预设的颜色。选中颜色1,并选择一种颜色,便可对前景色进行设置;选中颜色2,并选择一种颜色,便可对背景色进行设置。

"查看"菜单项对应的功能区主要用于对图片浏览效果进行调整和设置,主要包含缩放、显示或隐藏、显示 3 种功能,如图 4-28 所示。

图 4-28 "查看"菜单项对应的功能区

在"查看"对应的功能区中,用户可以根据绘图的要求,选择合适的视图效果,对图像进行精确地绘制。

功能区下方为绘图区,是用户绘制图形的主要区域。绘图区的 4 个边和 4 个角上共有 8 个控点,将鼠标指针移到右下角、右边界和下边界的控点上,鼠标指针会变为双向箭头,沿箭头方向拖动鼠标,可以改变绘图区的大小,从而改变将来输出图片的尺寸。

窗口最下方是状态栏,显示当前鼠标的位置、画布大小、文件大小、显示比例等。

1. 设置画布的大小

图中的白色区域即为画布,拖动它右边和下边的白色小方块(绘图区调整大小控点),即可调整画布大小。单击"画图"→"属性"命令(或使用"Ctrl+E"组合键),弹出"映像属性"对话框,可以调整画布大小、颜色和计量单位。

2. 加入文本

单击工具栏中"文本"工具,用鼠标在绘图区适当位置拖出矩形框,会自动出现"文本"工具栏,可以单击弹出的"文本工具"来调整文本的字体、字号、字形、文字颜色以及文本框的背景色。设置完成后,即可在文本框中编辑文字。用鼠标单击绘图区其他部位即可退出该文本的编辑。

3. 绘制图形

绘制图形的主要工具有"铅笔"和"刷子"。这些工具的基本用法是相同的,先在功能区选择相应的绘图工具,然后在形状模块中选择需要的形状,调整合适的线型,最后在"颜料盒"中选取前景色和背景色,即可用鼠标在绘图区中拖动并绘制各种图形。

如果希望为某一封闭区域填充颜色,则可以单击工具栏中的"用颜色填充"工具,这时鼠标指针会变为油漆桶形状,将流出的颜料的尖端置于要填充的区域中,单击鼠标,即可用前景色填充该区域。

对于绘制错误的图形,可以单击"橡皮/彩色橡皮擦"工具。用鼠标在希望擦除图形的地方拖动,即可将所擦除的区域变为背景色。

4. 几何图形的绘制

如果希望在绘图区中绘制出各种直线、曲线和几何图形,可以单击"形状"中相应的工具,在绘图区中拖动鼠标,即可绘制出相应图形。例如,单击"直线"工具,在绘图区中直线的起点处按下鼠标左键并拖动鼠标到直线的终点,放开鼠标,即可绘制一条直线。

绘图时,按住"Shift"键拖动鼠标可以绘制出水平、垂直或倾斜45°的直线、正圆、正方形等。

5. 进行修改

选定绘图区中某个区域,单击鼠标右键,在弹出的快捷菜单中选择适当的命令,对其进行修改,主要命令有裁剪、全选、方向选择、删除、旋转、重新调整大小、反色,也可以运用功能区相应的命令做修改。

6. 保存文件

在菜单栏中选择"画图"→"保存"命令或按"Ctrl+S"组合键,为该图选择适当的位置、图片格式并命名,然后单击"保存"按钮即可。

4.4.3 写字板

写字板是 Windows 自带的另一个编辑、排版工具,可以完成简单的 Microsoft Office Word 的功能,其界面也是基于"Ribbon"的。

在桌面选择"开始"→"所有程序"→"附件"→"写字板"命令,打开如图 4-29 所示的界面。

图 4-29　Windows 7 的写字板界面

写字板的界面与画图软件的界面非常相似。菜单左端的"写字板"按钮可以实现"新建""打开""保存""打印""页面设置"等操作。"主页"工具栏可以实现写字板的大部分操作,可以实现剪贴板、字体、段落、插入、编辑等操作。"查看"工具栏可以实现缩放、显示或隐藏标尺和状态栏以及设置自动换行和度量单位。

在写字板中,可以为不同的文本设置不同的字体和段落样式,也可以插入图形和其他对象,具备了编辑复杂文档的基本功能。写字板保存文件的默认格式是RTF 文件。

写字板的具体操作与 Word 很相似,此处不再赘述。

4.4.4　记事本

记事本是 Windows 自带的一个文本编辑程序,可以创建并编辑文本文件(后缀名为.txt)。由于.txt 格式的文件格式简单,可以被很多程序调用,因此在实际中经常被使用。选择"开始"→"所有程序"→"附件"→"记事本"命令,会打开记事本窗口。

如果希望对记事本显示的所有文本的格式进行设置,则可以选择"格式"→"字体"命令,会出现"字体"对话框,用户可以在对话框中设置字体、字形和大小。单击"确定"按钮后,记事本窗口中显示的所有文字都会显示为所设置的格式。

注意:只能对所有文本进行设置,而不能对一部分文本进行设置。

记事本的编辑、排版功能是很弱的。

若在记事本文档的第一行输入".LOG",那么以后每次打开此文档,系统会自动地在文档的最后一行插入当前的日期和时间,以方便用户用作时间戳。

4.4.5 计算器

Windows 7中的计算器已焕然一新,它拥有多种模式,并且拥有非常专业的换算、日期计算、工作表计算等功能,还有编程计算、统计计算等高级功能,完全能够与专业的计算器媲美。

选择"开始"→"所有程序"→"附件"→"计算器"命令,打开"计算器"窗口,如图4-30所示,默认显示为"标准型"。选择"查看"菜单中的"标准型""科学型""程序员"和"统计信息"可实现不同功能计算器间的切换。图 4-31 所示为科学型计算器的示意图。

在"查看"菜单中,还有以下功能。

①单位换算:可以实现角度、功率、面积、能量、时间等常用单位的换算。

②日期计算:可以计算两个日期之间相关的月数、天数,并能计算一个日期加(减)某天数得到的另外一个日期。

③工作表:可以计算抵押、汽车租赁、油耗等。

图 4-30　标准型计算器

图 4-31　科学型计算器

4.4.6 命令提示符

为了方便熟悉DOS命令的用户通过DOS命令使用计算机,在 Windows 7 中通过"命令提示符"功能模块保留了DOS的使用方法。

选择"开始"→"所有程序"→"附件"→"命令提示符",进入"命令提示符"窗口。也可以在"开始"菜单的"搜索框"中输入"cmd"命令进入"命令提示符"窗口。在此窗口中,用户只能使用DOS命令操作计算机。

4.4.7 便笺

在日常工作中,用户可能需要临时记下地址、电话号码以及邮箱等信息,当手头没有笔时,该如何记录?在家中使用计算机时,如果有一个事情事先约定,应将约定放到哪里才会让用户不忘记呢?便笺就是这样方便的实用程序,用户可以随时创建便笺来记录要提醒的事情,并把它放在桌面上,以让用户随时能注意到。

选择"开始"→"所有程序"→"附件"→"便笺"命令,即可将便笺添加到桌面上,如图 4-32 所示。

对便笺的操作如下:

① 单击便笺,可以编辑便笺,添加文字、时间等。单击便笺外的地方,便笺即为"只读"状态。单击便笺左上角的"+"号,可以在桌面上增加一个新的便笺;单击右上角的"×"号,可以删除当前的便笺。

② 拖动便笺的标题栏,可以移动便笺的位置。

③ 右击便笺,弹出如图 4-33 所示的快捷菜单。此处可实现对便笺的剪切、复制、粘贴等操作,也可以实现对便笺颜色的设置。

④ 拖动便笺的边框,可以改变便笺的大小。

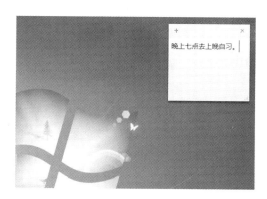

图 4-32 桌面上的便笺示意图

图 4-33 便笺操作示意图

4.4.8 截图工具

在 Windows 7 以前的版本中,截图工具只有非常简单的功能,例如,按"Print Screen"键可截取整个屏幕,按"Alt+Print Screen"组合键可截取当前窗口;但在 Windows 7 中,截图工具的功能变得非常强大,可以与专业的屏幕截取软件相媲美。

选择"开始"→"所有程序"→"附件"→"截图工具"命令,打开如图 4-34 所示的截图工具示意图。

图 4-34 截图工具示意图

单击"新建"按钮右边的下拉菜单,选择一种截图方法(默认是窗口截图),如图 4-35 所示,即可移动(或拖动)鼠标进行相应的截图。截图之后,截图工具窗口会自动显示所截取的图片,如图 4-36 所示。

在图 4-36 中,可以通过工具栏对所截取的图片进行复制、粘贴等操作,可以把它保存为一个文件(默认是.PNG 文件)。

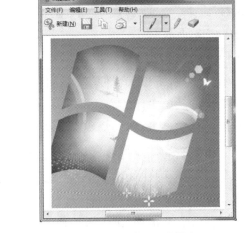

图 4-35 "新建"选项示意图　　　　图 4-36　截图工具编辑窗口

4.5　Windows 7 磁盘管理

磁盘是计算机用于存储数据的硬件设备。随着硬件技术的发展,磁盘容量越来越大,存储的数据也越来越多,因此,对磁盘管理越发显得重要了。Windows 7 提供了管理大规模数据的工具。各种高级存储的使用,使 Windows 7 的系统功能得以有效的发挥。

Windows 7 的磁盘管理任务是以一组磁盘管理实用程序的形式提供给用户的,其程序包括查错程序、磁盘碎片整理程序、磁盘整理程序等。这些应用程序在保留 Windows XP 的优点之外,又在其基础上做了相应的改进,使用更加方便、高效。

Windows 7 没有提供一个单独的应用程序来管理磁盘,而是将磁盘管理集成到"计算机管理"程序中。执行"开始"→"控制面板"→"系统和安全"→"管理工具"→"计算机管理"命令(也可右击桌面上的"计算机"图标,在弹出的快捷菜单中选择"管理"),选择"存储"中的"磁盘管理",打开"计算机管理"窗口,如图 4-37 所示。

在 Windows 7 中,几乎所有的磁盘管理操作都能够通过计算机管理中的磁盘管理功能来完成,而且这些磁盘管理大多是基于图形界面的。

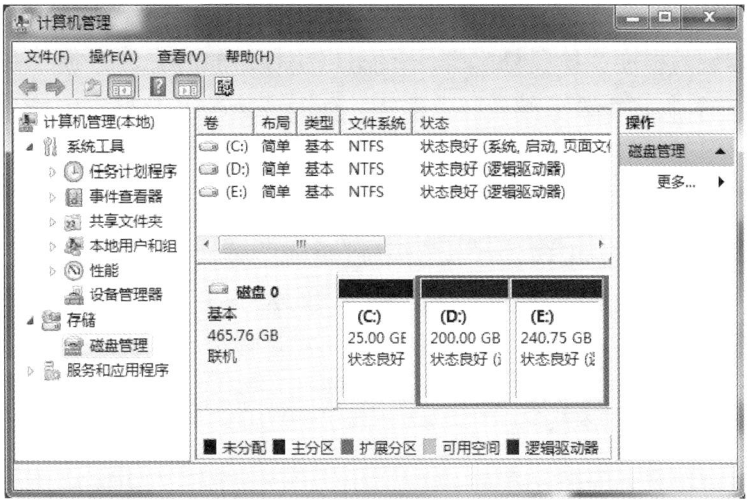

图 4-37 "计算机管理"窗口

4.5.1 分区管理

Windows 7 提供了方便快捷的分区管理工具,用户在程序向导的帮助下能够轻松地完成删除已有分区、新建分区、扩展已有分区大小的操作。

1. 删除已有分区

在磁盘分区管理的分区列表或者图形显示中,选中要删除的分区,单击鼠标右键,在弹出的快捷菜单中选择"删除卷"命令,会弹出系统警告,单击"是"按钮,即可完成对分区的删除操作。删除选中分区后,会在磁盘的图形显示中显示相应分区的未分配分区。

2. 新建分区

新建分区的操作步骤如下:

①在图 4-37 所示的"计算机管理"窗口中选中未分配的分区,单击鼠标右键,在弹出的快捷菜单中选择"新建简单卷"命令,弹出"新建简单卷向导",单击"下一步"按钮。

②弹出"指定卷大小",为简单卷设置大小,完成后单击"下一步"按钮。

③弹出"分配驱动器号和路径",开始为分区分配驱动器号和路径,这里有 3 个单选钮,"分配以下驱动器号""装入以下空白 NTFS 文件夹中"和"不分配驱动器号或驱动器路径"。根据需要选择相应类型后,单击"下一步"按钮。

④弹出"格式化分区",单击"下一步"按钮,在弹出的窗口中单击"完成"按钮,即可完成新建分区操作。

3. 扩展分区大小

这是 Windows 7 新增加的功能，可以在不用格式化已有分区的情况下，对其进行分区容量的扩展。扩展分区后，新的分区仍保留原有分区数据。在扩展分区大小时，磁盘需有一个未分配空间才能为其他的分区扩展大小。扩展分区的操作步骤如下：

①在图 4-37 所示的"计算机管理"窗口中右键单击要扩展的分区，在弹出的快捷菜单中选择"扩展卷"命令，弹出"扩展卷向导"，单击"下一步"按钮。

②进行可用磁盘选择，并设置要扩展容量的大小，单击"下一步"按钮。

③完成扩展卷向导，单击"完成"按钮即可扩展该分区的大小。

4.5.2 格式化驱动器

格式化过程是把文件系统放置在分区上，并在磁盘上划出区域。通常可以用 FAT、FAT32 或 NTFS 类型来格式化分区，Windows 7 系统中的格式化工具可以转化或重新格式化现有分区。

在 Windows 7 中，使用格式化工具转换一个磁盘分区的文件系统类型，其操作步骤如下：

①在图 4-37 所示的"计算机管理"窗口中选中需要进行格式化的驱动器盘符，用鼠标右键打开快捷菜单，选择"格式化"命令，打开"格式化"对话框，如图 4-38 所示。

也可在"计算机"窗口中选择驱动器盘符，用鼠标右键打开快捷菜单，选择"格式化"命令。

②在"格式化"对话框中，先对格式化的参数进行设置，然后单击"开始"按钮，便可进行格式化了。

注意：格式化操作会把当前盘上的所有信息全部抹掉，请谨慎操作。

图 4-38 "格式化"对话框

4.5.3 磁盘操作

系统能否正常运转，能否有效利用内部和外部资源，并使系统达到高效稳定，在很大程度上取决于系统的维护管理。Windows 7 提供的磁盘管理工具使系统运行更可靠、管理更方便。

1. 磁盘备份

为了防止磁盘驱动器损坏、病毒感染、供电中断等各种意外故障造成的数据丢失和损坏，用户需要进行磁盘数据备份，在需要时可以还原，以避免出现数据错误或丢失造成的损失。在 Windows 7 中,利用磁盘备份向导可以快捷地完成备份工作。

在"计算机"窗口中右击某个磁盘,选择"属性",在打开的对话框中选择"工具"选项卡,会出现如图 4-39 所示的操作界面。单击"开始备份"按钮,系统会提示备份或还原操作,用户可根据需要选择一种操作,然后再根据提示进行操作。在备份操作时,可选择整个磁盘进行备份,也可选择其中的文件夹进行备份。在进行还原时,必须要有事先做好的备份文件,否则无法进行还原操作。

2. 磁盘清理

用户在使用计算机的过程中进行大量的读写及安装操作,使得磁盘上存留许多临时文件和已经没用的文件,这不但会占用磁盘空间,而且会降低系统的处理速度,降低系统的整体性能。因此,计算机要定期进行磁盘清理,以便释放磁盘空间。

选择"附件"→"系统工具"→"磁盘清理"命令,打开"磁盘清理"对话框,选择一个驱动器,再单击"确定"按钮(或者右击"计算机"窗口中的某个磁盘,在弹出的菜单中选择"属性",再单击"常规"选项卡中的"磁盘清理"按钮)。在完成计算和扫描等工作后,系统列出了指定磁盘上所有可删除的无用文件,如图 4-40 所示。然后选择要删除的文件,单击"确定"按钮即可。

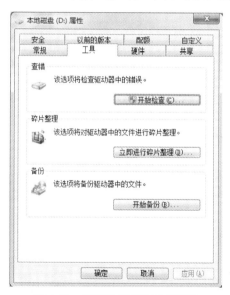
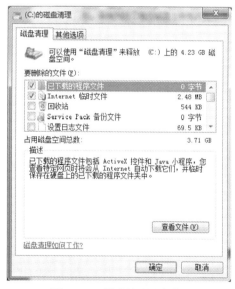

图 4-39　磁盘操作的"工具"界面　　　　图 4-40　"磁盘清理"对话框

在"其他选项"选项卡中,用户可进行进一步的操作来清理更多的文件以提高系统的性能。

3. 磁盘碎片整理

在计算机使用过程中,由于频繁地建立和删除数据会造成磁盘上文件和文件夹增多,而这些文件和文件夹可能被分割放在一个卷上的不同位置,Windows 系统需额外时间来读取数据。由于磁盘空间分散,存储时把数据存在不同的部分,也会花费额外时间,所以要定期对磁盘碎片进行整理。其原理为:系统将把碎片文件和文件夹的不同部分移动到卷上的相邻位置,使其拥有一个独立的连续空间。操作步骤如下。

①选择"开始"→"所有程序"→"附件"→"系统工具"→"磁盘碎片整理程序"命令,打开如图 4-41 所示的窗口。在此窗口中选择逻辑驱动器单击"分析磁盘"按钮,进行磁盘分析。对驱动器的碎片分析后,系统自动激活查看报告,单击"查看报告"按钮,打开"分析报告"对话框,系统给出了驱动器碎片分布情况及该卷的信息。

②单击"磁盘碎片整理"按钮,系统自动完成整理工作,同时显示进度条。

图 4-41 "磁盘碎片整理程序"窗口

4.6 Windows 7 控 制 面 板

在 Windows 7 系统中,几乎所有的硬件和软件资源都可设置和调整,用户可以根据自身的需要对其进行设定。Windows 7 中的相关软硬件设置以及功能的启用等管理工作都可以在控制面板中进行,控制面板是普通计算机用户使用较多的系统设置工具。在 Windows 7 中有多种启动控制面板的方法,方便用户在不同操作状态下使用。在"控制面板"窗口中,包括两种视图效果:类别视图和图标视图。在类别视图方式中,控制面板有 8 个大项目,如图 4-42 所示。

单击窗口中查看方式的下拉箭头,选择"大图标"或"小图标",可将控制面板窗口切换为 Windows 传统方式的效果,如图 4-43 所示。在经典"控制面板"窗口中集成了若干个小项目的设置工具,这些工具的功能几乎涵盖了 Windows 系统的所有方面。

图 4-42 类别"控制面板"对话框

图 4-43 经典"控制面板"窗口

控制面板包含的内容非常丰富，由于篇幅限制，在此只讲解部分功能，其余功能读者可以查阅相关书籍进行学习。

4.6.1 系统和安全

Windows 的系统和安全主要实现对计算机状态的查看、计算机备份以及查找和解决问题的功能，包括防火墙设置、系统信息查询、系统更新、磁盘备份整理等一系列系统安全的配置。

1. Windows 防火墙

Windows 7 防火墙能够检测来自 Internet 或网络的信息，然后根据防火墙设置来阻止或允许这些信息通过计算机。这样可以防止黑客攻击系统或者防止恶意软件、病毒、木马程序通过网络访问计算机，而且有助于提高计算机的性能。下面介绍 Windows 7 防火墙的使用方法。

① 打开"控制面板"→"系统和安全"窗口。

② 单击"Windows 防火墙"，打开"Windows 防火墙"窗口，如图 4-44 所示。

图 4-44　"Windows 防火墙"窗口

③ 单击窗口左侧"打开或关闭 Windows 防火墙"链接，弹出"Windows 防火墙设置"对话框，用户可以打开或关闭防火墙。

④单击窗口左侧"允许程序或功能通过 Windows 防火墙",弹出"允许程序通过 Windows 防火墙通信"窗口。在允许的程序和功能的列表栏中,勾选信任的程序,单击"确定"按钮即可完成配置。如果要手动添加程序,则单击"允许运行另一程序",在弹出的对话框中,单击"浏览"按钮,找到安装到系统的应用程序,再单击"打开"按钮,即可添加到程序队列中。选择要添加的应用程序,单击"添加"按钮,即可将应用程序手动添加到信任列表中,再单击"确定"按钮即可完成操作。

2. Windows 操作中心

Windows 7 操作中心,通过检查各个与计算机安全相关的项目来检查计算机是否处于优化状态,当被监视的项目发生改变时,操作中心会在任务栏的右侧,发布一条信息来通知用户,收到监视的项目状态颜色也会相应地改变以反映该消息的严重性,并且还会建议用户采取相应的措施。

①打开"控制面板"→"系统和安全"窗口。

②单击"操作中心",打开"操作中心"窗口,如图 4-45 所示。

③单击窗口左侧的"更改操作中心设置"链接,即可打开"更改操作中心设置"对话框。勾选某个复选框可使操作中心检查相应项是否存在更改或问题,取消对某个复选框的勾选可停止检查该项。

图 4-45 "操作中心"窗口

3. Windows Update

Windows Update 是为系统的安全而设置的。一个新的操作系统诞生之初，往往是不完善的，这就需要不断地打上系统补丁来提高系统的稳定性和安全性，这时就要用到 Windows Update。当用户使用了 Windows Update，用户不必手动联机搜索更新，Windows 会自动检测适用于计算机的最新更新，并根据用户所进行的设置自动安装更新，或者只通知用户有新的更新可用。

①打开"控制面板"→"系统和安全"窗口。

②单击"Windows Update"，打开"Windows Update"窗口，如图 4-46 所示。

③单击窗口左侧的"更改设置"链接，即可打开"更改设置"对话框。用户可以在这里更改更新设置。

图 4-46 "Windows Update"窗口

4.6.2 外观和个性化

Windows 系统的外观和个性化包括对桌面、窗口、按钮、菜单等一系列系统组件的显示设置，系统外观是计算机用户接触最多的部分。

在类别"控制面板"中单击"外观和个性化"图标，弹出如图 4-47 所示的窗口。从图中可以看出，该界面包含"个性化""显示""桌面小工具""任务栏和「开始」菜单""轻松访问中心""文件夹选项"和"字体"7 个选项。以下介绍几种常用的设置。

1. 个性化

①更改主题。在图 4-47 中，单击"个性化"，会出现"个性化"设置窗口，如图 4-48 所示。在此窗口中，可以实现对主题、桌面背景、窗口颜色、声音效果和屏幕保护程序的设置。

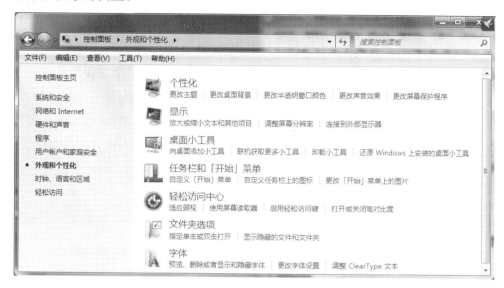

图 4-47 "外观"和个性化对话框

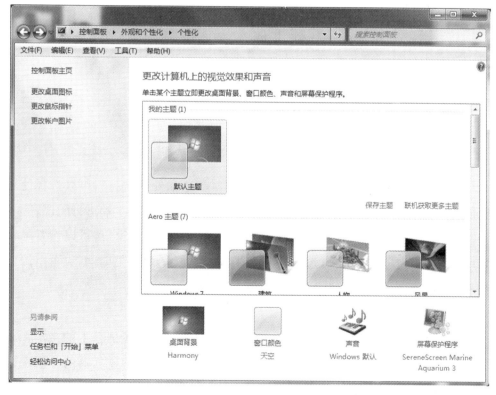

图 4-48 "个性化"设置窗口

Windows 桌面主题简称桌面主题或主题，Microsoft 公司官方的定义是背景加一组声音、图标以及只需要单击即可帮您个性化设置计算机的元素。通俗地说，桌面主题就是不同风格的桌面背景、操作窗口、系统按钮，以及活动窗口和自定义颜色、字体等的组合体。

②在图 4-47 中选择"更改桌面背景"，弹出如图 4-49 所示对话框。在"图片位置(L)："的下拉列表中，包含系统提供图片的位置，在下面的图片选项框中，可以快速配置桌面背景。也可以在"浏览"对话框中选择指定的图像文件取代预设桌面背景。在"图片位置(P)："下拉列表中可以选择图片的显示方式。如果选择"居中"，则桌面上的墙纸以原文件尺寸显示在屏幕中间；如果选择"平铺"，则墙纸以原文件尺寸铺满屏幕；如果选择"拉伸"，则墙纸拉伸至充满整个屏幕。

图 4-49　桌面背景设置

③选择"更改半透明窗口颜色"，弹出"窗口颜色和外观"窗口，可以选择使用系统自带的配色方案进行快速配置，也可以单击"高级"按钮，手动进行配置。

④选择"更改屏幕保护程序"，弹出"屏幕保护程序设置"窗口，可以设置屏幕保护方案。除此之外，还可以进行电源管理，如设置关闭显示器时间，设置电源按钮的功能，设置唤醒时需要密码等。

2. 显示

单击图 4-47 中的"显示"链接，打开"显示"窗口，可以设置屏幕上的文本大小以及其他项。单击"调整屏幕分辨率"，可以更改显示器，调整显示器的分辨率以及屏幕显示的方向，如图 4-50 所示。

注意：显示的分辨率越高，屏幕上的对象显示得越小。

图 4-50　"显示"窗口

3. 任务栏和「开始」菜单

选择"任务栏和「开始」菜单"菜单，弹出"任务栏和「开始」菜单属性"对话框，如图 4-51 所示。可以设置任务栏外观和通知区域。在"「开始」菜单"选项卡中，可以设置开始菜单的外观和行为、电源按钮的操作等。在"工具栏"选项卡中可以为工具栏添加地址和链接。

图 4-51　"任务栏和「开始」菜单属性"对话框

4. 字体

字体是屏幕上看到的、文档中使用的、发送给打印机的各种字符的样式。在 Windows 系统的"fonts"文件夹中安装了多种字体,用户可以添加和删除字体。字体文件的操作方式和其他文件系统的对象执行方式相同,用户可以在"C:\Windows\fonts"文件夹中移动、复制或者删除字体文件。系统中使用最多的字体主要有宋体、楷体、黑体、仿宋等。

在"字体"窗口中删除字体的方法很简单,在窗口中选中希望删除的字体,并选择"文件"→"删除"命令,弹出警告对话框,询问是否删除字体,单击"是"按钮,所选择的字体被删除。

4.6.3 时钟、语言和区域设置

在控制面板中运行"时钟、语言和区域"程序,打开"时钟、语言和区域"对话框,用户可以设置计算机的时间和日期、所在的位置,也可以设置格式、键盘、语言等。

1. 日期和时间

Windows 7 系统默认的时间和日期格式是按照美国习惯设置的,世界各地的用户可根据自己的习惯来设置。打开"日期和时间"对话框,如图 4-52 所示。

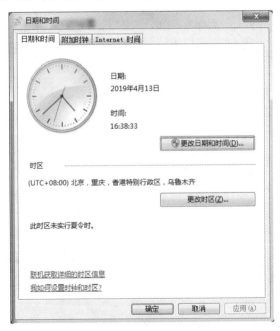

图 4-52 "日期和时间"对话框

在该对话框中包括"日期和时间""附加时区"和"Internet 时间"3 个选项卡,其界面保持了 Windows 中日期和时间设置界面的连续性,包括日期和时区。用户可以根据需要更改系统日期和时区。通过"Internet 时间"选项卡,用户可以使计算机与 Internet 时间服务器同步。

2. 区域和语言

打开"区域和语言"对话框,如图 4-53 所示。在"格式"选项卡中,用户可以设置日期和时间的格式、数字的格式、货币的格式、排序的方式等;在"位置"选项卡中可以设置当前位置;在"键盘和语言"选项卡中,可以设置输入法以及安装/卸载语言;在"管理"选项卡中可以对复制和更改系统区域进行设置。

图 4-53 "区域和语言"对话框

4.6.4 程 序

应用程序的运行建立在 Windows 系统的基础上。目前,大部分应用程序都需要安装到操作系统中才能使用。在 Windows 系统中安装程序很方便,既可以直接运行程序的安装文件,也可以通过系统的"程序和功能"工具更改和删除操作。通过"打开或关闭 Windows 功能"可以安装和删除 Windows 组件,此功能大大扩充了 Windows 系统的功能。

在控制面板中打开"程序"对话框,其中包括"程序和功能""默认程序"和"桌面小工具"3个属性。"程序和功能"所对应的窗口如图4-54所示,在选中列表框中的项目以后,如果在列表框的顶端显示单独的"更改"和"卸载"按钮,那么用户可以利用"更改"按钮来重新启动安装程序,然后对安装配置进行更改;也可以利用"卸载"按钮来卸载程序。若只显示"卸载"按钮,则用户对此程序只能执行卸载操作。

图4-54 "程序和功能"窗口

在"程序和功能"窗口中单击"打开或关闭 Windows 功能"按钮,出现"Windows 功能"对话框,在对话框的"Windows 功能"列表框中显示了可用的 Windows 功能。当将鼠标移动到某一功能上时,会显示所选功能的描述内容。勾选某一功能后,单击"确定"按钮即可进行添加,如果取消组件的复选框,单击"确定"按钮,则会将此组件从操作系统中删除。

4.6.5 硬件和声音

在控制面板中选择"硬件和声音",可打开如图4-55所示的窗口。在此窗口中,可以实现对设备和打印机、自动播放、声音、电源选项和显示的操作。

1. 鼠标的设置

在图4-55中单击"鼠标",可打开如图4-56所示的"鼠标属性"对话框。

在"鼠标键"选项卡中,选中"切换主要和次要的按钮"可以使鼠标从右手习惯转为左手习惯,该选项选中后立即生效。"双击速度"用来设置两次单击鼠标按键的时间间隔,拖动滑块的位置可以改变速度,用户可以双击右边的测试区来检验自己的设置是否合适。

图 4-55 "硬件和声音"窗口

图 4-56 "鼠标属性"对话框

在"指针"选项卡中,用户可以选择各种不同的指针方案。

在"指针选项"选项卡中,用户可以对指针的移动速度进行调整,还可以设置指针运动时的显示轨迹。

在"滑轮"选项卡中,用户可以对具有滚动滑轮的鼠标的滑轮进行设置。设置滑轮每滚动一个齿格屏幕滚动多少。

2. 键盘的设置

单击控制面板(在图标查看方式显示下)中的"键盘",可打开如图 4-57 所示的"键盘属性"对话框。"字符重复"可用来调整键盘按键反应的快慢,其中"重复延迟"和"重复速度"分别表示按住某键后,计算机第一次重复这个按键之前的等待时间及之后重复该键的速度。拖动滑块可以改变这两项的设置。"光标闪烁频率"可以改变文本窗口中出现的光标的闪烁速度。

图 4-57 "键盘属性"对话框

3. 电源选项

在"电源选项"中,用户可以对电源管理进行设置,其管理是通过高级配置与电源接口(Advanced Configuration and Power Interface, ACPI)来实现的。通过使用 ACPI 电源管理,可以让操作系统管理计算机的电源,使用操作系统进行电源管理的好处非常多。

在 Windows 7 中,通过电源计划来配置电源。电源计划是指计算机中各项硬件设备电源的规划。例如,用户可将电源计划设置为用户不操作计算机的情况下,10 min 后自动关闭显示器。Windows 7 支持完备的电源计划,并内置了 3 种电源计划:平衡、节能和高性能。默认的是"平衡"电源计划。平衡的含义是在系统需要完全性能时提供最大性能,当系统空闲时尽量节能。节能的含义是尽可能地为用户节能,比较适合使用笔记本电脑外出的用户,有助于延长笔记本电脑的户外使用时间。高性能是指无论用户当前是否需要足够的性能,系统都将保持最大性能运行,这是性能最高的一种。

用户可以根据自己的需要设置一个符合自己的电源计划,同时,可以通过左侧的链接来进行相关的操作,如唤醒时需要密码、选择电源按钮的功能、选择关闭显示器的时间、更改计算机睡眠时间。

4.6.6 用户账户和家庭安全

Windows 7 支持多用户管理,可以为每一个用户创建一个用户账户并为每个用户配置独立的用户文件,从而使得每个用户登录计算机时,都可以进行个性化的环境设置。

除此之外,Windows 7 内置的家长控制旨在让家长轻松放心地管理孩子能够在计算机上进行的操作。这些控制帮助家长确定他们的孩子能玩哪些游戏,能使用哪些程序,能够访问哪些网站以及何时执行这些操作。"家长控制"是"用户账户和家庭安全控制"小程序的一部分,它将 Windows 7 家长控制的所有关键设置集中到一处。只需要在这一个位置进行操作,就可以配置对应计算机和应用程序的家长控制,对孩子玩游戏的情况、网页浏览情况和整体计算机使用情况设置相应的限制。

在控制面板中,单击"用户账户和家庭安全",打开相应的窗口,用户可以实现用户账户、家长控制等管理功能。

在"用户账户"中,可以更改当前用户的密码和图片,也可以添加或删除用户账户。

4.6.7 系统和安全

在控制面板中选择"系统和安全",会打开如图 4-58 所示的"系统和安全"窗口,在此窗口中,可进行如下主要操作。

图 4-58 "系统和安全"窗口

1. Windows 防火墙

防火墙就是将一些不安全、带恶意的流量阻挡在计算机之外的"墙",它可以是硬件,也可以是软件。对一般用户来说,使用的是防火墙软件。Windows 7 中的防火墙不仅能够防止恶意访问计算机,还能阻止计算机中已经存在的间谍软件向其他计算机发送信息。

2. Windows Update

对每个版本的 Windows 来说,Windows Update 都起着非常关键的作用。通过 Windows Update,用户可以及时安装 Microsoft 提供的最新漏洞补丁、安全解决方案等关键更新。大多数病毒、木马都是由于用户没有及时打上 Microsoft 提供的安全补丁更新。用户只要及时安装 Windows Update 更新,就可以防止绝大部分网络安全隐患。

3. 备份和还原

通过备份和还原功能,可以帮助用户在计算机出现意外之后,及时恢复硬盘中的数据。数据恢复的多少将根据备份的程序以及备份的时间来决定。用户要养成良好的备份习惯,只有先备份,然后才可能还原。备份文件可以存放在内部硬盘、外部硬盘、CD/DVD 光盘、U 盘以及网络位置。

4.7 Windows 7 系统管理

系统管理主要是指对系统服务、系统设备、系统选项等中涉及计算机整体性的一些重要参数进行配置和调整。在 Windows 7 中用户可设置的参数很多,为定制有个人特色的操作系统提供了很大的空间,使用户可以方便、快速地完成系统的配置。

4.7.1 任务计划

任务计划是在安装 Windows 7 过程中自动添加到系统中的一个组件。定义任务计划主要是针对那些每天或定期都要执行某些应用程序的用户,通过自定义任务计划用户可省去每次都要手动打开应用程序的操作,系统将按照用户的预先设定,自动在规定时间执行选定的应用程序。选择"控制面板"→"系统和安全"选项,然后选择管理工具中的"计划任务",打开如图 4-59 所示对话框。

任务计划程序 MMC 管理单元可帮助用户计划在特定时间或在特定事件发生时执行操作的自动任务。该管理单元可以维护所有计划任务的库,从而提供了任务的组织视图以及用于管理这些任务的方便访问点。从该库中,可以运行、禁用、修改和删除任务。任务计划程序用户界面(UI)是一个 MMC 管理单元,它取代了 Windows XP、Windows Server 2003 和 Windows 2000 中的计划任务浏览器扩展功能。

图 4-59 "任务计划程序"窗口

4.7.2 系统属性

选择控制面板的"系统和安全"→"系统"选项,再选择左侧的"高级系统设置"链接,打开如图 4-60 所示的窗口。此窗口为设置各种不同的系统资源提供了大量的工具。在"系统属性"对话框中共有 5 个选项:计算机名、硬件、高级、系统保护和远程,在每个选项中均提供了不同的系统工具。

图 4-60 "系统属性"窗口

1. 计算机名

在"计算机名"选项卡中提供了查看和修改计算机网络标识的功能，在"计算机描述"文本框中用户可为计算机输入注释文字。通过"网络ID"和"更改"按钮，修改计算机的域和用户账户。

2. 硬件

在"硬件"选项卡中提供了管理硬件的相关工具：设备管理器和设备安装设置两个选项组。设备管理器是 Windows 7 提供的一种管理工具，用户可以管理和更新计算机上安装的驱动程序，查看硬件是否正常工作；也可以使用设备管理器查看硬件信息、启用和禁用硬件设备、卸载已更新硬件设备等，如图4-61 所示。设备安装设置可以设置 Windows 关于设备和驱动程序的检测、更新以及安装方式。

图 4-61 "设备管理器"窗口

3. 高级

在"高级"选项卡中包括"性能""用户配置文件"和"启动和故障恢复"3个选项组，它提供了对系统性能进行详细设置、修改环境变量、启动和故障恢复设置的功能。

4. 系统保护

系统保护是定期创建和保存计算机系统文件和设置的相关信息的功能。系统保护也保存已修改文件的以前版本。它将这些文件保存在还原点中，在发生重大系统事件(如安装程序或设备驱动程序)之前创建这些还原点。每7天中，如果在前面7天中未创建任何还原点,则会自动创建还原点,但用户也可以随时手动创建还原点。

安装 Windows 的驱动器将自动打开系统保护。Windows 只能为使用 NTFS 文件系统格式化的驱动器打开系统保护。

5. 远程

在"远程"选项卡中,用户可选择从网络中的其他位置使用本地计算机的方式。该方式提供了远程协助和远程桌面两种方式,远程协助允许从本地计算机发送远程协助邀请;远程桌面允许用户远程连接到本地计算机上。

4.7.3 硬件管理

从安装和删除的角度划分,硬件可分为两类:即插即用硬件和非即插即用硬件。即插即用硬件设备的安装和管理比较简单,而非即插即用设备需要在安装向导中进行繁杂的配置工作。

1. 添加硬件

在设备(非即插即用)连接到计算机上以后,系统会检测硬件设备并自动打开添加硬件向导,为设备安装驱动程序。使用此向导不但可安装驱动程序,而且可以解决安装设备过程中遇到的部分问题。

2. 更新驱动程序

设备制造商在不断推出新产品的同时,也在不断完善原有的驱动程序,目的在于提高设备性能。安装设备时使用的驱动程序就会随着硬件技术的不断完善而落后,为了增加设备的操作性能需要不断地更新驱动程序。

4.8 Windows 7 的网络功能

随着计算机的发展,网络技术的应用也越来越广泛。网络是连接个人计算机的一种手段,通过联网,各终端用户能够共享应用程序、文档和一些外部设备,如磁盘、打印机、通信设备等。利用电子邮件(E-mail)系统,还能让网上的用户互相交流和通信,这使物理上分散的微机在逻辑上紧密地联系起来。有关网络的基本概念,在第6章进行阐述,此处主要介绍 Windows 7 的网络功能。

4.8.1 网络软硬件的安装

任何网络连接,除了需要安装一定的硬件外(如网卡),还必须安装和配置相应的驱动程序。如果在安装 Windows 7 前已经完成了网络硬件的物理连接,

Windows 7 安装程序一般都能帮助用户完成所有必要的网络配置工作。但有些时候,仍然需要进行网络的手工配置。

1. 网卡的安装与配置

网卡的安装很简单,用户只要打开机箱,将网卡插入到计算机主板上相应的扩展槽内即可。如果安装的是专为 Windows 7 设计的"即插即用"型网卡,Windows 7 在启动时,就会自动检测并进行配置。Windows 7 在进行自动配置的过程中,如果没有找到对应的驱动程序,就会提示插入包含该网卡驱动程序的盘片。

2. IP 地址的配置

执行"控制面板"→"网络和 Internet"→"网络和共享中心"→"查看网络状态和任务"→"本地连接",打开"本地连接状态"对话框,单击"属性"按钮,在弹出的"本地连接属性"对话框中,选中"Internet 协议版本 4(TCP/IP)"选项,然后单击"属性"按钮,出现如图 4-62 所示的"Internet 协议版本 4(TCP/IPv4)属性"对话框,在对话框中填入相应的 IP 地址,同时配置 DNS 服务器即可。

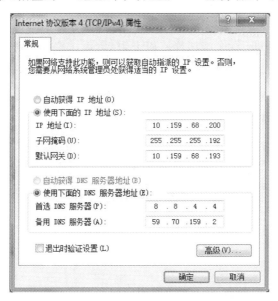

图 4-62 "(TCP/IPv4)属性"对话框

4.8.2 Windows 7 选择网络位置

初次连接网络时,需要选择网络位置的类型,如图 4-63 所示,为所连接的网络类型自动设置适当的防火墙和安全选项。在家庭、本地咖啡店或者办公室等不同位置连接网络时,选择一个合适的网络位置,可以确保将计算机设置为适当的安全级别。选择网络位置时,可以根据实际情况选择家庭网络、工作网络和公用网络之一。

域类型的网络位置由网络管理员控制,因此无法选择或更改。

图 4-63　设置网络位置

4.8.3　资源共享

计算机中的资源共享可分为以下 3 类。

①存储资源共享:共享计算机系统中的软盘、硬盘、光盘等存储介质,能够提高存储效率,方便数据的提取和分析。

②硬件资源共享:共享打印机或扫描仪等外部设备,能够提高外部设备的使用效率。

③程序资源共享:指共享网络上的各种程序资源。

共享资源可以采用以下 3 种类型访问权限进行保护。

①完全控制:用户可以对共享资源进行任何操作,就像是使用自己的资源一样。

②更改:用户允许对共享资源进行修改操作。

③读取:用户对共享资源只能进行复制、打开或查看等操作,不能对它们进行移动、删除、修改、重命名及添加文件等操作。

在 Windows 7 中,用户主要通过配置家庭组、工作组中的高级共享设置实现资源共享,共享存储在计算机、网络以及 Web 上的文件和文件夹。

4.8.4　在网络中查找计算机

由于网络中的计算机很多,查找自己需要访问的计算机非常麻烦,为此

Windows 7 提供了非常方便的方法来查找计算机。打开任意一个窗口,在窗口左侧单击"网络"选项即可完成网络中计算机的搜索,如图 4-64 所示。

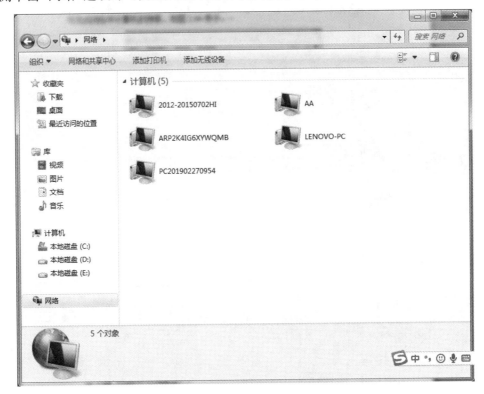

图 4-64　在网络中查找计算机

4.9　Windows 8 简介及其他操作系统

4.9.1　Windows 8 简介

　　Windows 8 是由 Microsoft 公司开发的,具有革命性变化的操作系统。该系统旨在让人们日常操作计算机更加简单、更加快捷,为人们提供高效易行的工作环境。Windows 8 将支持来自 Intel、AMD 和 ARM 的芯片架构。Microsoft 公司表示,这一决策意味着 Windows 系统开始向更多平台迈进,包括平板电脑和 PC。Windows Phone 8 将采用和 Windows 8 相同的内容。2011 年 9 月 14 日,Windows 8 开发者预览版发布,宣布兼容移动终端,Microsoft 公司将苹果的 iOS、谷歌的 Android 视为 Windows 8 在移动领域的主要竞争对手。2012 年 2 月,Microsoft 公司发布"视窗 8"消费者预览版,可以在平板电脑上使用。

　　Windows 8 的优点主要有:

　　①可以采用 Metro UI 的主界面;

②兼容 Windows 7 应用程序；

③启动更快、硬件配置要求更低；

④支持智能手机和平板电脑；

⑤支持触控、键盘和鼠标 3 种输入方式；

⑥支持 ARM 和 x86 架构；

⑦内置 Windows 应用商店；

⑧支持 IE10 浏览器；

⑨有分屏多任务处理界面，右侧边框中是正在运行的应用；

⑩能够结合云服务和社交网络。

Windows 8 的版本主要有：

①Windows 8 普通版；

②Windows 8 Professional 专业版；

③Windows 8 RT；

④Windows 8 Enterprise 企业版。

4.9.2 其他操作系统简介

1. Linux 操作系统

Linux 是一个多用户操作系统，是 UNIX 的一个克隆（界面相同但内部实现不同），同时它也是一种源代码公开、免费的自由软件，这是它与 UNIX 绝大多数变种（UNIX 绝大多数都是商业变种）的不同之处，它可运行于多种平台。Linux 的诞生和发展是与 Internet 紧紧联系在一起的，可以说这是 Internet 创造的一个奇迹。Linux 的创始人 Linus Torvaldsr，如图 4-65 所示。由于 Linux 具有结构清晰、功能简捷和完全开放等特点，所以 Linux 操作系统得到迅速扩充和发展，并很快赢得了众多公司的支持，其中包括提供技术支持，为其开发应用软件，并将 Linux 的应用推向各个领域。

图 4-65　Linux 的创始人

国际上许多知名的 IT 厂商纷纷宣布支持 Linux，从 Netscape、IBM、Oracle、Informix、Ingres 到 Sybase 等都相继推出基于 Linux 的产品。其中，Netscape 的支持大大加强了 Linux 在 Internet 应用领域中的竞争地位；大型数据库软件公司对 Linux 的支持，对它步入大、中型企业的信息系统建设和应用领域打下了坚实的基础。在中国，Linux 也迎来了发展的大好时光，不仅有政府的支持、厂商的投入和媒体的赞誉，还有广大用户的认同。从 1999 年 3 月开始，国内陆续出现多个

Linux 的中文版本,其中较有影响的有中科院软件所、北大方正和 Compaq 合作开发的中文版 Linux 操作系统"红旗 Linux"。同年 11 月,Tom Linux、Cosix Linux 等也相继问世,使国内中文 Linux 版本日趋丰富和完善。2001 年 3 月 16 日,中国软件评测中心、HP、IBM、Intel、联想等 5 家公司又共同携手建立了 Linux 开放实验室,这为 Linux 在中国的规范发展创造了十分有利的条件。

2. Android 操作系统

Android 是一种基于 Linux 的自由且开放源代码的操作系统,主要用于移动设备,如智能手机和平板电脑,由 Google 公司和开放手机联盟领导及开发。它尚未有统一的中文名称,中国大陆地区较多人使用"安卓"或"安致"。Android 操作系统最初由 Andy Rubin 开发,主要支持手机。2005 年 8 月被 Google 收购。2007 年 11 月,Google 与 84 家硬件制造商、软件开发商及电信营运商组建开放手机联盟,共同研发改良 Android 系统。随后,Google 以 Apache 开源许可证的授权方式,发布了 Android 的源代码。第一部 Android 智能手机发布于 2008 年 10 月。Android 逐渐扩展到平板电脑及其他领域上,如电视、数码相机、游戏机等。

采用 Android 系统的主要手机厂商包括宏达电子(HTC)、三星(SAMSUNG)、摩托罗拉(Motorola)、LG、索尼爱立信(Sony Ericsson)、魅族、联想、华为等。

Android 的系统架构和其他操作系统一样,采用了分层的架构,分为 4 个层,从高层到低层分别是应用程序层、应用程序框架层、系统运行库层和 Linux 内核层。

(1) 应用程序层。

应用程序层包括客户端、SMS 短消息程序、日历、地图、浏览器和联系人管理程序等,所有的应用程序都是使用 JAVA 语言编写的。

(2) 应用程序框架层。

应用程序框架层包括:

①用来构建应用程序的各种视图:如列表(Lists)、网格(Grids)、文本框(Text Boxes)、按钮(Buttons)。

②内容提供器(Content Providers):使得应用程序可以访问另一个应用程序的数据(如联系人数据库),或者共享它们自己的数据。

③资源管理器(Resource Manager):提供非代码资源的访问,如本地字符串、图形和布局文件(Layout Files)。

④通知管理器(Notification Manager):使得应用程序可以在状态栏中显示自定义的提示信息。

⑤活动管理器(Activity Manager):用来管理应用程序生命周期并提供常用的导航回退功能。

(3) 系统运行库层。

Android 系统运行库层包含一些 C/C++库,如系统 C 库、媒体库、Surface Manager 和 LibWebCore,这些库能被 Android 系统中不同的组件使用。

(4) Linux 内核层。

Android 的核心系统服务依赖于 Linux 内核,如安全性、内存管理、进程管理、网络协议栈和驱动模型。Linux 内核也同时作为硬件和软件之间的抽象层。

Android 操作系统的主要特点有:

①开放性。Android 系统允许任何移动终端厂商加入到 Android 联盟中来,显著的开放性可以使其拥有更多的开发者。

②丰富的硬件选择。由于 Android 的开放性,众多的厂商会推出种类各异、各具功能特色的多种手机产品。

③开源免费,用户可以获得免费的 Android 源代码。

④无缝结合的 Google 应用。Android 平台手机将无缝融合 Google 各种服务,如地图、邮件、搜索等。目前,最新版本是 Android 9.0 系列。

3. iOS 操作系统

iOS 是由苹果公司开发的智能手持设备操作系统,运行于 iPhone、iPod Touch、iPod nano、iPad、Apple TV 等设备上。苹果公司最早在 2007 年 1 月 9 日的 Macworld 大会上公布了这个系统,原本这个系统名为"iPhone OS",直到 2010 年 6 月 7 日在 WWDC 大会上宣布改名为 iOS,目前,最新版本是 iOS 7。

(1) iOS 用户界面。

iOS 能够使用多点触控直接操作。用户与系统的交互方式包括滑动(Wiping)、轻按(Tapping)、挤压(Pinching)及旋转(Reverse Pinching)。此外,用户还可通过其内置的加速器,令其旋转设备改变其 Y 轴以令屏幕改变方向,这样的设计令 iPhone 更便于使用。屏幕的下方有一个主屏幕按键,底部则是 Dock(停靠栏),有用户最经常使用的 4 个程序的图标被固定在停靠栏上。屏幕上方有一个状态栏能显示一些有关数据,如时间、电池电量和信号强度等,其余的屏幕用于显示当前的应用程序。启动 iPhone 应用程序的唯一方法就是在当前屏幕上单击该程序的图标,退出程序则是按下屏幕下方的 Home 键。iOS 典型界面如图 4-66 所示。

图 4-66 苹果手机的 iOS 14

(2) iOS 支持的软件。

iOS 可通过 Safari 互联网浏览器支持第三方应用程序，这些应用程序被称为"Web 应用程序"。它们能通过 AJAX 互联网技术编写出来。从 iOS 4.0 开始，通过审核的第三方应用程序能够通过苹果的 App Store 进行发布和下载。

(3) iOS 自带的应用程序。

iOS 自带了以下应用程序：信息、日历、照片、YouTube、股市、地图（AGPS 辅助的 Google 地图）、天气、时间、计算机、备忘录、系统设置、iTunes（将会被链接到 iTunes Music Store 和 iTunes 广播目录）、App Store、Game Center 以及联络信息。另外，该系统还有 4 个位于最下方的常用应用程序：电话、Mail、Safari 和 iPod。

习 题 4

一、单项选择题

1. 计算机操作系统的功能是_____。
   A. 把源程序代码转换成目标代码
   B. 实现计算机与用户之间的交流
   C. 完成计算机硬件与软件之间的转换
   D. 控制、管理计算机资源和程序的执行

2. 在资源管理器中，要选定多个不连续的文件用到的键是_____。
   A. "Ctrl"　　　　B. "Shift"　　　C. "Alt"　　　D. "Ctrl+Shift"

3. 控制面板的作用是_____。
   A. 控制所有程序的执行　　　　B. 对系统进行有关的设置
   C. 设置开始菜单　　　　　　　D. 设置硬件接口

4. 在中文 Windows 中，各种输入法之间切换的快捷键是_____。
   A. "Alt+Shift"　　　　　　　　B. "Ctrl+Esc"
   C. "Ctrl+Shift"　　　　　　　　D. "Ctrl+Alt"

5. 在 Windows 环境下，若要把整个桌面的图像复制到剪贴板，可用_____。
   A. "Print Screen"键　　　　　　B. "Alt+Print Screen"组合键
   C. "Ctrl+Print Screen"组合键　　D. "Shift+Print Screen"组合键

二、填空题

1. 在 Windows 的"回收站"窗口中，要想恢复选定的文件或文件夹，可以使用"文件"菜单中的_____命令。

2. 在 Windows 中，当用鼠标左键在不同驱动器之间拖动对象时，系统默认的操作是_____。

3. 在 Windows 中,选定多个不相邻文件的操作是:单击第一个文件,然后按住_____键的同时,单击其他待选定的文件。

4. 用 Windows 的"记事本"所创建的文件的默认扩展名是_____。

三、思考题

1. 什么是操作系统？它的主要作用是什么？

2. 简述操作系统的发展过程。

3. 中文 Windows 7 提供了哪些安装方法？各有什么特点？

4. 如何启动和退出 Windows 7？

5. 中文 Windows 7 的桌面由哪些部分组成？

6. 在"资源管理器"中如何进行文件的复制、移动、改名？共有几种方法？

7. 在资源管理器中删除的文件可以恢复吗？如果能,如何恢复？如果不能,请说明为什么？

8. 在中文 Windows 7 中,如何切换输入法的状态？

9. Windows 7 的控制面板有何作用？

10. 如何添加一个硬件？

11. 如何添加一个新用户？

12. 如何使用网络上其他用户所开放的资源？

第 5 章　文字处理

【主要内容】

◇ Word 2010 的基本功能与特点。
◇ 文档的创建、存储及打开。
◇ 文本输入与编辑。
◇ 文本字符、段落以及页面等各种格式的设置。
◇ 在文档中插入图片、文本框以及艺术字等不同对象。
◇ 在文档中创建并编辑表格。
◇ 文档的预览与打印。

【学习目标】

◇ 理解文字处理的基本任务及操作过程。
◇ 能建立并保存 Word 文档并根据需要对其进行编辑。
◇ 能在文档中设置文字、段落及页面的格式。
◇ 能在文档中插入图片、文本框以及艺术字等以美化文档。
◇ 能在文档中创建表格并通过表格实现简单计算。
◇ 能预览文档的显示效果并打印输出。

5.1　文字处理的任务与流程

5.1.1　什么是文字处理

文字处理过程包括对文字类稿件的输入、编辑、排版和发布,如图 5-1 所示。

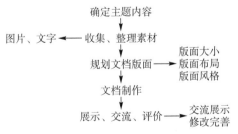

图 5-1　文字处理过程

5.1.2 常用文字处理软件

1. 文字处理软件的发展及介绍

最早较有影响的文字处理软件是 MicroPro 公司在 1979 年研制的 WordStar (文字之星,简称"WS"),它很快成为畅销的软件,风行于 20 世纪 80 年代。汉化的 WS 当时在我国非常流行。

1989 年,香港金山电脑公司推出的 WPS(Word Processing System)是完全针对汉字处理重新开发设计的,与 WS 相比其优点主要表现在:文字格式丰富、控制灵活、表格制作方便、下拉菜单方便、模拟显示实用有效。当时 WPS 在我国的软件市场独占鳌头,但其不能处理图文并茂的文件。从 WPS 1997 起,它吸取了 Word 软件的优点,功能、操作方式与 Word 相似,成为国产文字处理软件的杰出代表。最新版的 WPS Office 2013 可以免费下载。

1982 年,Microsoft 公司开始了文字处理软件的市场争夺,最初的文字处理软件被命名为"MS Word",随着 1989 年 Windows 的成功推出,Microsoft 的文字处理软件 Word 成为文字处理软件销量的市场主导产品。早期的文字处理软件以文字为主,现代的文字处理软件可以集文字、表格、图形、图像、声音于一体。

2. Microsoft Word 2010

Word 2010 为用户提供了最上乘的文档格式设置工具,利用它能够更加轻松、高效地组织和编写文档,并能轻松地与他人协同工作。Word 2010 不仅可以完成旧版本的功能,比如文字的录入与排版、表格制作、图形与图像处理等,更增添了导航窗格、屏幕截图、屏幕取词、背景移除、文字视觉效果等新功能。在 Word 2010 中仍然可以根据用户的当前操作显示相关的编辑工具,而且在进行格式修改时,用户可以在实施更改之前实时而直观地预览文档格式修改后的实际效果。Word 2010 文字处理软件的功能如下:

(1)文档管理功能。

Word 主要通过文档的建立、搜索满足条件的文档、以多种格式保存、文档自动保存、文档加密和意外情况恢复等方式来确保文件的安全、通用。文件管理功能主要包括文件的创建、打开、保存、打印、打印预览、删除、加密等功能。

(2)编辑功能。

Word 主要通过文档内容的多途径输入、自动更正错误、拼写检查、简体/繁体转换、大小写转换、查找与替换等功能,提高编辑的效率。编辑功能主要包括输入、移动、复制、删除、查找、替换、撤销和恢复等操作。

(3)排版功能。

Word 对字体、段落、页面的丰富、美观提供了多种排版格式。排版功能主要包括页面格式、字符外观、段落格式、样式、页眉和页脚、页码和分页等格式设置操作。

(4) 表格处理功能。

表格处理功能主要包括表格的建立、编辑、格式化、统计、排序以及生成统计图等功能。

(5) 图形处理功能。

图形处理功能主要包括图形建立、图形的插入、对图形进行编辑、格式化、图文混排等功能。

(6) 高级功能。

Word 增强了对文档自动处理的功能,如模板、邮件合并、建立目录、宏的建立和使用等。

5.1.3　Word 2010 窗口简介

在 Word 2010 中,微软仍然采用可智能显示相关命令的 Ribbon 面板,故而 Word 2010 的整个界面更加清新柔和。Word 2010 工作窗口主要包括标题栏、快速访问工具栏、"文件"按钮、功能区、标尺栏、文档编辑区和状态栏,如图 5-2 所示。

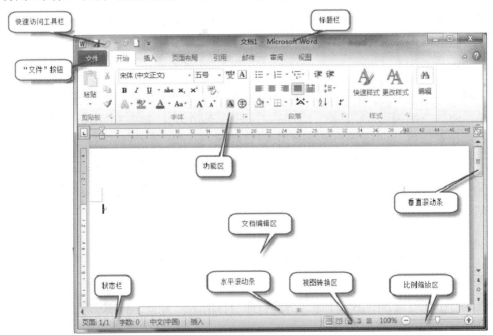

图 5-2　Word 2010 工作界面

1. 标题栏

标题栏主要显示正在编辑的文档名称及编辑软件名称信息,在其右端有 3 个窗口控制按钮,分别完成最小化、最大化(还原)和关闭窗口操作。

2. 快速访问工具栏

快速访问工具栏主要显示用户日常工作中频繁使用的命令，安装好 Word 2010 之后，其默认显示"保存""撤销"和"重复"命令按钮。当然用户也可以单击此工具栏中的"自定义快速访问工具栏"按钮，在弹出的菜单中勾选某些命令项将其添加至工具栏中，以便以后可以快速地使用这些命令。

3. "文件"按钮

在 Word 2010 中，使用"文件"按钮替代了 Word 2007 中的"Office"按钮，单击"文件"按钮将打开"文件"面板，其中包含"打开""关闭""保存""信息""最近所用文件""新建""打印"等常用命令。在"最近所用文件"命令面板中，用户可以查看最近使用的 Word 文档列表。通过单击历史 Word 文档名称右侧的固定按钮，可以将该记录位置固定，不会被后续历史 Word 文档替换。

4. 功能区

功能区取代了 Word 2003 及早期版本中的菜单栏和工具栏，横跨应用程序窗口的顶部，由选项卡、组和命令 3 个基本组件组成。选项卡位于功能区的顶部，包括"开始""插入""页面布局""引用""邮件""审阅"和"视图"等。单击某一选项卡，则可在功能区中看到若干命令组，相关项显示在一个组中。命令则是指组中的按钮以及用于输入信息的框等。在 Word 2010 中还有一些特定的选项卡，这些特定选项卡只有在需要时才会出现。例如，当在文档中插入图片后，可以在功能区看到图片工具"格式"选项卡。如果用户选择其他对象，如剪贴画、表格或图表等，将显示相应的选项卡。

习惯使用 Word 早期版本的用户此时可能发现不知如何打开以前的"字体"或者"段落"设置对话框，仔细观察一下，会发现在部分命令组的右下角有一个小箭头按钮，该按钮称为对话框启动器。单击该按钮，将会看到与该组相关的更多选项，这些选项通常以 Word 早期版本中的对话框形式出现。

功能区将 Word 2010 中的所有功能选项巧妙地集中在一起，以便于用户查找使用。当用户暂时不需要功能区中的功能选项并希望拥有更多的工作空间时，则可以通过单击功能区右侧的功能区最小化按钮，此时，组会消失，从而为用户提供更多空间，如图 5-3 所示。如果需要再次显示，则可再次单击该按钮，组就会重新出现。

图 5-3 隐藏组后的功能区

5. 标尺栏

Word 2010 具有水平标尺和垂直标尺，用于对齐文档中的文本、图形、表格等,也可用来设置所选段落的缩进方式和距离。可以通过垂直滚动条上方的"标尺"按钮显示或隐藏标尺,也可通过"视图"选项卡"显示"组中"标尺"复选框来显示或隐藏标尺。

6. 文档编辑区

文档编辑区是用户使用 Word 2010 进行文档编辑排版的主要工作区域,在该区域中有一个垂直闪烁的光标,这个光标就是插入点,输入的字符总是显示在插入点的位置上。在输入的过程中,当文字显示到文档右边界时,光标会自动转到下一行行首,而当一个自然段落输入完成后,则可通过按回车键来结束当前段落的输入。

7. 状态栏

状态栏位于应用程序窗口的底部,用来显示当前文档的信息以及编辑信息等。在状态栏的左侧显示文档共几页、当前是第几页、字数等信息;右侧显示"页面视图""阅读版式视图""Web 版式视图""大纲视图"和"草稿视图"5 种视图模式切换按钮,并有显示当前文档显示比例的"缩放级别"按钮以及缩放当前文档的缩放滑块。

用户可以自己定制状态栏上的显示内容,在状态栏空白处单击鼠标右键,在右键弹出菜单中,通过单击来选择或取消选择某个菜单项,从而在状态栏中显示或隐藏相应项。

5.2 Word 文档字符操作

5.2.1 新建 Word 文档

在 Word 2010 中,可以创建两种形式的新文档,一种是没有任何内容的空白文档,另一种是根据模板创建的文档,如传真、信函和简历等。

1. 创建空白文档

创建空白文档的方法有多种,在此仅介绍最常用的几种。

①启动 Word 2010 应用程序之后,会创建一个默认文件名为"文档 1"的空白文档。

②单击"文件"按钮面板中的"新建"命令,选择右侧"可用模板"下的"空白文档",再单击"创建"按钮即可创建一个空白文档,如图 5-4 所示。

③单击"自定义快速访问工具栏"按钮,在弹出的下拉菜单中选择"新建"项,之后可以通过单击快速访问工具栏中新添加的"新建"按钮创建空白文档。

2. 根据模板创建文档

Word 2010 提供了许多已经设置好的文档模板,选择不同的模板可以快速地创建各种类型的文档,如信函和传真等。模板中已经包含了特定类型文档的格式和内容等,只需根据个人需求稍做修改即可创建一个精美的文档。选择图 5-4 中"可用模板"列表中的合适模板,再单击"创建"按钮,或者在"Office.com 模板"区域中选择合适的模板,再单击"下载"按钮均可以创建一个基于特定模板的新文档。

图 5-4 "新建"命令面板

5.2.2 文档的输入与修改

1. 输入文字

在文档中输入汉字,必须先切换到中文输入法。在窗口编辑区的左上角有一闪烁着的黑色竖条叫插入点(光标),它表明输入的字符将出现的位置,当输入文本时,插入点自左向右移动。如果输入了一个错误的字符或汉字,可以按退格键"Backspace"删除该错字。

Word 有自动换行的功能,当输入到每行的末尾时不必按回车键,Word 会自动换行,只有想要另起一个新的段落时才按回车键。按回车键表示一个段落结束,同时新段落开始。

常用的输入法切换的快捷键如下:

①组合键"Ctrl+Space":中/英文输入法切换;

②组合键"Ctrl+Shift":各种输入法之间的切换;

③组合键"Shift+Space":全/半角之间的切换。

在输入文本的过程中,用户会发现在文本的下方有时会出现红色或绿色的波浪线,这是 Word 2010 所提供的拼写和语法检查功能。如果用户在输入过程中出现拼写错误,在文本下方就会出现红色波浪线;如果是语法错误,则显示为绿色波浪线。当出现拼写错误时,如误将"Computer"输入为"Conputer",则"Conputer"下会马上显示出红色波浪线,用户只需在其上单击鼠标右键,在之后弹出的修改建议的菜单中单击想要替换的单词选项就可以将错误的单词替换。

2. 输入特殊符号

在输入过程中常会遇到一些特殊的符号使用键盘无法录入的情况，此时可以单击"插入"选项卡，通过"符号"组中的"符号"命令按钮下拉框来录入相应的符号。如果要录入的符号不在"符号"命令按钮下拉框中显示，则可以单击下拉框中的"其他符号"选项，在弹出的如图 5-5 所示的"符号"对话框中选择所要录入的符号后单击"插入"按钮即可。

图 5-5 "符号"对话框

3. 输入日期和时间

在 Word 文档中，可以直接输入日期和时间，也可以执行"插入"选项卡中的"日期和时间"命令来插入日期和时间，操作步骤如下：

①单击"插入"选项卡中"日期和时间"按钮，打开"日期和时间"对话框。

②在"语言(国家/地区)"下拉列表中选定"中文(中国)"或"英语(美国)"，在"可用格式"列表框中选定所需的格式。如果选定"自动更新"复选框，则插入的日期和时间会自动更新。

③单击"确定"按钮即可。

4. 选择文本

在对文本进行编辑排版之前要先执行选中操作，从要选择文本的起点处按下鼠标左键，一直拖动至终点处松开鼠标即可选择文本，选中的文本将以蓝底黑字的形式出现。如果要选择的是篇幅比较大的连续文本，则使用上述方法就不是很方便，此时可以在要选择的文本起点处单击鼠标左键，然后将鼠标移至选取终点处，同时按下"Shift"键与鼠标左键即可。

在 Word 2010 中，还有几种常用的选定文本的方法，首先要将鼠标移到文档左侧的空白处，此处称为选定区，鼠标移到此处将变为右上方向的箭头：

①单击鼠标,选定当前行文字;

②双击鼠标,选定当前段文字;

③三击鼠标,选中整篇文档。

此外,按下"Alt"键的同时拖动鼠标左键,可以选中矩形区域。

5.插入与删除文本

在文档编辑过程中,会经常执行修改操作来对输入的内容进行更正。当遗漏某些内容时,可以通过单击鼠标将插入点定位到需要补充录入的地方后进行输入。如果要删除某些已经输入的内容,则可以选中该内容后按"Delete"键或"Backspace"键直接删除。在不选择内容的情况下,按"Backspace"键可以删除光标左侧的字符,按"Delete"键可以删除光标右侧的字符。

6.移动文本

将文本移动到另一个位置,是通过先"剪切"后"粘贴"来实现的。Word 2010 提供了三种不同的粘贴方式,如图 5-6 所示。用户可以根据个人的实际需要选择"保留源格式""合并格式"或"只保留文本"中的一种。

图 5-6 "粘贴选项"命令   图 5-7 右键拖动实现移动

①用鼠标左键拖动。选定想移动的文本,将鼠标指向选定的文本块,此时鼠标会变为指向左上角的箭头。按住鼠标左键,拖动文本到待插入的目标处,松开鼠标左键即可。在拖动的过程中,会有一个指向插入点的虚线。

也可以使用鼠标右键实现文本的移动。选定想移动的文本,将鼠标指向选定的文本块,按住鼠标右键,拖动文本到目标插入处,松开鼠标右键,会弹出如图 5-7 所示快捷菜单,选择其中的"移动到此位置"即可。

②用组合键。选定想移动的文本后,先按组合键"Ctrl+X"实现文本的剪切,然后将光标定位到目标处,按组合键"Ctrl+V"实现文本的粘贴。

③用功能区的命令。选定欲移动的文本后,单击"开始"功能区的 按钮实现文本的剪切,然后将光标定位到目标处,单击"开始"功能区的 按钮即可将文本粘贴到这里。

④用快捷菜单。选定想移动的文本后,右键单击,然后在弹出的快捷菜单中

选择"剪切"命令,将光标定位到目标处,单击右键,在弹出的快捷菜单中选择"粘贴"命令即可。

7. 复制文本

复制文本与移动文本的操作类似,只是复制后的文本仍会在原处。

操作时,与移动不同的是,需要将"剪切"换为"复制"或"Ctrl+C"命令。

在使用鼠标拖动进行复制时,在拖动过程中,需要按住"Ctrl"键,鼠标箭头处会出现一个小虚框和一个"+"符号。将选中的文本拖动到目标处,松开鼠标左键即可。

8. 查找与替换文本

(1) 查找。

利用查找功能可以方便快速地在文档中找到指定的文本。选择"开始"选项卡,单击"编辑"下拉框中的"查找"按钮,在文本编辑区的左侧会显示如图 5-8 所示的"导航"窗格,在显示"搜索文档"的文本框内键入查找关键字后按回车键,即可列出整篇文档中所有包含该关键字的匹配结果项,并在文档中高亮显示相匹配的关键词,再单击某个搜索结果能快速定位到正文中的相应位置。也可以选择"查找"按钮下拉框中的"高级查找"选项,在

图 5-8 "导航"窗格

弹出的"查找和替换"对话框中的"查找内容"文本框内键入查找关键字,如"word 2010",然后单击"查找下一处"按钮即能定位到正文中匹配该关键字的位置,如图 5-9 所示。通过该对话框中的"更多"按钮,能看到更多的查找功能选项,如是否区分大小写、是否全字匹配以及是否使用通配符等,利用这些选项能完成更高功能的查找操作。

图 5-9 "查找和替换"对话框

(2) 替换。

替换操作是在查找的基础上进行的,单击图 5-9 中的"替换"选项卡,在对话框的"替换为"文本框中输入要替换的内容,根据情况选择"替换"还是"全部替换"按钮即可。

9. 撤销和重复

Word 2010 的快速访问工具栏中提供的"撤销"按钮 可以帮助用户撤销前一步或前几步错误操作，而"重复"按钮 则可以重复执行上一步被撤销的操作。

若是撤销前一步操作，则可以直接单击"撤销"按钮；若要撤销前几步操作，则可以单击"撤销"按钮旁的下拉按钮，在弹出的下拉框中选择要撤销的操作即可。

5.3 设置文档的版面

文档编辑完成之后，就要对整篇文档进行排版以使文档具有美观的视觉效果，在这一节中将介绍 Word 2010 中常用的排版技术，包括字符、段落格式设置、边框与底纹设置、分栏设置等。

在讲解排版技术之前，先来认识一下 Word 2010 的几种视图显示方式。

①页面视图：可以显示 Word 2010 文档的打印效果外观，主要包括页眉、页脚、图形对象、分栏设置、页面边距等元素，是最接近打印效果的视图。

②阅读版式视图：以图书的分栏样式显示 Word 2010 文档，"文件"按钮、功能区等窗口元素被隐藏起来。可以方便用户阅读，优化了在屏幕上阅读的文档。在"视图选项"组中可以对视图的显示方式进行设置，同时还能对文本进行输入和编辑，适用于阅读长篇文章，视觉效果比较好。

③Web 版式视图：以网页的形式显示文档，视图中显示的始终是文档中的所有的文本内容，适用于发送电子邮件和创建网页。

④大纲视图：可以显示和更改标题的层级结构，并能折叠、展开各种层级的文档内容，适用于长文档的快速浏览和设置。

⑤草稿视图：仅显示标题和正文，是最节省计算机系统硬件资源的视图模式。

用户可以通过状态栏右侧的视图模式按钮在这 5 种视图显示模式间进行切换。

5.3.1 设置字符格式

这里的字符包括汉字、字母、数字、符号及各种可见字符，当它们出现在文档中时，可以通过设置其字体、字号、颜色等对其进行修饰。对字符格式的设置决定了字符在屏幕上显示和打印输出的样式。字符格式设置可以通过功能区、对话框和浮动工具栏 3 种方式来完成。不管使用哪种方式，都需要在设置前先选择字符，即先选中再设置。

1. 通过功能区进行设置

在"开始"选项卡中可以看到"字体"组中的相关命令项，如图 5-10 所示，利用这些命令项即可完成对字符的格式设置，如设定字体、字号、字形、字体颜色、下划线、字符间距、各种特殊效果等。

图 5-10 "字体"命令组

2. 通过对话框进行设置

选中要设置的字符后，单击图 5-10 所示右下角的"对话框启动器"按钮，会弹出如图 5-11 所示的"字体"对话框。

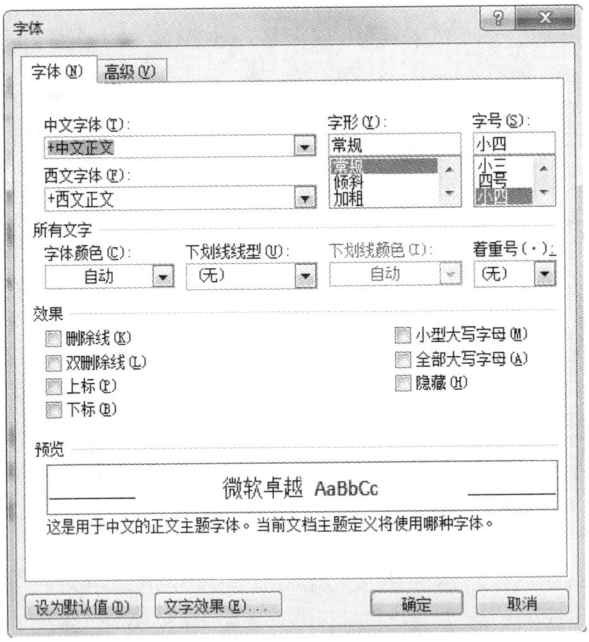

图 5-11 "字体"对话框

在对话框的"字体"选项卡页面中，可以通过"中文字体"和"西文字体"下拉框中的选项为所选择字符中的中、西文字符设置字体，还可以为所选字符进行字形（常规、倾斜、加粗或加粗倾斜）、字号、颜色等的设置。通过"着重号"下拉框中的"着重号"选项可以为选定字符加着重号，通过"效果"区中的复选框可以进行特殊效果设置，如为所选文字加删除线或将其设为上标、下标等。

在对话框的"高级"选项卡页面中，可以通过"缩放"下拉框中的选项放大或缩小字符，通过"间距"下拉框中的"加宽""紧缩"选项使字符之间的间距加大或缩小,还可通过"位置"下拉框中的"提升""降低"选项使字符上升或下降显示。

3.通过浮动工具栏进行设置

当选中字符并将鼠标指向其时,在选中字符的右上角会出现如图 5-12 所示的浮动工具栏,利用它进行设置的方法与通过功能区的命令按钮进行设置的方法相同,不再详述。

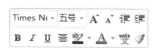

图 5-12　浮动工具栏

5.3.2　设置段落格式

段落是由字符、图形和其他对象构成的。每个段落的最后都有一个"回车符"标记,称为"段落标记",它表示一个段落的结束。段落格式设置是指设置整个段落的外观,包括段落缩进、段落对齐、段落间距、行间距、首字下沉、分栏、项目符号及边框和底纹等的设置。

1.段落缩进

缩进决定了段落到左右页边距的距离,段落的缩进方式分为以下 4 种,如图 5-13所示。

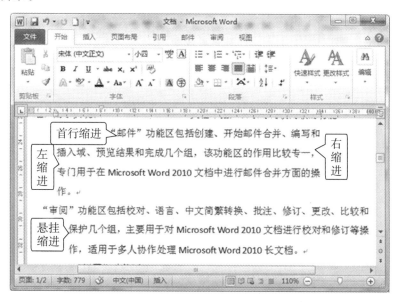

图 5-13　缩进示例

①左缩进:将整个段落向右进行缩进。
②右缩进:将整个段落向左进行缩进。
③首行缩进:将段落的第一行向右进行缩进。
④悬挂缩进:段落除第一行以外的所有行缩进。

设置段落的缩进方式有多种方法,但设置前一定要选中段落或将光标放到要进行缩进的段落内。段落缩进设置的方法如下:

(1)使用格式工具栏。

单击格式工具栏中的"减少缩进量"或"增加缩进量"按钮,如图 5-14 所示。可以对段落的左边界缩进到默认或自定义的制表位位置。

图 5-14 段落缩进

(2)使用水平标尺。

在水平标尺上,有 4 个段落缩进滑块,分别为:首行缩进、悬挂缩进、左缩进及右缩进,如图 5-15 所示。按住鼠标左键拖动它们即可完成相应的缩进,如果要精确缩进,可在拖动的同时按住 Alt 键,此时标尺上会出现刻度。

图 5-15 水平标尺

(3)使用"段落"对话框。

单击图 5-14 所示"段落"组右下角的显示"段落"对话框按钮,在弹出的如图 5-16 所示"段落"对话框中的"缩进"区可以设置段落的各种缩进类型。

图 5-16 "段落"对话框

2. 段落对齐

Word 提供 5 种段落对齐方式：左对齐、居中、右对齐、两端对齐、分散对齐。其中段落左对齐为默认的对齐方式，如图 5-17 所示。段落对齐的设置方法有：

①使用"开始"选项卡中的"段落"组进行设置。选择要设置对齐的段落，单击格式"段落"组中对应的对齐方式按钮。

图 5-17　段落对齐方式

②使用"段落"对话框。选择要设置对齐的段落，单击"开始"选项卡中的"段落"组右下角的显示"段落"对话框按钮，在弹出的"段落"对话框中，单击"对齐方式"列表框的下拉按钮，选择相应的对齐方式，单击"确定"按钮。

3. 段落间距和行间距

段落间距包括"段前间距"和"段后间距"。行间距是指文本行之间的垂直间距。

(1) 设置段落间距。

选择要设置间距的段落，在打开的"段落"对话框中选择"缩进和间距"选项卡，在"间距"组的"段前"和"段后"文本框右端的增减按钮设定间距，每按一次增加或减少 0.5 行，设置好后单击"确定"按钮。

(2) 设置行距。

选择要设置行距的段落，在打开的"段落"对话框中选择"缩进和间距"选项卡，单击"行距"列表框下拉按钮，选择所需的行距选项，再单击"确定"按钮。

4. 首字下沉

在使用 Word 2010 编辑文档的过程中，可以为段落设置首字下沉或首字悬挂效果，从而突出显示段首或篇首位置。步骤如下：

①将插入点定位在需要设置首字下沉或首字悬挂效果的段落中。

②切换到"插入"功能区，在"文本"组中单击"首字下沉"按钮。

③按照自己的需要选择"下沉"或"悬挂"位置。默认情况下"下沉"或"悬挂"的行数都为 3 行，若想设置为其他行数，可以单击"首字下沉"下拉菜单中的"首字下沉选项"命令，打开如图 5-18 所示对话框。

④在"下沉行数"文本框中输入需要下沉的行数，在"距正文"文本框中输入与正文的距离，点击"确定"按钮即可。

图 5-18　"首字下沉"对话框

如果要取消首字下沉或悬挂缩进，只要在"首字下沉"下拉菜单中选择"无"命令即可。

5. 边框和底纹

为强调某些文本、段落、图形或表格的作用，可以给它们添加边框和底纹。操作步骤如下：

①选择文档内容，单击"页面布局"→"页面边框"命令，打开如图 5-19 所示"边框和底纹"对话框。

图 5-19 "边框和底纹"对话框

②在"边框"选项卡中可以为文本或段落设置类型、线型、颜色和宽度的边框。若是给文字加边框，则要在"应用于"下拉列表框中选择"文字"选项，文字的四周都有边框。若是给段落加边框，则要在"应用于"下拉列表框中选择"段落"选项，Word 2010 会在该段落的左缩进与右缩进间添加边框，如图 5-20 所示。

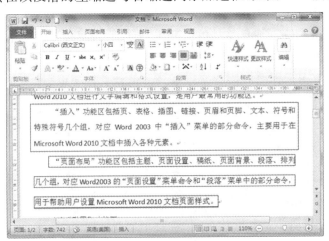

图 5-20 "段落"边框和"文字"边框

③在"页面边框"选项卡中可以对页面边框设置效果并选择不同的线型、颜色及宽度，还可以在"艺术型"下拉列表框中选择不同的艺术图形。

④在"底纹"选项卡中可以为文字或段落设置不同颜色和式样的底纹。

5.3.3 项目编号和符号

在 Word 2010 中可以快速地给列表添加项目符号和编号,使文档更有层次感,易于阅读和理解。在 Word 2010 中,还可以在输入时自动产生带项目符号和编号的列表,项目符号除了使用符号外,还可以使用图片。

1. 自动编号

自动识别输入:例如,首先输入"1.",然后输入文字,回车,下一行就出现了一个"2."。当输入编号时,就会调用编号功能,设置编号很方便。如果不想要这个编号,按一下 Backspace 键,编号就删除了。

2. 项目符号

Word 的编号功能很强大,可以轻松地设置多种格式的编号以及多级编号等。一般在一些列举条件的地方会采用项目符号来进行。选中段落,单击"开始"选项卡上的"项目符号"按钮,就给它们加上了项目符号。和删除自动编号的方法一样,把光标定位到项目符号的后面,按 Backspace 键,就可以删除。另外,用户可以把光标定位到要去掉的项目符号的段落中,单击"开始"选项卡上的"项目符号"按钮,也可以把这个项目符号删除。

改变项目符号的操作方法如下:单击"开始"选项卡中的"段落"组中的"项目符号"→"定义新项目符号"按钮,弹出如图 5-21 所示的对话框,选择合适的类型,然后单击"确定"按钮,就可以给选定的段落设置一个自选的项目符号了。

3. 编号设置

单击"开始"选项卡中的"段落"组中的"编号"→"定义新编号格式"按钮,打开"定义新编号格式"对话框,如图 5-22 所示。

图 5-21 "定义新项目符号"对话框

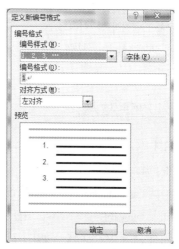

图 5-22 自定义编号

从"编号样式"下拉列表框中选择中文的"1,2,3…";在"编号格式"的输入框中就出现了选择的样式;从预览框中可以看到设置的效果;单击"字体"按钮,打开"字体"对话框,将"中文字体"设置为"楷体",单击"确定"按钮。这时回到"定义新编号格式"对话框,可以看到编号的字体已经变成楷体了。

5.3.4 分栏

在编辑报纸、杂志时,经常需要对文章作各种复杂的分栏排版,使版面更加生动、更具可读性。操作步骤如下:

①选中要分栏的段落,打开"页面布局"功能区,点击"页面布局"组"分栏"按钮右边的箭头。

②选择所需设置的分栏数。如果在下拉菜单中没有所需的选项,则可以点击"更多分栏"命令,打开如图 5-23 所示对话框。

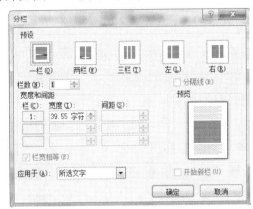

图 5-23 "分栏"对话框

③在"预设"组中选择所需栏数,若希望各栏宽度不同,则首先取消"栏宽相等"复选框,然后在"宽度和间距"组中设置各栏的宽度;其次选中"分隔线"复选框,表示在各栏间加分隔线。

若要取消分栏,则要选择已分栏的段落,在分栏对话框中选择"一栏",单击"确定"。

5.3.5 脚注与尾注

脚注和尾注是对文本的补充说明。脚注一般位于页面的底部,可以作为文档某处内容的注释;尾注一般位于文档的末尾,列出引文的出处等。脚注和尾注由两个关联的部分组成,包括注释引用标记和其对应的注释文本。用户可让 Word 自动为标记编号或创建自定义的标记,如图 5-24 所示。在添加、删除或移动自动编号的注释时,Word 将对注释引用标记重新

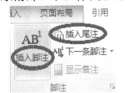

图 5-24 "脚注"组图

编号。插入脚注和尾注的步骤如下：

①将光标移到要插入脚注和尾注的位置。

②单击"引用"选项卡,在"脚注"组中单击显示"脚注和尾注"对话框按钮,弹出"脚注和尾注"对话框,如图 5-25 所示。

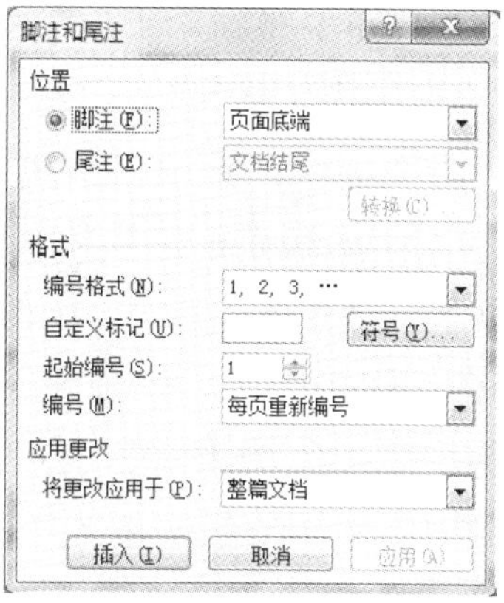

③选择"脚注"选项,可以插入脚注；如果要插入尾注,则选择"尾注"选项。

④如果选择了"自动编号"选项,Word 就会给所有脚注或尾注连续编号,当添加、删除、移动脚注或尾注引用标记时重新编号。

⑤如果要自定义脚注或尾注的引用标记,可以选择"自定义标记",然后在后面的文本框中输入作为脚注或尾注的引用符号。如果键盘上没有这种符号,则可以单击"符号"按钮,从"符号"对话框中选择一个合适的符号作为脚注或尾注。

图 5-25 "脚注和尾注"对话框

⑥单击"确定"按钮后,就可以开始输入脚注或尾注文本。输入脚注或尾注文本的方式会因文档视图的不同而不同。

5.3.6 样　式

样式是应用于文档中的文本、表格等的一组格式特征,利用它能迅速改变文档的外观。应用样式时,只需执行简单的操作就可以应用一组格式。选择功能区的"开始"选项卡下"样式"组中的样式显示区域右下角的"其他"按钮，出现如图 5-26 所示的下拉框,其中显示出了可供选择的样式。要对文档中的文本应用样式,可先选中这段文本,然后单击下拉框中需要使用的样式名称。要删除某文本中已经应用的样式,可先将其选中,再选择图5-26中的"清除格式"选项。

图 5-26 "样式"下拉框

如果要快速改变具有某种样式的所有文本的格式,可通过重新定义样式来完成。选择图 5-26 所示下拉框中的"应用样式"选项,在弹出的"应用样式"任务窗格中的"样式名"框中选择要修改的样式名称,如"正文",单击"修改"按钮,弹出如图 5-27 所示的对话框,此时可以看到"正文"样式的字体格式为"中文宋体,西文 Times New Roman,五号";段落格式为"两端对齐,单倍行距"。若要将文档中正文的段落格式修改为"小四号字,两端对齐,1.5 倍行距,首行缩进 2 字符",则可以选择对话框中"格式"按钮下拉框中的"段落"项,在弹出的"段落"对话框中设置字号为小四,行距为 1.5 倍,首行缩进 2 字符,单击"确定"按钮使设置生效后,即可看到文档中所有使用"正文"样式的文本段落格式已发生改变。

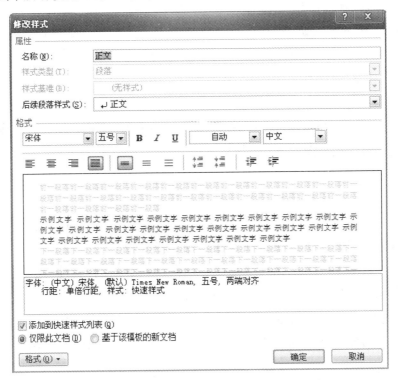

图 5-27 "修改样式"对话框

5.3.7 中文版式

1.拼音指南

利用"拼音指南"功能,可在中文字符上标注汉语拼音。如果安装了 Microsoft 中文输入法 2.0 或更高版本,则能够自动将汉语拼音标注在选定的中文文字上。如果想使用这项功能,需要先选定一段文字,然后单击"开始"选项卡的"拼音指南"按钮,打开"拼音指南"对话框,如图 5-28 所示。在此对话框中可以设置拼音文本的字体、字号及对齐方式等。拼音指南一次最多只能选定 30 个字符进行自动标记拼音。

图 5-28 "拼音指南"对话框

2. 带圈字符

Word 2010 中可以为任何字符添加圈号。操作步骤如下：

①单击"开始"选项卡的"带圈字符"命令，打开"带圈字符"对话框，如图 5-29 所示。

②在"样式"中选择"缩小文字"或"增大圈号"样式中的一种，在"文字"框中键入需要加圈的字符，从"圈号"样式框中选择一种圈号样式。设置完成后，单击"确定"按钮即可将带圈字符插入到文档中。

3. 纵横混排

文档中采用纵横混排的形式，可以达到一种非常奇特的排版效果，如图 5-30 所示。实现此种排版效果的操作步骤如下：

图 5-29 "带圈字符"对话框

①键入文字"同学们大家好！"。

②在"开始"选项卡中设置文字字体、字号、颜色等。

③选中将要进行纵向排版的文字"同学们"，然后选择"开始"选项卡中的"段落"组，单击"中文版式"下拉菜单中的"纵横混排"命令，打开"纵横混排"对话框。将"适应行宽"前的勾选去掉，单击"确定"按钮，效果图 5-30 所示。

图 5-30 纵横混排

4. 合并字符

Word 2010 中利用合并字符功能可以将多个字符压缩组合到一起。操作步骤如下：

①选定希望压缩的字符，在"开始"选项卡中的"段落"组，单击"中文板式"下拉菜单中的的"合并字符"命令，打开合并字符对话框。

②在"字体"和"字号"框中分别设置所需字体和字号。

③单击"确定"按钮即可将选定的文字合并组合到一起。

合并字符最多可以合并 6 个字符。若要合并更多的字符，则必须使用"双行合一"功能，将两行文字压缩为一行。若要清除压缩的字符格式，则可选定压缩的字符，单击"合并字符"命令，然后单击"删除"按钮。

5.4 文档页面设置与打印

为了使文档具有较好地输出效果，还需要对其进行页面设置，包括页眉和页脚、纸张大小和方向、页边距、页码等。设置完成之后，可以根据需要选择是否将文档打印输出。

5.4.1 设置页眉与页脚

页眉和页脚中含有在页面的顶部和底部重复出现的信息，可以在页眉和页脚中插入文本或图形，如页码、日期、公司徽标、文档标题、文件名或作者名等。页眉与页脚只能在页面视图下才可以看到，在其他视图下无法看到。

设置页眉和页脚的操作步骤如下。

①切换至功能区的"插入"选项卡。

②要插入页眉，就可以单击"页眉和页脚"组中的"页眉"按钮，在弹出的下拉框中选择内置的页眉样式或者选择"编辑页眉"项，之后键入页眉内容。

③要插入页脚，就可以单击"页眉和页脚"组中的"页脚"按钮，在弹出的下拉框中选择内置的页脚样式或者选择"编辑页脚"项，之后键入页脚内容。

在进行页眉和页脚设置的过程中，页眉和页脚的内容会突出显示，而正文中的内容会变为灰色，同时在功能区中会出现用于编辑页眉和页脚的"设计"选项卡，如图 5-31 所示。通过"页眉和页脚"组中的"页码"按钮下拉框，可以设置页码出现的位置，并且还可以设置页码的格式；通过"插入"组中的"日期和时间"命令按钮，可以在页眉或页脚中插入日期和时间，并可以设置其显示格式；通过单击"文档部件"下拉框中的"域"选项，在之后弹出的"域"对话框中的"域名"列表框中进行选择，从而可以在页眉或页脚中显示作者名、文件名以及文件大小等信息。通过"选项"组中的复选框，可以设置首页不同或奇偶页不同的页眉和页脚。

图 5-31 页眉和页脚工具

5.4.2 设置纸张大小与方向

通常在进行文字编辑排版之前,需要先设置好纸张大小以及方向。切换至"页面布局"选项卡,单击"页面设置"组中的"纸张方向"按钮,可以直接在下拉框中选择"纵向"或"横向";单击"纸张大小"按钮,可以在下拉框中选择一种已经列出的纸张大小,或者单击"其他页面大小"选项,在之后弹出的"页面设置"对话框中可以进行纸张大小的选择。

5.4.3 设置页边距

页边距是页面四周的空白区域,要设置页边距,可以先切换到"页面布局"选项卡,再单击"页面设置"组中的"页边距"按钮,选择下拉框中已经列出的页边距设置;也可以单击"自定义边距"选项,在之后弹出的"页面设置"对话框中进行设置,如图5-32所示。在"页边距"区域中的"上""下""左""右"数值框中输入要设置的数值,或者通过数值框右侧的上下微调按钮进行设置。如果文档需要装订,则可以在该区域中的"装订线"数值框中输入装订边距,并在"装订线位置"框中选择是在左侧还是上方进行装订。

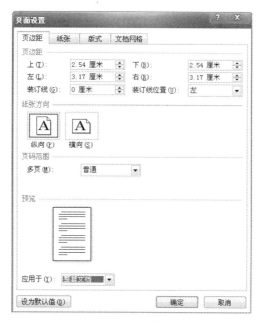

图 5-32 "页面设置"对话框

5.4.4 打印预览与打印

Word 2010将打印预览、打印设置及打印功能都融合在了"文件"菜单的"打印"命令面板,该面板分为两部分,左侧是打印设置及打印,右侧是打印预览,如图 5-33 所示。在左侧面板中整合了所有打印相关的设置,包括打印份数、打印机、打印范围、打印方向及纸张大小等,也能根据右侧的预览效果进行页边距的调整以及设置双面打印,还可通过面板右下角的"页面设置"打开用户在打印设置过程中最常用的"页面设置"对话框。在右侧面板中能看到当前文档的打印预览效果,通过预览区下方左侧的翻页按钮能进行前后翻页预览,调整右侧的滑块能改变预览视图的大小。在 Word 早期版本中,用户需要在修改文档后,通过"打印预览"选项打开打印预览功能。而在 Word 2010 中,用户无需进行以上操作,只要打开"打印"命令面板,就能直接显示出实际打印出来的页面效果,并且当用户对某个设置进行更改时,页面预览也会自动更新。

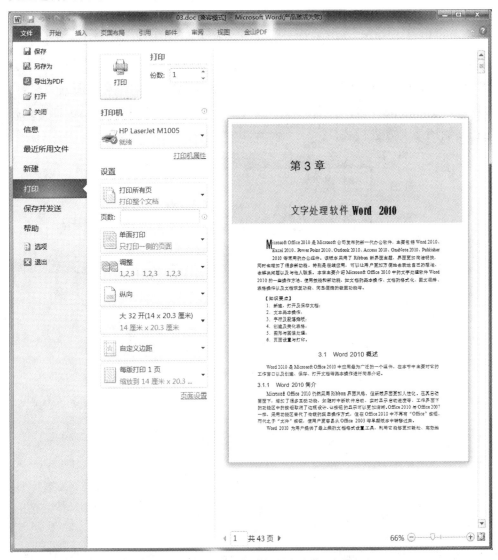

图 5-33 "预览"模式下的"打印预览"选项卡

在 Word 2010 中，打印文档可以在进行打印设置的同时进行打印预览，设置完成后直接可以一键打印。这大大简化了打印工作，节省了时间。

5.5 图文混排

要想使文档具有很好的美观效果，仅仅通过编辑和排版是不够的，有时还需要在文档中适当的位置放置一些图片并对其进行编辑修改以增加文档的美观程度。在 Word 2010 中，为用户提供了功能强大的图片编辑工具，无需其他专用的图片工具，即能完成对图片的插入、剪裁和添加图片特效，也可以更改图片亮度、对比度、颜色饱和度、色调等，能够轻松、快速地将简单的文档转换为图文并茂的艺术作品。通过新增的去除图片背景功能还能方便地移除所选图片的背景。

5.5.1 绘制图形

在 Word 2010 中，用户可以使用自行绘制的线条和形状，还可以直接使用 Word 2010 提供的线条、箭头、星星、流程图等形状组合成更加复杂的形状。下面首先介绍绘制图形的步骤：

①打开文本的文档窗口，切换到"插入"选项卡。在"插图"组中单击"形状"按钮，如图 5-34 所示。

②选中图形，然后把鼠标移到文本的页面位置，按下左键拖动鼠标即可绘制所要的图形。如果在释放鼠标左键以前按下 Shift 键，则可以成比例绘制图形；如果按下 Ctrl 键，则可以在两个相反方向同时改变形状的大小。

下面再介绍一些关于图形的操作。

（1）为自选图形设置图片填充。

操作步骤如下：

①打开 Word 2010 文档窗口，选中需要设置图片填充的自选图形。

②在自动打开的"绘图工具/格式"选项卡中单击"形状样式"分组中的"形状填充"按钮，并在打开的"形状填充"菜单中单击"图片"按钮。

③打开"插入图片"对话框，查找并选中合适的图片，单击"插入"按钮。

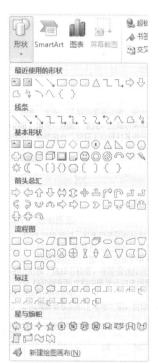

图 5-34　插入图形

为自选图形设置图片填充效果后，保持自选图形的选中状态，用户可以进一步对自选图形中的图片进行更高级的设置。在自动打开的"图片工具/格式"选项卡中,可以对图片进行"颜色""艺术效果"等方面的设置,以实现更完善的效果。

(2) 在自选图形中添加文字。

在 Word 2010 文档中,并不是所有的自选图形都可以添加文字,只有在除了"线条"以外的"基本形状""箭头总汇""流程图""标注""星与旗帜"等自选图形类型中才可以添加文字。

操作步骤如下:

①打开 Word 2010 文档窗口,右键单击准备添加文字的自选图形,并在打开的快捷菜单中选择"添加文字"命令。(如果被选中的自选图形不支持添加文字,则在快捷菜单中不会出现"添加文字"命令)。

②自选图形进入文字编辑状态,根据实际需要在自选图形中输入文字内容即可。

(3) 在 Word 2010 文档中组合图形。

在绘制多个图形时,如果需要选中、移动和修改大小,操作起来会很不方便。这时可以借助"组合"命令将多个独立的形状组合在一起,然后进行修改和移动。

操作步骤如下:

①打开 Word 2010 文档窗口,在"开始"选项卡的"编辑"分组中单击"选择"按钮,并在打开的菜单中选择"选择对象"命令。

②按住 Ctrl 键的同时单击左键选中所有的独立形状,然后单击右键组合图形即可。

5.5.2 插入图片

Word 2010 插入图片操作方法比较简单,在"插入"选项中的"插图"组中,单击"图片",在弹出的对话框中选择需要的图片,最后插入即可。

图片插入到文档中后,四周会出现 8 个蓝色的控制点,把鼠标移动到控制点上,当鼠标指针变成双向箭头时,拖动鼠标可以改变图片的大小。同时功能区中出现用于图片编辑的"格式"选项卡,如图 5-35 所示,在该选项卡中有"调整""图片样式""排列"和"大小"4 个组,利用其中的命令按钮可以对图片进行亮度、对比度、位置、环绕方式等设置。

图 5-35 图片工具"格式"选项卡

5.5.3 插入文本框

Word 2010 中的文本框主要运用于图片或图表的注明。Word 2010 中文本框有横向、竖向两种。插入的方法和上面介绍的自选图形的方法相似。文本框的文字环绕和图片的方法相似。下面重点介绍文本框边框的设置和文本框中文字方向的改变。

1. 文本框边框的设置

操作步骤如下：

①打开 Word 2010 文档窗口，单击选中文本框。在打开的"格式"选项卡中单击"文本框样式"分组中的"形状轮廓"按钮，如图 5-36 所示。

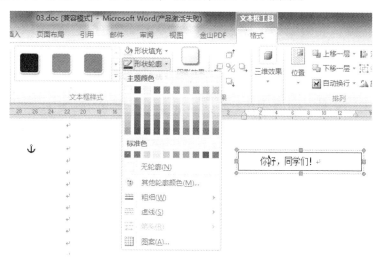

图 5-36　形状轮廓

②打开形状轮廓面板，在"主题颜色"和"标准色"区域可以设置文本框的边框颜色；选择"无轮廓"命令可以取消文本框的边框；将鼠标指向"粗细"选项，在打开的下一级菜单中可以选择文本框的边框宽度；将鼠标指向"虚线"选项，在打开的下一级菜单中可以选择文本框虚线边框形状。

2. 改变文本框的文字方向

在 Word 2010 中，文本框的默认文字方向为水平方向，即文字从左向右排列。用户可以根据实际需要将文字方向设置为从上到下的垂直方向，操作步骤如下：打开 Word 2010 文档窗口，单击需要改变文字方向的文本框。在"绘图工具/格式"选项卡的"文本"分组中单击"文字方向"命令，在打开的"文字方向"列表中选择需要的文字方向（包括"水平""垂直""将所有文字旋转 90°""将所有文字旋转 270°"和"将中文字符旋转 270°"5 种选项）。

5.5.4 插入艺术字

艺术字是具有特殊效果的文字，用户可以在文档中插入 Word 2010 艺术字库中所提供的任一效果的艺术字。在文档中插入艺术字的操作步骤如下：

① 选中想要插入的艺术字。

② 单击功能区的"插入"选项卡中"文本"组中的"艺术字"按钮，在弹出的如图 5-37 所示的艺术字样式框中选择一种样式。

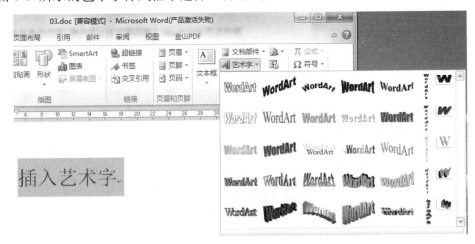

图 5-37 艺术字样式

艺术字插入文档中后，功能区中会出现用于艺术字编辑的绘图工具"格式"选项卡，如图 5-38 所示，利用"形状样式"组中的命令按钮可以对显示艺术字的形状进行边框、填充、阴影、发光、三维效果等设置。利用"艺术字样式"组中的命令按钮可以对艺术字进行边框、填充、阴影、发光、三维效果和转换等设置。与图片一样，也可以通过"排列"组中的"自动换行"按钮下拉框对其进行环绕方式的设置。

图 5-38 绘图工具"格式"选项卡

5.6 在文档中使用表格

在文档中，经常会用表格或统计图表来表示一些数据，以便简明、直观地表达文件或报告的意思。

Word 2010 提供了丰富的表格功能,如建立、编辑、格式化、排序、计算和将表格转换成各类统计图表等功能。

表格由水平的"行"与垂直的"列"组成,表格中的每一格称为"单元格",单元格内可以输入数字、文字、图形,甚至又一个表格。建立表格时,一般先指定行数、列数,生成一个空表,然后输入单元格中的内容,也可以把已键入的文本转变为表格。

5.6.1 创建表格

创建表格有以下几种方法:

1. 插入表格

要在文档中插入表格,就先将光标定位到要插入表格的位置,单击功能区"插入"选项卡下"表格"组中的"表格"按钮,弹出如图 5-39 所示的下拉框,沿网格右下方移动鼠标,当达到需要的行列位置后单击鼠标即可。

图 5-39 "表格"按钮下拉框　　　　图 5-40 "插入表格"对话框

除上述方法外,也可选择下拉框中的"插入表格"项,弹出如图 5-40 所示对话框,在"列数"文本框中输入列数,"行数"文本框中输入行数,在"自动调整操作"选项中根据需要进行选择,设置完成后单击"确定"按钮也可创建一个新表格。

2. 绘制表格

插入表格的方法只能创建规则的表格,对于一些复杂的不规则表格,则可以通过绘制表格的方法来实现。要绘制表格,可以单击图 5-39 所示的"绘制表格"选项,之后将鼠标移到文本编辑区会看到鼠标指针已变成一个笔状图标,此时就可以像自己拿了画笔一样通过鼠标拖动画出所需的任意表格。

需要注意的是,首次通过鼠标拖动绘制出的是表格的外围边框,之后才可以绘制表格的内部框线,要结束绘制表格,可以双击鼠标或者按"Esc"键。

3. 快速制表

要快速创建具有一定样式的表格,可以选择图 5-39 所示的"快速表格"选项,在弹出的子菜单中根据需要单击某种样式的表格选项。

5.6.2 表格内容输入

表格中的每一个小格称为单元格,在每一个单元格中都有一个段落标记,可以把每一个单元格当成一个小的段落来处理。要在单元格中输入内容,就需要先将光标定位到单元格中,可以通过在单元格上单击鼠标左键或者使用方向键将光标移至单元格中。例如,可以对新创建的空表进行内容的填充,得到如表 5-1 所示的表格。

当然,也可以修改录入内容的字体、字号、颜色等,这与文档的字符格式设置方法相同,都需要先选中内容再设置。

表 5-1 成绩表

姓名	语文	数学	英语
张丽	76	87	67
赵明	88	79	85
李虎	70	90	79

5.6.3 编辑表格

1. 选定表格

在对表格进行编辑之前,需要学会如何选中表格中的不同元素,如单元格、行、列或整个表格等。Word 2010 中有如下一些选中的技巧。

①选定一个单元格:将鼠标移动到该单元格左边,当鼠标指针变成实心右上方向的箭头时单击鼠标左键,该单元格即被选中。

②选定一行:将鼠标移到表格外该行的左侧,当鼠标指针变成空心右上方向的箭头时单击鼠标左键,该行即被选中。

③选定一列:将鼠标移到表格外该列的最上方,当鼠标指针变成实心向下方向的黑色箭头时单击鼠标左键,该列即被选中。

④选定整个表格:可以拖动鼠标选取,也可以通过单击表格左上角的被方框框起来的四向箭头图标 ✣ 来选中整个表格。

2. 调整行高和列宽

调整行高是指改变本行中所有单元格的高度,将鼠标指向此行的下边框线,鼠标指针会变成垂直分离的双向箭头,直接拖动即可调整本行的高度。

调整列宽是指改变本列中所有单元格的宽度,将鼠标指向此列的右边框线,鼠标指针会变成水平分离的双向箭头,直接拖动即可调整本列的宽度。若要调整某个单元格的宽度,则要先选中该单元格,再执行上述操作,此时的改变仅限于选中的单元格。

也可以先将光标定位到要改变行高或列宽的那一行或列中的任一单元格,此时,功能区中会出现用于表格操作的两个选项卡"设计"和"布局",单击"布局"选项卡中的"单元格大小"组中显示当前单元格行高和列宽的两个文本框右侧的上下微调按钮,即可精确调整行高和列宽。

在"表格属性"对话框中也可以对行高和列宽进行设置。在如图 5-41 所示的"表格属性"对话框的"行"和"列"标签页中可以对行高和列宽分别进行具体的设置。

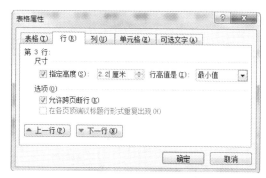

图 5-41 "表格属性"对话框

3. 合并和拆分

在创建一些不规则表格的过程中,可能经常会遇到要将某一个单元格拆分成若干个小的单元格,或者要将某些相邻的单元格合并成一个,此时就需要使用表格的合并与拆分功能。

要合并某些相邻的单元格,首先就要将其选中,然后单击功能区的"布局"选项卡中"合并"组中的"合并单元格"按钮,或者单击鼠标右键,在弹出的快捷菜单中选择"合并单元格"命令,就可以将选中的多个单元格合并成一个,合并前各单元格中的内容将以一列的形式显示在新单元格中。

要将一个单元格拆分,就先将光标放到该单元格中,然后单击功能区的"布局"选项卡中"合并"组中的"拆分单元格"按钮,在弹出的"拆分单元格"对话框中设置要拆分的行数和列数,最后单击"确定"按钮即可。原有单元格中的内容将显示在拆分后的首个单元格中。

如果要将一个表格拆分成两个,就先将光标定位到拆分分界处(即第二个表格的首行上),再单击功能区的"布局"选项卡中"合并"组中的"拆分表格"按钮,即完成了表格的拆分。

4. 插入行或列

要在表格中插入新行或新列,就先将光标定位到要在其周围加入新行或新列的那个单元格,再根据需要选择功能区的"布局"选项卡中"行和列"组中的命令按钮,单击"在上方插入"或"在下方插入"可以在单元格的上方或下方插入一个新行,单击"在左侧插入"或"在右侧插入"可以在单元格的左侧或右侧插入一个新列。

在此,对表5-1进行修改,为其插入一个"平均分"行和一个"总成绩"列,得到表5-2。

表5-2 插入新行和列的成绩表

姓名	语文	数学	英语	总成绩
张丽	76	87	67	
赵明	88	79	85	
李虎	70	90	79	
平均分				

若要删除表格中的行、列或单元格,则首先选定欲删除的单元格、行或列,右键单击,在弹出的快捷菜单中选择"删除"命令。

5. 删除行、列或单元格

当删除单元格时,Word 2010会弹出如图5-42所示对话框,在对话框中根据提示选择现有单元格的位置如何移动。

也可以在选定欲删除的单元格、行或列后,在"行和列"命令组中选择"删除"即可。

图5-42 "删除单元格"对话框

需要注意的是,在选中行或列后直接按"Delete"键,此时只能删除其中的内容而不能删除行或列。

6. 更改单元格对齐方式

单元格中文字的对齐方式一共有9种,默认的对齐方式是靠上左对齐。要更改某些单元格的文字对齐方式,就要先选中这些单元格,再单击功能区的"布局"选项卡,在"对齐方式"组中可以看到9个小的图例按钮,根据需要的对齐方式单击某个按钮即可;也可以选中后单击鼠标右键,在弹出的快捷菜单中单击"单元格对齐方式"项下的某个图例选项。在此,将表5-2中的所有内容都设置为水平和垂直方向上都居中,得到表5-3。

表5-3 对齐设置后的成绩表

姓名	语文	数学	英语	总成绩
张丽	76	87	67	
赵明	88	79	85	
李虎	70	90	79	
平均分				

7. 绘制斜线表头

在创建一些表格时,需要在首行的第一个单元格中分别显示出行标题和列标题,有时还需要显示出数据标题,这就需要通过绘制斜线表头来进行制作。

要为表 5-3 创建表头,可以通过以下步骤来实现。

①将光标定位在表格首行的第一个单元格当中,并将此单元格的尺寸调大。

②单击功能区的"设计"选项卡,在"表格样式"组的"边框"按钮下拉框中选择"斜下框线"选项即可在单元格中出现一条斜线。

③在单元格中的"姓名"文字前输入"科目"后按回车键。

④调整两行文字在单元格中的对齐方式分别为"右对齐""左对齐",完成设置后如表 5-4 所示。

表 5-4　插入斜线表头后的成绩表

科目 姓名	语文	数学	英语	总成绩
张丽	76	87	67	
赵明	88	79	85	
李虎	70	90	79	
平均分				

5.6.4　美化表格

1. 修改表格框线

在 Word 2010 中,用户不仅可以在"表格工具"功能区设置表格边框,还可以在"边框和底纹"对话框设置表格边框。

①选中表格,在"表格工具"功能区中切换到"设计"区,点击"底纹"按钮和"边框"按钮右侧的箭头,再在打开的下拉列表中选择所需的颜色和边框。

②如果想对表格边框进行具体的线型和颜色的设置,则可以在"边框"下拉菜单中选择"边框和底纹"命令,打开如图 5-43 所示对话框。在"样式""颜色"和"宽度"列表中分别选择所需选项,在"预览"区可以看到设置后的效果。

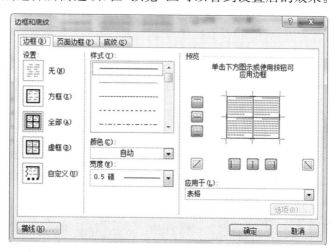

图 5-43　"边框和底纹"对话框

2. 添加底纹

为表格添加底纹，先选中要添加底纹的单元格，若是为整个表格添加，则需选中整个表格，之后切换到功能区的"设计"选项卡，单击"表格样式"组中的"底纹"按钮下拉框中的颜色即可。

也可以在"边框和底纹"对话框中的底纹选项卡中进行设置。

将表 5-4 进行边框和底纹修饰后的效果如表 5-5 所示。

表 5-5 边框和底纹设置后的成绩表

科目 姓名	语文	数学	英语	总成绩
张丽	76	87	67	
赵明	88	79	85	
李虎	70	90	79	
平均分				

5.6.5 表格转换为文本

要把一个表格转换为文本，就先选择整个表格或将光标定位到表格中，再单击功能区的"布局"选项卡"数据"组中的"转换为文本"按钮，再弹出的"表格转换成文本"对话框中选择分隔单元格中文字的分隔符，最后单击"确定"即可将表格转换成文本。

5.6.6 表格排序与数字计算

1. 表格中数据的计算

在 Word 2010 中，可以通过在表格中插入公式的方法来对表格中的数据进行计算。例如，要计算表 5-4 中张丽的总成绩，首先将光标定位到要插入公式的单元格中，然后单击功能区的"布局"选项卡中"数据"组中的"公式"按钮，弹出如图 5-44 所示的"公式"对话框。在对话框的"公式"框中已经显示出

图 5-44 "公式"对话框

了公式"＝SUM(LEFT)"，由于要计算的正是公式所在单元格左侧数据之和，所以此时不需更改，直接单击"确定"按钮就会计算出李明的总成绩并显示。若要计算英语课程的平均成绩，就将光标定位到要插入公式的单元格中之后，再重复以上操作，也会弹出"公式"对话框，只是此时"公式"框中显示的公式是"＝SUM(ABOVE)"，由于要计算的是平均成绩，所以此时要使用的计算函数是"AVERAGE"，将"公式"框中的"SUM"修改为"AVERAGE"或者通过"粘贴函

数"下拉框选择"AVERAGE"函数,在"编号格式"下拉框中选择数据显示格式为保留两位小数"0.00",然后单击"确定"按钮就可计算并显示英语课程的平均成绩。以相同方式计算其余数据,结果如表 5-6 所示。

表 5-6 公式计算后的成绩表

姓名＼科目	语文	数学	英语	总成绩
张丽	76	87	67	230
赵明	88	79	85	252
李虎	70	90	79	239
平均分	78.00	85.33	77.00	240.33

2. 表格中数据的排序

要对表格排序,就首先要选择排序区域,如果不选择,则默认是对整个表格进行排序。如果要将表 5-6 按"总成绩"进行升序排序,则要选择表中除"平均分"以外的所有行,之后单击功能区的"布局"选项卡中"数据"组中的"排序"按钮,打开如图 5-45 所示的"排序"对话框。

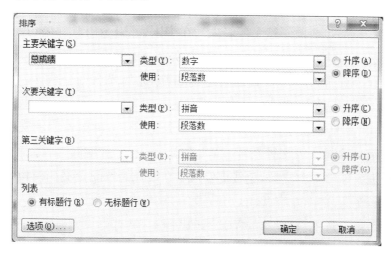

图 5-45 "排序"对话框

在"主要关键字"下拉框中选择"总成绩",则"类型"框的排序方式自动变为"数字",再选择"降序"排序,根据需要用同样的方式设置"次要关键字"以及"第三关键字"。在对话框底部,选择表格是否有标题行。如果选择"有标题行",那么顶行条目就不参与排序,并且这些数据列将用相应标题行中的条目来表示,而不是用"列 1""列 2"等方式表示;选择"无标题行"则顶行条目将参与排序,此时选择"有标题行",再单击"选项"按钮微调排序命令,如排序时是否区分大小写等,设置完成后单击"确定"按钮就完成了排序，结果如表 5-7 所示。

表 5-7 按"总成绩"降序排序后的成绩表

科目 姓名	语文	数学	英语	总成绩
赵明	88	79	85	252
李虎	70	90	79	239
张丽	76	87	67	230
平均分	78.00	85.33	77.00	240.33

5.7 使用 WPS

WPS 即 WPS Office 文字编辑系统，是金山软件公司的一种办公软件。WPS 最初出现于 1989 年，在微软 Windows 系统在中国流行以前，磁盘操作系统盛行的年代，WPS 曾是中国最流行的文字处理软件，现在 WPS 最新正式版为 WPS 2013，另外 WPS 2013 专业版也已面世。

1988 年，WPS 诞生自一个叫求伯君的 24 岁年轻人之手，市场占有率一度超过 90%，这个产品也成就了这个年轻人。在中国大陆，金山软件公司在政府采购中多次击败微软公司，中国大陆很多政府机关、企业等都装有 WPS Office 办公软件。此外，WPS 还推出了 Linux 版、Android 版，是跨平台办公软件。自 2012 年起，WPS 开始使用 Qt 框架进行开发。

WPS Office 是一款办公软件套装，可以实现办公软件最常用的文字编辑、表格制作、演示文稿制作等多种功能。WPS Office 内存占用低，运行速度快，体积小巧，具有强大插件平台支持，免费提供海量在线存储空间及文档模板，支持阅读和输出 PDF 文件，全面兼容微软 Office 97~2010 格式。

在 2013 年 5 月 17 日发布的 WPS 2013 版本，具有更快更稳定的 V9 引擎，启动速度提升 25%；全新交互设计更方便更省心，大大增强用户易用性；随意换肤的 WPS，4 套主题随心切换；协同工作更简单，PC、Android 设备可以无缝对接。

WPS Office 2013 在线模板首页全新升级，更新上百个热门标签更方便查找，还可以收藏多个模板，并将模板一键分享到论坛、微博。

在线素材 WPS Office 2013 内置全新的在线素材库"Gallery"，集合千万精品办公素材。不仅如此，还可以上传、下载、分享他人的素材，群组功能允许方便地将不同素材分类。按钮、图标、结构图、流程图等专业素材更方便制作文档、表格和演示文稿。

习　题　5

一、单项选择题

1. 在 Word 中，下列关于查找、替换功能的叙述，正确的是_____。
   A. 不可以指定查找文字的格式，但可以指定替换文字的格式
   B. 不可以指定查找文字的格式，也不可以指定替换文字的格式
   C. 可以指定查找文字的格式，但不可以指定替换文字的格式
   D. 可以指定查找文字的格式，也可以指定替换文字的格式

2. Word 的文本框可用于将文本置于文档的指定位置，但文本框中不能插入_____。
   A. 文本内容　　　　B. 图片　　　　C. 形状　　　　D. 特殊符号

3. 在 Word 中，选择一个矩形块时，应按住_____键并按下鼠标左键拖动。
   A. Ctrl　　　　B. Shift　　　　C. Alt　　　　D. Tab

4. 对 Word 文档中"节"的说法，错误的是_____。
   A. 整个文档可以是一个节，也可以将文档分成几个节
   B. 分节符由两条点线组成，点线中间有"节的结尾"4 个字
   C. 分节符在 Web 版式视图中能显示
   D. 不同节可采用不同的格式排版

5. 关于 Word 中分页符的描述，错误的是_____。
   A. 分页符的作用是分页
   B. 按 Ctrl＋Shift＋Enter 可以插入分页符
   C. 在"草稿"文档视图下分页符以虚线显示
   D. 分页符不可以删除

6. 将插入点定位于句子"飞流直下三千尺"中的"直"与"下"之间，按一下 Delete 键，则该句子_____。
   A. 变为"飞流下三千尺"　　　　B. 变为"飞流直三千尺"
   C. 整句被删除　　　　D. 不变

7. 在 Word 中，选定连续文本时，可先将光标移到该文本块的块首或块尾，然后按住_____键，用鼠标单击文本块的另一端。
   A. Alt　　　　B. Shift　　　　C. Ctrl　　　　D. Ctrl＋Shift

8. 下面有关中文 Word 的特点的描述中正确的是_____。
   A. 一定要通过使用"打印预览"才能看到打印出来的效果
   B. 不能进行图文混排
   C. 即点即输
   D. 无法检查英文拼写及语法错误

9. 在Word主窗口的右上角,可以同时显示的按钮是_____。

　　A. 最小化、还原和最大化　　　　B. 还原、最大化和关闭

　　C. 最小化、还原和关闭　　　　　D. 还原和最大化

10. 新建Word文档的快捷键是_____。

　　A. Ctrl+N　　　B. Ctrl+O　　　C. Ctrl+C　　　D. Ctrl+S

11. 下面对Word编辑功能的描述中错误的是_____。

　　A. Word可以开启多个文档编辑窗口

　　B. Word可以插入多种格式的系统时期,时间插入到插入点位置

　　C. Word可以插入多种类型的图形文件

　　D. 使用"编辑"菜单中的"复制"命令可将已选中的对象拷贝到插入点位置

12. 在使用Word进行文字编辑时,下面叙述中错误的是_____。

　　A. Word可将正编辑的文档另存为一个纯文本(txt)文件

　　B. 使用"文件"菜单中的"打开"可以打开一个已存在的Word文档

　　C. 打印预览时,打印机必须是已经开启的

　　D. Word允许同时打开多个文档

13. Word在编辑一个文档完成后,要想知道它打印后的结果,可使用_____功能。

　　A. 打印预览　　　B. 模拟打印　　　C. 提前打印　　　D. 屏幕打印

14. 在Word中,若要删除表格中的某单元格所在行,则应选择"删除单元格"对话框中_____。

　　A. 右侧单元格左移　　　　　　B. 下方单元格上移

　　C. 整行删除　　　　　　　　　D. 整列删除

15. 以下操作不能退出Word的是_____。

　　A. 单击标题栏左端控制菜单中的"关闭"命令

　　B. 单击文档标题栏右端的"×"按钮

　　C. 单击"文件"菜单中的"退出"命令

　　D. 单击应用程序窗口标题栏右端的"×"按钮

二、操作题

1. 按要求对以下文档进行操作。

①将标题文字"家训、家规、家风"设为黑体、三号字、加粗,标题居中;

②将正文第一段"每个家,都有家训、家规、家风……"设为悬挂缩进2个字符;

③为正文第二段"孩童时期的我们……"加标准色黄色,双实线,1.5磅段落边框;

④将正文第三段落"终于我们慢慢长大……"字符间距设置为加宽1磅,行距设置为1.5倍行距;

⑤插入页眉,内容为"家训、家规、家风",且设置为两端对齐;

注意: 页眉中无空行。

⑥在文字后部插入一个3行3列、列宽为4 cm的表格;

⑦在文档最后插入高宽分别为3 cm和11 cm的艺术字,字体为隶书,艺术字内容为"家训、家规、家风"。

家训、家规、家风

每个家,都有家训、家规、家风。俗话说得好:无规矩不成方圆:从孟母三迁到岳母刺字,好的家训、家风承载了祖祖辈辈对后代的希望。从小爸爸妈妈就教我们要有孝心,要尊老爱幼,他们自己也在身体力行我们中华民族的传统美德——孝道。百善孝为先、孝敬无底线。就是说对大人尽孝道没有最好,只有更好,没有终点,只有起点。

孩童时期的我们,总是缠着父母不愿离开;青少年时期的我们,我们忙学习,忙考试,忙着顾及同学朋友,与父母渐行渐远;工作了之后,我们又忙于事业,无暇顾及父母;很多时候,我们已经明白了孝义,却做不到孝顺。

终于我们慢慢长大了,我们可能经过打拼终于认为有了孝顺父母的能力,可是这时候才发现原来父母已经彻底老去,吃不动了,不爱穿了,他们最需要孩子的那些岁月,已经在孤独中悄悄溜走了。真的应该在父母不老的时候,趁着父母身体硬朗,多为他们做点事,多陪陪他们,常回家看看,多带他们出去看看世界。我们的爱和感激不该藏在心里。

2. 按要求对以下文档进行操作。

①将标题"停止自转的地球真能去流浪吗?"设为小二号字、黑体、居中对齐,字符间距设置为加宽8磅,文字底纹填充"白色,背景1,深色25%";

②将正文第一段"'流浪地球计划'的第一步……"设置为首行缩进2个字符;

③将正文第二段"在直接回答这个问题……"添加段落边框,框内正文距离边框上下左右各3磅;

④将正文第三段"如果地球一旦停止……"的行距设置为固定值20磅,段后间距为2行;

⑤将正文第四段"最直接的一个效应就是没有了转动……"文字分两栏,栏宽相等,并加分隔线;

⑥插入页眉,内容为"流浪地球",且设置为右对齐。

注意: 页眉中无空行。

⑦在文档最后插入一个3行3列的表格,表格外边框设为双线型、绿色(RGB

颜色模式:红色0,绿色255,蓝色0)、线宽1.5磅;

⑧设置文档中图片的文字环绕方式为上下型;设置图片格式中线条颜色为实线、颜色为蓝色(RGB颜色模式:红色0,绿色0,蓝色255)。

停止自转的地球真能去流浪吗?

"流浪地球计划"的第一步就是首先让地球停止转动,尽管在电影中没有直接展现这一场景,但是电影当中的旁白中有所提及,让我们就先来看一下这个停止转动是否可以实现。

在直接回答这个问题之前,我们先了解一下地球的转动能量的多少。关于能量的多少,我们很容易的从网络上搜索到,地球的转动能是2.24×10^{29}焦耳,这个能量是非常的巨大。让我们做一个简单的对比,从而可以更加清楚地看到这个能量巨大,一个原子弹释放出来的能量约为1百万吨TNT当量,或者就相当于是4.2×10^{15}焦耳,而历史上曾经实验过的释放能量最强的大伊万氢弹,释放的能量差不多是5千万吨TNT当量,或者就是2.1×10^{17}焦耳,然而相比较地球的转动能量,还是小巫见大巫了,大约相当于1万亿(1×10^{12})个大伊万氢弹同时爆炸。

如果地球一旦停止转动,那么地球上将会发生什么样的变化呢?或许你会想着,地球不是类似于物理学当中的刚体么,难道没有了转动,就会发生很巨大的变化么?

最直接的一个效应就是如果没有了转动,目前地球上几乎所有的大陆都会被海洋所淹没,这一点的确在电影当中有所提及,原因很简单。在地球转动的时候,因为离心力的缘故,作为液态的海洋会朝向赤道附近聚集,所以一旦地球停止转动,这些水会向两极流动,从而造成大陆被淹没。根据美国ESRI公司的动画模拟,最终几乎所有的大陆都会被淹没,只剩下赤道附近的一圈超级大陆凸显出来,如果人类要想继续在大陆上生存下去的话,这将会是唯一的一个希望,不过在电影当中,人类是移居到了地下生活。

3. 按要求对以下文档进行操作。

①将标题文字"安徽省国家级风景名胜区"设置为居中,小二号字,标题文字填充标准色黄色的底纹,要求底纹图案样式为"12.5%"的标准色红色杂点,段后间距设为1.5行;

②将正文第一段"黄山位于安徽省南部黄山市境内……"字体设为隶书,并将该段落分为两栏,栏宽相等,栏间加分隔线;

③为正文第二段"九华山是中国四大佛教名山之一……"文字设为标准色蓝色,添加段落边框,框内正文距离边框上下左右各6磅;

④插入页眉,内容为"安徽风景区",且设置为右对齐;

注意:页眉中无空行。

⑤设置文档中图片的文字环绕方式为上下型;

⑥设置图片布局大小中的高度为6 cm;

⑦在文档后插入一个3行4列的表格,表格列宽为1.8 cm。

安徽省国家级风景名胜区

黄山位于安徽省南部黄山市境内,黄山风景区距市政府所在地屯溪69 km,南北长约40 km,东西宽约30 km,地跨市内歙县、休宁、黟县和黄山区、徽州区,山脉面积1200 km^2,规划入黄山风景区面积约154 km^2,是号称"五百里黄山"的精华部分。1985年入选全国十大风景名胜区,1990年12月被联合国教科文组织列入《世界文化与自然遗产名录》,2004年2月入选世界地质公园。

九华山是中国四大佛教名山之一,与浙江普陀山、山西五台山、四川峨眉山并称为中国四大佛教名山。中国佛教名山—九华山蜿蜒于安徽省青阳县境内,南望黄山,北瞰长江,方圆120 km,最高峰海拔1342 m。山间古刹钟声,香烟缭绕,灵秀幽静,古木参天。位于安徽省青阳县城西南20 km处,距长江南岸贵池市约60 km。

天柱山位于安庆市潜山县境内,东临长江,西连大别山,雄峙江淮。中华历史文化名山,自古就有"南岳"之名。公元前106年,汉武帝刘彻登临天柱山对其封号为"南岳"。道家将其列为第14洞天、57福地。天柱山又名皖山,安徽省简称"皖"由此而来。唐代诗人白居易的诗句"天柱一峰擎日月,洞门千仞锁云雷"是对天柱山雄奇景象的精彩描叙。

制作电子表格

【主要内容】

◇ Excel 的主要功能及使用方法。
◇ 工作簿与工作表的操作。
◇ 输入和编辑数据。
◇ 设置和美化工作表。
◇ 使用公式和函数处理数据。
◇ 使用图表。
◇ 排序和汇总。
◇ 打印工作表。

【学习目标】

◇ 根据实际需要决定是否应该建立电子表格。
◇ 能够设计符合实际情况的电子表格结构。
◇ 能够建立、编辑并维护工作表。
◇ 能够通过公式、函数等方法计算或者处理电子表格中的数据。
◇ 学会使用数据清单。
◇ 能够根据需求对表格进行排序、汇总及查找等操作。
◇ 能够创建能直观反映数据比较的图表。
◇ 能够根据需求设置页面格式并打印。

6.1 Excel 概述

表格是用来直观表示数据、处理数据以及查询信息的一种方法。电子表格是实际表格的数字化,与手工处理表格的方法及过程类似,电子表格软件也围绕着表格的建立、格式的设置、表格数据的处理以及日常维护与应用等开展工作。

6.1.1 为什么需要 Excel

在实际工作中,有大量的数据需要以表格形式表示并处理,例如,教师需要统计和分析考试分数,商场需要分析销售额,家庭也需要对收支情况进行分析。Excel 是一款功能完善、操作方便的电子表格软件,能够帮助用户快速地创建表格并高效地进行数据管理、统计和分析工作。

6.1.2 Excel 的基本功能

Excel 在表格制作和数据处理方面功能非常强大，总体来说，Excel 具有以下几个方面的功能：

(1) 表格制作。

这是电子表格软件的基本功能，Excel 中不仅可以创建空白表格，还提供模板功能帮助用户制作出各种结构和形式的表格。

(2) 数据计算。

表格中经常需要进行数据计算，Excel 提供了公式和函数帮助用户轻松完成数据计算。与以往版本相比，在 Excel 2010 中，新增的公式编辑工具不仅可以在工作表中插入常用数学公式或使用数学符号库构建自己的公式，而且可以更加方便快捷地创建复杂公式。

(3) 图表显示。

为了直观显示表格中的数据以及数据之间的关系，Excel 提供图表显示功能，能够以柱形、直方图、饼图等多种图表形式表示数据。除了可以创建基本图表外，它还提供了可以嵌入在单元格中的迷你图，使用户可以获得快速可视化的数据表示。

(4) 编辑打印。

制作好的表格不可能一成不变，电子表格软件支持对表格进行各种形式的修改(编辑)功能。例如，设定字体、字形与字号，设置表格中的表格线与背景等。

此外，电子表格软件还能够提供与信息技术发展相适应的功能，例如，对 Internet 的支持、强大的在线帮助功能等。

6.1.3 Excel 的特点

Excel 是一款非常优秀的电子表格软件，它的基本特点如下：

(1) 典型的 Windows 风格。

Excel 具有与 Windows 应用程序相一致的风格及操作界面，熟悉 Windows 操作的用户，能够很快地掌握其操作方法。例如，它的功能区和选项卡与 Office 系列中的 Word 等其他软件有许多共同之处。

(2) 快捷方便的数据处理方式。

在 Excel 中，用户可以使用函数功能，也可以利用公式编辑工具编辑复杂的公式进行数据计算，此外，Excel 还提供检索、排序、筛选和数据透视表等功能帮助用户分析数据、了解数据的变化趋势。

(3) 强大的制图功能。

无论数据多少，用户都可以使用所需工具生成引人注目的图形图像来分析和表达观点。除了提供强大的数据图表功能外，Excel 还提供了屏幕快照、绘图和 SmartArt 将图形与文字或者表格混排，制作出图文并茂的数据分析报告。

(4) 协作使用工作簿。

新版本的 Excel 改进了编辑工作簿的方式，使得不同人员可以在不同位置同时编辑同一个工作簿。另外，用户可以通过浏览器打开 Excel，以便随时随地进行数据处理工作。Excel 已经成为广大公司和个人进行数据计算管理的有力工具，本书将以 Excel 2010 为例，介绍电子表格软件的使用。

6.2 建立工作簿文件

在磁盘上存储的 Excel 电子表格是一个扩展名为". xlsx"的工作簿文件，用来存储和处理数据。在使用 Excel 处理数据时，首先要做的工作就是建立工作簿文件。建立工作簿的操作，通常可以由启动 Excel 完成，因为启动 Excel 时会自动创建一个空白工作簿。

6.2.1 Excel 的启动与退出

例 6-1 按照规范的程序启动并退出 Excel。

启动 Excel 与启动 Word 及其他的 Windows 应用程序类似，有多种方法，主要包括以下几个步骤：

①选择"开始"→"所有程序"→"Microsoft Office"→"Microsoft Excel 2010"命令，进入 Excel 环境。

②在桌面上建立"Microsoft Excel 2010"的快捷图标，双击该图标。

③双击一个已经建立的 Excel 工作簿文件，在启动 Excel 的同时打开该工作簿文件。

退出 Excel 时通常可以选择标题栏上的"关闭"按钮，也可以选择"文件"→"退出"命令或者按"Alt+F4"组合键退出 Excel。如果被编辑的工作簿是新建的工作簿，那么在退出之前将弹出"另存为"对话框，提醒用户保存；如果在退出之前对已保存的表格进行过编辑，那么退出前将提醒用户是否保存所做的修改。

6.2.2 创建工作簿文件

启动 Excel 2010 后，会显示如图 6-1 所示的 Excel 主窗口，从中可以看到，

Excel 的主窗口与 Word 的主窗口比较相似,都是典型的 Windows 风格。

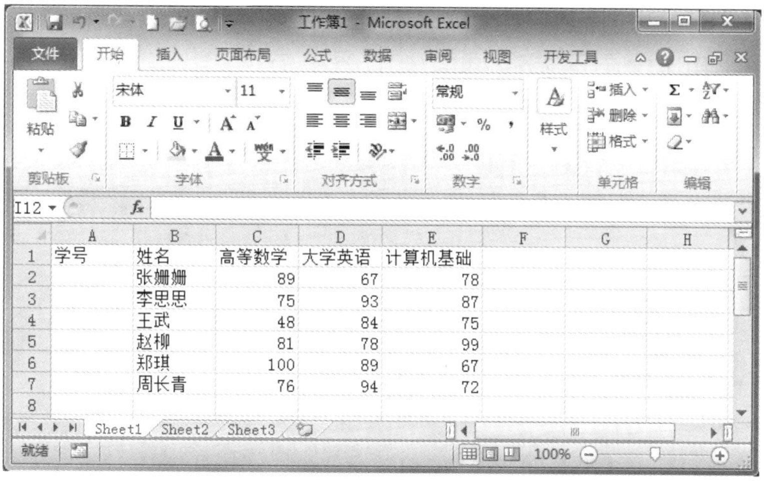

图 6-1 Excel 2010 主窗口

另外,一些基本的操作方法也是一样的,例如,新建文档、保存文档、设置字体格式、段落格式、边框与底纹等。一些快捷键操作命令,例如,新建(Ctrl+N)、打开(Ctrl+O)也都是一样的。

例 6-2 创建空白工作簿,将其命名为"学生信息表.xlsx"。

操作步骤如下:

①启动 Excel 2010,系统自动创建一个名为"工作簿 1"的空白工作簿。

②选择"文件"→"保存"命令,将该文件存盘,文件类型选择"Excel 工作簿(*.xlsx)",退出 Excel。

使用 Excel 提供的模板可以创建专门类型的工作簿文件。选择"文件"→"新建"命令,会出现如图 6-2 所示的"可用模板"视图,在视图中选择"样本模板"选项,然后再选择其中的某种类型,例如"考勤卡",这样就可以新建一个与建设项目有关的电子表格,也可以选择"Office.com 模板",连接到 Office.com 网站选择更多的联机模板。

在例 6-2 的操作中,涉及多个概念及基本操作方法,下面进行简单介绍。

1. 工作表

工作表是工作簿的组成部分,负责存储并处理数据。一个工作簿可以包含多张工作表,每张工作表都有自己的名称,显示在工作簿窗口底部的工作表标签上。每个工作簿文件最多可以包含 255 个工作表。默认情况下含有 3 个工作表,名称分别为 Sheet1、Sheet2 和 Sheet3。如果没有特别设置,刚刚打开 Excel 时新建立的表格就在 Sheet1 中。此时单击工作表标签就可以在不同工作表之间进行切换。

每张工作表由许多单元格组成,共有 1048576 行,16384 列。行号在工作表的左端,它的编号用阿拉伯数字表示,自上而下依次为 1 至 1048576;列号在工作表的上端,用英文字母表示,由左至右依次为 A、B……Z、AA、AB……直到 XFD 结束。

图 6-2 "新建"选项

例 6-3 在例 6-2 创建的工作簿文件中,将工作表 Sheet1 的名称改为"成绩"。操作步骤如下:

①打开"学生信息表.xlsx",选中工作表标签"Sheet1"。
②单击右键,在弹出的快捷菜单中选择"重命名"或双击工作表标签。
③输入新的名称"成绩"。

2. 单元格

在工作表中,行与列交叉形成的网格称为"单元格",每个单元格都有一个地址作为它的标识。Excel 规定,单元格地址用"列号+行号"的形式表示。例如,C8 表示第 C 列、第 8 行位置处的单元格。

当前正在操作的单元格被称为"活动单元格"。活动单元格的边框线条会自动加粗显示。在某一时刻,一个工作表只能有一个活动单元格。如果用户要修改某单元格数据,就必须选择该单元格使其成为活动单元格。

在 Excel 中进行数据处理时,一般都要引用单元格,甚至可能要引用多个不同工作表中的单元格。标准的引用形式为"工作表名称!单元格地址",这样可以区分不同工作表中同一地址的单元格。例如,"Sheet2!B5"表示 Sheet2 工作表中的 B5 单元格。如果引用的是当前工作表中的单元格,那么可以省略工作表名称和分隔符"!"。

3. 单元格区域

在工作表中,若干连续单元格形成单元格区域,用"左上角单元格名称:右下角单元格名称"表示。如 A1:E7,就表示当前数据所在的这 35 个单元格组成的区域。

6.2.3 数据录入

前面建立的工作簿是一个空的文件,如果将文件内容充实,就还需要将具体的数据录入到工作表中。录入数据都是在活动单元格中进行的。

例 6-4 在例 6-2 创建的电子表格中,在"成绩"工作表中输入图 6-1 所示的数据。

操作步骤如下:

①打开"学生信息表.xlsx",选择"成绩"工作表为当前表。

②选择 A1 单元格,依次在单元格中输入相关信息,如图 6-1。按 Tab 键横向选择单元格,按 Enter 键换行。

说明:与 Word 类似,也可以通过"撤销"按钮来撤销已经完成的操作及其结果,用"恢复"按钮来恢复撤销的结果。

在 Excel 中,将数据分为 4 种类型,分别是文本数据、数值数据、日期时间数据和逻辑型数据。各种数据类型的数据录入方法稍有不同。

1. 文本数据

文本包括汉字、英文字母、数字、空格及其他字符,默认情况下,文本数据以左对齐方式显示。如果要将数字作为文本来处理,则应该在数字字符前加一个单引号" ' "。例如,邮政编码、身份证号码及电话号码等。

如果数据长度超出了单元格的宽度,那么默认情况下不会自动换行,但可以按"Alt+Enter"组合键强制换行或者通过"开始"选项卡"对齐方式"组改变默认设置。

2. 数值数据

数值数据由 0~9 和特殊字符组成,常用的特殊字符包括+、-、*、/、.、$、E、e、%、(、)等。默认情况下,数值型数据在单元格中右对齐。需要注意的是,若要输入分数,例如 3/4,则应先输入一个"0",接着输入一个空格,然后输入 3/4;否则,系统将当作日期(3 月 4 日)处理。

当输入的数字超过列宽时,系统会自动采用科学计数法表示。例如,237000000000 被自动表示为"2.37E+11"的形式。如果单元格内显示"####",

那么说明列宽不够,不能够显示全部数值内容,此时增加列宽就可以正常显示。

3. 日期和时间数据

Excel 内置了一些日期时间格式,输入 Excel 可以识别的日期或时间数据后,数据会自动改为某种内置的日期或时间格式。输入日期时,可以使用斜杠"/"或连字符"-"作为年、月、日的分隔符,如"2007/3/12"或"2007-3-12"。输入时、分、秒时,要用半角符号":"分隔,如"15:23:32"。在同一单元格中可以输入日期和时间,但必须用空格分隔。

如果输入当前日期,那么可按快捷键"Ctrl+;";输入当前时间的快捷键是"Ctrl+Shift+;"。

4. 逻辑型数据

逻辑值用于判断真假,在 Excel 中真值为 true,假值为 false。

6.3 编辑工作表

编辑工作表包括对工作表中的数据进行修改,对数据格式及单元格格式进行设置等。在对 Excel 的工作表进行操作之前,要先选中操作对象。选择整行整列可以通过单击行标或列标;选择单元格操作与 Word 中选择文本操作相似,在此不再详细说明。

6.3.1 填充数据

在 Excel 表格中输入数据时,如果遇到相同数据内容或结构上有规律的数据,如星期、员工编号等,那么可以采用填充技术实现快速录入。

1. 使用"填充柄"填充数据

当选中某一个单元格或者一个区域时,在选定框的右下角有一个黑色的小方块,这就是"填充柄"。当鼠标指向填充柄时,其形状会变为实心的"十"字,按住左键拖动鼠标,可以按照数据已有的规律对单元格进行填充。

例 6-5 在"学生信息.xlsx"的"成绩"工作表中,通过填充柄输入学号。

操作步骤如下:

① 选中单元格 A2,输入" '201901"(学号设为文本型数据)。

② 鼠标指向 A2 右下方的填充柄,按下左键向下拖动鼠标,如图 6-3 所示。

图 6-3 使用"填充柄"填充数据

文本型数据进行递增时,直接拖动填充柄;若对文本内容进行复制,则需同时按下 Ctrl 键。而数值型数据进行递增填充时,需拖动填充柄并同时按下 Ctrl 键,此时递增步长为±1,向右或向下填充,数值增大,向左或向上填充,数值减小;复制数值时,直接拖动填充柄即可。

如果要填充的序列的步长不等于±1,则同时选中前两项作为初值,通过填充柄填充,可以输入一列成等差数列的数据。

2. 使用"序列"对话框填充数据

利用"序列"对话框可以自定义规律数据的类型、填充位置和步长值等,具有更广泛的使用性。下面介绍如何使用"序列"对话框实现填充。

例 6-6 在工作表中,通过"序列"对话框输入等比数列 2、4、8、16。

操作步骤如下:

① 在活动单元格 A10 中输入初始数据"2",选择要进行数据填充的区域A10～A13。

② 单击"开始"选项卡,在"编辑"组内,单击"填充"按钮,在弹出的下拉列表中找到"系列"命令,会弹出"序列"对话框,如图 6-4 所示。

图 6-4 "填充"命令和"序列"对话框

③ 在"序列"对话框中,选择序列产生在"列"。在类型选项中,选择填充数列的类型为"等比数列"。如果选择"自动填充",则作用相当于拖动填充柄填充。

④ "步长值"用于确定等差数列的公差或等比数列的公比,设置为"2"。

⑤ "终止值"用于确定数列中最后一项不能超过的值。如果已经选过填充区域,此项就可以忽略。

⑥ 设置完成,单击"确定"按钮,完成填充。

3. 自定义序列

Excel 默认提供了一些数据填充序列,用户可以方便地使用,如星期一、星期二……星期日;sun、mon……sat 等。用户只需输入其中一项,就可以使用填充柄产生相应序列。如果用户需要的填充序列在默认序列中找不到，则可以使用 Excel 的自定义序列功能，建立自己的数据填充序列，操作方法如下：

①选择"文件"标签中的"选项"命令，弹出"Excel 选项"对话框。

②在"高级"选项中找到"常规"分类，然后选择"编辑自定义列表"按钮，如图 6-5 所示。

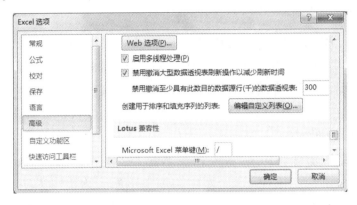

图 6-5　"编辑自定义列表"按钮

③在弹出的"自定义序列"对话框中，可以在"输入序列"区域输入新的序列项，用回车键分隔，再单击"添加"按钮，就会将用户自定义的序列添加到左边的"自定义序列"框中，如图 6-6 所示。

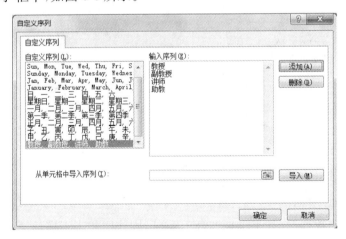

图 6-6　"自定义序列"对话框

6.3.2　表格的插入、删除与合并

1. 插入行、列与单元格

插入行、列以及单元格的操作方法基本相同，与 Word 的表格操作也非常相似。一般都要先确定插入位置，再具体进行操作。

选中行中的任意单元格，在"开始"功能标签中的"单元格"组中选择"插入"命令，在其子菜单中，根据需要选择"插入单元格""插入工作表行""插入工作表列"或"插入工作表"选项。也可以右击打开快捷菜单，选择"插入"命令，然后在弹出的"插入"对话框中选择插入单元格、整行或整列。

例 6-7 在例 6-2 创建的工作表 E 列"计算机基础"的左侧插入一列，命名为"大学语文"。

操作步骤如下：

①在"成绩"工作表中，单击 E 列的任意单元格。

②如图 6-7 所示，选择"开始"选项卡"单元格"组，单击"插入"命令下拉按钮，然后选择"插入工作表列"，在活动单元格左侧会插入一列。

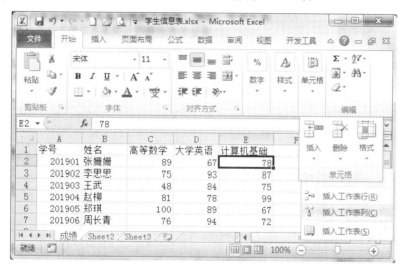

图 6-7 "插入"下拉菜单

③选中 E1 单元格，输入"大学语文"即可。

2. 删除行、列与单元格

如果要删除行（列或单元格），那么可以单击行标号（列标号或单元格）选中该对象后，同样在"单元格"选项组中，选择"删除"命令。

如果要删除选定的单元格区域，那么在选择好单元格区域后，也使用同样的操作方式。

3. 单元格合并

由两个或多个选定的矩形单元格区域合并成单个单元格的过程称为"单元格合并"。Excel 只将选定区域左上方的数据放置到合并单元格中，并居中显示。如果其他单元格中有数据，则该数据将被删除。

例 6-8　为例 6-7 创建的工作表插入标题行,标题内容为"基本信息"。

操作步骤如下:

①选择第一行的行标区,在"开始"选项卡"单元格"组中,单击"插入"命令,插入一行。

②选择 A1:G1 单元格区域。

③在"对齐方式"组中选择"合并后居中"按钮 ,在合并单元格中输入标题。

说明: 选择已合并的单元格,再次单击"合并后居中",可以将合并后的单元格还原成合并前的状态。也可用选择命令后方的下拉按钮,在弹出的子菜单中选择其他合并方式。

6.3.3　调整行高和列宽

在实际应用中,需要根据表格中的内容调整行高或者列宽,主要有两种方法:

①将鼠标指针移动到行号或列标之间的中缝上,当指针变成双向箭头时,按住鼠标左键拖动。如果要同时改变多行的行高或者多列的列宽,那么就需要先选中再拖动。

②选中相应的行和列,在"开始"标签中选择"单元格"组中的"格式"选项,在子菜单中设置"行高"或者"列宽",如图 6-8 所示。

当行高或列宽为 0 时,需将隐藏选定的行或列。当然也可以用如图 6-8 所示的"隐藏和取消隐藏"菜单命令隐藏或取消隐藏选定的行或列。隐藏起来的数据将不在屏幕上显示或被打印出来。

图 6-8　调整行高和列宽

6.3.4　复制和移动单元格

单元格的复制和移动方法与 Word 中文本的复制移动操作方法相似。在距离较近的情况下,通常使用鼠标拖动的方法。

1. 复制单元格

选中要复制内容的单元格或区域,将鼠标移到区域外边框,当鼠标由空心"十"字变成箭头时,按住 Ctrl 键的同时通过鼠标左键拖动至目标位置松开即可。

2. 移动单元格

选中要移动内容的单元格或区域,将鼠标移到区域外边框,当鼠标由空心"十"字变成空心箭头时,按住鼠标左键拖动至目标位置松开即可。

6.3.5 选择性粘贴

Excel 的粘贴命令提供了各种选项,不但可以帮助用户有选择地复制单元格中的内容(如公式、数值、格式、转置等),而且可以通过选择性粘贴来实现一些操作。

例 6-9 在"成绩"工作表中,将"大学语文"成绩全部加 5 分。

操作步骤如下:

①任选一空白单元格,输入数值 5,选择该单元格,执行"复制"操作。

②选定粘贴区域 E3:E8 单元格,在"开始"→"剪贴板"组中单击"粘贴"命令下拉按钮,在下拉菜单中选择"选择性粘贴"命令,打开"选择性粘贴"对话框,如图 6-9 所示。

③选择运算方式"加",单击"确定"。

图 6-9 "选择性粘贴"对话框

6.3.6 编辑单元格

编辑单元格的主要任务是设置或者清除单元格格式。既可以在"开始"功能区的"字体""对齐方式""数字""样式""单元格"组中进行设置,也可以单击各组的展开对话框按钮 ,在弹出的"设置单元格格式"对话框中进行设置。功能区和设置格式对话框分别如图 6-10 和图 6-11 所示。

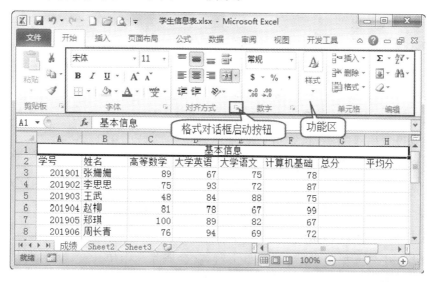

图 6-10 "设置单元格格式"功能区

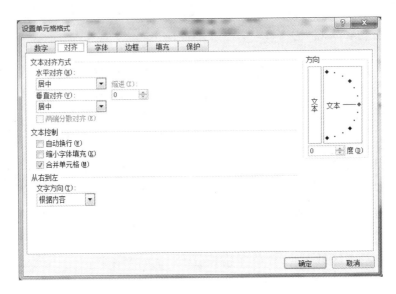

图 6-11 "设置单元格格式"对话框的"对齐"选项卡

1. 设置单元格格式

在 Excel 中,输入字符默认是宋体、11 号和黑色,对齐方式默认是常规方式,无表格边框和填充颜色,这样的格式外观无法让表格中的数据有明显的主次之分。用户可以根据需要对单元格外观进行调整。

例 6-10　在"成绩"工作表中,分别使用功能区和对话框设置字体格式及表格边框。

操作步骤如下:

①选择标题单元格,在"开始"选项卡"字体"组中,设置标题"基本信息"为"隶书、24 号字、深蓝色"。

②选择 A1:H8 单元格区域,打开"设置单元格格式"对话框,切换至"边框"选项卡。线条样式为"双线",颜色为"红色",单击"外边框"。为该区域添加红色双线外边框。单击预览草图,可以直接添加相应的边框。

2. 使用"清除"命令

若对设置格式不满意,则可以分别清除选中区域内单元格的格式、内容、批注和超链接。选中单元格或区域,在"开始"选项卡的"编辑"组中选择"清除"选项后的下拉按钮,如图 6-12 所示,如果选中"全部清除",则将区域内单元格的格式、内容、批注和超链接全部清除。

如果选中单元格区域后,按 Delete 键,就会删除选中单元格内的内容,但其中的格式和批注仍然保留。

请注意"清除"与"删除"的不同之处。"删除"命令是用

图 6-12 "清除"命令

来删除选中的行、列或单元格；而"清除"命令用于清除格式、内容及批注等。

3. 条件格式

完成数据的统计整理后，用户可以利用条件格式中的数据条、色阶、图标集等来标识选定区域中的数据，以便于分析。

例 6-11 在"成绩"表中，用红色突出显示所有不及格的成绩。

操作步骤如下：

①用拖动鼠标方法选择 C3：F8 数据区域。

②选择"开始"选项卡"样式"组中"条件格式"，在子菜单中选择"突出显示单元格规则"中的"小于"选项。

③在弹出的"小于"对话框中输入"60"，如图 6-13 所示，设置条件为"红色文本"，将所有不及格的成绩以红色文字方式进行显示。

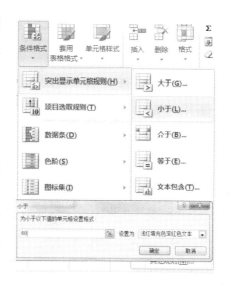

图 6-13 突出显示单元格规则

说明：

①"设置为"选项中选择"自定义格式"，可以根据用户需要来自定义单元格格式。

②在 Excel 表格中，使用不同颜色表示不同性质的数据是一种常用的技巧。例如，用蓝色表示汇总数据等。

4. 插入批注

如果需要对某个单元格中的数据进行说明，就可以使用 Excel 中的批注。

例 6-12 在"成绩"表中，为不及格的学生做批注。

①选中单元格，选择功能标签中的"审阅"标签，在"批注"功能区中选择"新建批注"选项，出现一个类似文本框的输入框，如图 6-14 所示。

②在注释框中输入说明信息。

图 6-14 "批注"框

说明：

①单击工作表的任意位置，在选中的单元格中会显示一个红色的箭头，当鼠

标移动到这个单元格中时,批注的提示框就会出现。

②插入的批注可以修改或者删除。在单元格中单击右键,在弹出的快捷菜单中选择"编辑批注"命令,通过随后显示的批注输入框修改批注;选择快捷菜单中的"删除批注"可以删除该批注。

6.3.7 自动套用格式

使用自动套用格式是一种快速设置格式的方法,Excel 预设了许多表格格式和单元格样式,用户也可用自定义样式。在使用中,用户只需通过单击选择,就可以将某种格式应用于自己的表格或若干单元格中。

操作过程如下:

①选择要格式化的单元格区域。

②选择"开始"工作区标签,在"样式"功能板块中选择"套用表格格式"。

③在"套用表格格式"的下拉选项中选择要使用的格式即可。

6.4 管理 Excel 工作表

工作表是工作簿文件的组成部分,对工作表的管理包括各种基本操作以及数据保护等。在开始操作之前,单击 Excel 主窗口底部的工作表名称标签以选定某一张工作表。选定的工作表标签底色为白色。

6.4.1 工作表的操作

与一般的表格操作类似,工作表的操作主要包括重命名工作表、移动与复制工作表、插入工作表、删除工作表等。

(1) 重命名工作表。

例 6-13 将"学生信息.xlsx"中的"成绩"工作表更改为"理论考试成绩"。

操作步骤如下:

①打开"学生信息.xlsx",单击"成绩"工作表。在"成绩"标签上单击鼠标右键,在显示的快捷菜单中选择"重命名"命令(或者直接双击工作表标签),工作表的标签变为黑底白字,如图 6-15 所示。

②输入新的名称"理论考试成绩",需要注意的是工作表的名称最长不能超过31 个字符。

图 6-15 工作表重新命名

(2) 移动和复制工作表。

选中工作表标签，按住左键拖动工作表标签到需要的位置，即可移动工作表；若在拖动的同时按住 Ctrl 键，则可复制工作表。另外还可以右击工作表标签，在弹出的快捷菜单中选择相应命令进行操作。

(3) 插入和删除工作表。

对工作表的插入或删除操作既可以在工作表标签上单击右键，在弹出的快捷菜单中选择"插入"或"删除"命令，也可以在"开始"→"单元格"组中选择"插入"或"删除"命令。

由于删除工作表属于"破坏"性操作，工作表中的数据将全部丢失，因此在执行删除操作时将弹出一个提醒对话框，由用户确认。

(4) 设置工作表背景。

选择"页面布局"选项卡，在"页面设置"组中选择"背景"命令，可以为当前工作表设置一个图片背景，起到美化工作表的效果。

6.4.2 数据保护

为了保证数据的安全性，通常都需要适当限制对数据的访问及修改。Excel 提供的数据保证措施包括隐藏工作表及限制他人对数据的访问等。用户可以根据实际情况，分别对整个工作簿或部分数据设置不同的保护方式。

1. 隐藏工作表

选择"开始"→"单元格"→"格式"命令，在弹出的子菜单中可以选择"隐藏或取消隐藏"选项，并在下一级子菜单中选择"隐藏工作表"命令可以将当前工作表隐藏起来，如图 6-8 所示。

在"格式"中还可以设置隐藏行、列或取消隐藏。

2. 设备数据保护

数据保护可以在不同层次上进行，既可以对选定的单元格或者区域进行保护，也可以对工作表及工作簿进行保护。

(1) 工作簿和工作表的保护。

在"审阅"选项卡"更改"组中可以选择保护工作簿和工作表，如图 6-16 所示。

图 6-16 保护工作簿和工作表命令

如果对工作簿设置了保护,将禁止插入、删除和重命名工作表。保护工作表可以防止对工作表中的数据进行不必要的更改。再次单击相应按钮,可以取消对工作簿和工作表的保护。

(2) 单元格或区域的保护。

选中要保护的单元格或区域,打开"设置单元格格式对话框",切换至"保护"选项卡,如图 6-17 所示。

其中"锁定"为默认选中状态,表示不能修改其内容;"隐藏"表示隐藏公式,使之不显示在编辑栏中,用户只能在单元格中看到公式的计算结果,两者可分别设置。

注意:只有在本工作表处于保护的情况下,锁定单元格或隐藏公式的设置才会生效。

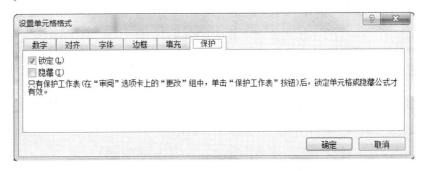

图 6-17 "设置单元格格式"中的"保护"选项卡

6.5 使用公式与函数

在实际应用中,用户需要对表格中的数据进行各种处理。Excel 提供了丰富的数据处理功能,通过它的各种函数及计算公式,能够进行复杂的运算,数据修改后的计算结果也能够实现自动更新,方便用户使用。

6.5.1 公式的创建和输入

公式是对工作表中的值执行计算的等式,用户可以根据实际需要创建一个执行运算的公式。Excel 中的公式需要以"="开头,由函数、运算符、单元格引用和常量等组成。

1. 运算符

在公式中可以使用的运算符包括算术运算符、文本运算符、比较运算符和引用运算符。表 6-1 中列出了 Excel 中的运算符。

表 6-1　运算符

运算符类别	运算符及意义	示例
算术运算符	＋(加)、－(减)、*(乘)、/(除)、%(百分比)、^(乘方)	3＋3、3*3、6/3、20%、3^2
比较运算符	＝(等于)、＞(大于)、＜(小于)、＞＝(大于等于)、＜＝(小于等于)、＜＞(不等于)	A1＝B1、A1＜＞B1
文本运算符	&(字符串连接)	"Hello" & "World"得到"HelloWorld"
引用运符算	:(区域运算符)、,(联合操作符)	A1:C3　SUM(A1,B1)

如果公式中含有若干运算符，则引用运算符先算，其次是算术运算符，再次是文本运算符，最后是比较运算符。在算术运算符中，运算符优先级别由高到低依次是取负运算、百分比运算、乘方运算、乘除运算和加减运算。

2. 创建公式

例 6-14　利用公式计算图 6-18 中每位学生的总分。

操作步骤如下：

① 单击要输入公式的单元格 G3。

② 在单元格中以等号"＝"开头，各门课成绩采用单元格引用方式，输入公式"＝C3＋D3＋E3＋F3"。

③ 输入完成后，按回车键或单击编辑栏中的确认"√"按钮，即可得到结果，其余人的成绩可以使用填充柄进行填充。

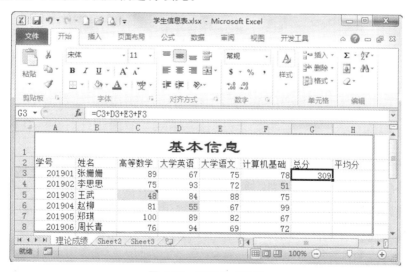

图 6-18　创建公式示例

6.5.2　单元格的引用

在 Excel 中编制公式时，通过引用单元格地址的方式可以达到引用单元格中值的效果。

单元格的地址有相对地址、绝对地址和混合地址 3 种类型。相对地址的表示方法是列标号加行号,如 A3、F4、V8 等;绝对地址的表示方法是在列标号和行号前加"$"符号,如$A$3、$F$4、$V$8 等;混合地址的表示方法是前两种方法的综合,如 A$3、$A3 等。

1. 相对引用

相对引用是指在编制公式时,对单元格地址的引用采用相对地址的方法。当相对引用的公式被复制到别的单元格时,Excel 会根据移动的相对位置自动调节引用单元格的地址。本节的例 6-14 中关于单元格地址的引用就属于相对引用。

2. 绝对引用

绝对引用是指在编制公式时,对单元格地址的引用采用绝对地址的方法。当绝对引用的公式被复制到别的单元格时,Excel 不会调节引用单元格的地址。

例 6-15 如图 6-19 所示,计算公司各季度销售额占年度销售总额的比例。

操作步骤如下:

① 选中单元格 F3,输入公式"=B3+C3+D3+E3",计算年度销售总额。

② 选中单元格 B4,输入公式"=B3/F3",该公式用于计算第一季度销售额占年度销售总额的比例。

③ 拖动单元格 B4 的填充柄,向右复制公式,计算各季度销售额占年度销售总额的比例。

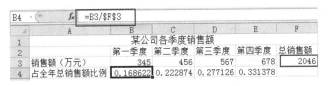

图 6-19 地址的引用方法

分别察看 C4、D4、E4 等单元格中的公式,会发现分子的地址将相对变化,而分母的地址总是不变(F3)。这是由于 B4 中公式的分子采用相对地址,而分母采用绝对地址,因此在复制公式时,分子的地址将相对变化,而分母的地址总是不变。

请读者进一步考虑,如果分母也采用相对地址,将会出现什么情况?

3. 混合引用

混合引用是既有相对引用、又有绝对引用的混合地址形式。在例 6-15 中,计算"占年度销售总额的比例"的分母就可以用混合地址,如单元格 B4 中公式可改为"=B3/$F3",请读者思考为什么?

4. 跨工作表引用

如果公式中需要引用的单元格不是当前工作表中的单元格,而是其他工作表

中的单元格,则引用时需要在单元地址前面注明工作表名,格式如下:

工作表名称!单元格名称

例如,"Sheet2!B5"表示 Sheet2 工作表中的 B5 单元格。

6.5.3 函　数

在 Excel 中,函数是一些预定义的公式,它们使用一些称为"参数"的特定数值按特定的顺序或结构进行计算。用户使用函数可以轻松完成各种计算。

1. 函数的输入

函数的输入有以下 3 种方法:

① 直接在单元格中输入。

② 通过"插入函数"按钮进行选择输入。

③ 在"公式"选项卡"函数库"组中选择相应的函数。

例 6-16　计算"成绩"表中每位学生各科成绩的平均分。

操作步骤如下:

① 选中单元格 H3,选择"编辑栏"上的按钮"fx"或"公式"选项卡下的"插入函数"命令,如图 6-20 所示。

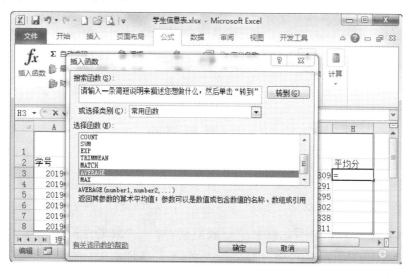

图 6-20　"插入函数"对话框

② 选择 AVERAGE 函数,Excel 会自动给出求值范围,若范围不正确,则用户可以重新进行选择。本例求值范围为"C3:F3",单击"确定",完成函数的输入,使用填充柄填充其他同学的平均分。

说明:H3 单元格的信息在公式编辑栏中显示为:"=AVERAGE(C3:G3)",其中 AVERAGE 为函数名称,此函数用于求平均值。括号中数据是参数,如果有多个参数,则用逗号分隔。本例只有一个参数"C3:G3",表示从 C3 单元格到 G3 单元格的所有单元格中的值。

2.常用函数

表 6-2 简要介绍常用函数的名称及功能。

表 6-2 常用函数

函数名称	格式	功能
SUM	SUM(num1,num2,…)	返回指定区域中单元格的值之和
AVERAGE	AVERAGE(num1,num2,…)	返回指定区域中各单元格值的平均值
COUNT	COUNT(num1,num2,…)	统计指定区域中单元格个数,空白单元格将不计数
MAX	MAX(num1,num2,…)	返回指定区域中单元格的最大值
IF	IF(logical_value,value1,value2)	根据逻辑计算的真假值,返回不同结果
COUNTIF	COUNTIF(range,criteria)	返回在 range 所指区域内满足 criteria 条件的单元格个数

例 6-17 在学生成绩表中,统计"高等数学"成绩在 90 分以上的人数。

操作步骤如下:

①在工作表中,选定一个空单元格。

②在选定的单元格中输入公式"=COUNTIF(C3:C8,">=90")",该条件表示统计区域"C3:C8"中大于等于 90 的单元格的个数,即"高等数学"成绩在 90 分以上的人数。

6.6 数 据 清 单

数据清单又称"数据列表",是由工作表中的单元格构成的矩形区域。数据清单中的每一列为一个"字段",每一行为一条"记录"。第一行为表头,由若干个字段名组成。数据清单中不允许有空行或空列,每一列数据性质必须相同。Excel 对数据清单中的数据可以进行排序、筛选、分类汇总等操作。

6.6.1 记录单的使用

数据清单既可以像一般工作表一样建立,也可以使用记录单建立。

当需要在 Excel 工作表中输入海量数据的时候,一般会逐行逐列地进行输入,这种输入数据的方式往往会将很多宝贵的时间浪费在切换行列位置上,并且还很容易出错,而利用记录单功能就可以实现快速输入数据。

操作步骤如下：

①将记录单功能添加到功能区或快速访问工具栏，如图 6-21 所示。

图 6-21　添加"记录单"命令

②单击快速访问工具栏中的"记录单"命令，然后在弹出的对话框中可以轻松输入数据、增加或删除记录、逐条浏览或查找记录，如图 6-22 所示。

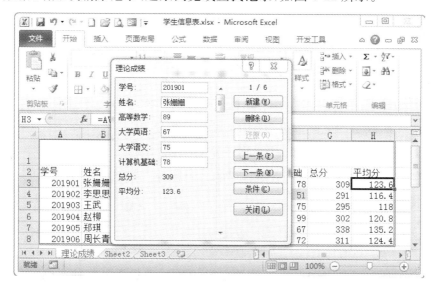

图 6-22　使用"记录单"

6.6.2　记录的排序

"开始"和"数据"选项卡中都提供了"排序"命令。简单的排序可以通过单击"开始"→"编辑"→"排序和筛选"命令中的"升序"和"降序"按钮来实现。操作方法是先单击排序字段中的任一单元格,再单击相应的排序按钮。比较复杂的排序可以使用"自定义排序"对话框来实现。

例 6-18 将学生信息表中的记录按照总分从高到低的顺序排序,总分相同时按学生姓名升序排列。

操作步骤如下:

①单击 A2:H8 中的任一单元格,选择"开始"→"编辑"→"排序和筛选"按钮,然后选择"自定义排序"命令,弹出如图 6-23 所示的"排序"对话框。

②选择"主要关键字"为"总分",排序类型为"降序"(从高到低)。

③选择"添加条件"按钮,设置"次要关键字"为"姓名",类型为"升序"。

图 6-23 "排序"对话框

在对中文的排序中,默认是按照中文的拼音字母顺序进行排序的,但在中文语言环境的使用习惯上,往往还会要求按照汉字的笔画数进行排序。如果要实现按照汉字的笔画数进行排序,则可以单击"排序"对话框中的"选项"按钮,弹出一个"排序选项"对话框,如图 6-24 所示,可以对排序的方向和方法进行设置。

图 6-24 "排序选项"对话框

6.6.3 筛　　选

筛选是按照给定条件从数据清单中查找和处理数据的快捷方法,其结果是原数据清单的一个子集,由满足条件的行组成。筛选条件由用户针对某列指定。Excel 提供了自动筛选与高级筛选两种筛选清单命令。

1. 自动筛选

自动筛选可以对单个字段建立筛选,多字段之间是"逻辑与"关系,这种操作十分简便,如图 6-25 所示。

第 6 章 制作电子表格

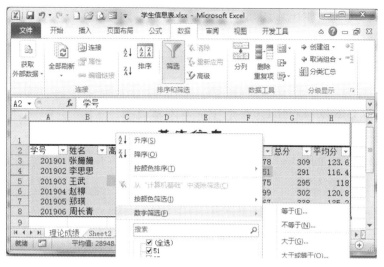

图 6-25 自动筛选步骤

先选择需要的表达式类型，弹出"自定义自动筛选方式"对话框，然后在此对话框中进行筛选条件的设置，可以筛选出"高等数学"成绩在 90 分以上的学生信息，如图 6-26 所示。

图 6-26 "自定义自动筛选方式"对话框

如果要取消自动筛选，可以再次单击"筛选"按钮即可退出自动筛选状态。

2. 高级筛选

使用 Excel 提供的高级筛选功能，可以实现比较复杂的筛选。

例 6-19 在学生成绩表中，使用高级筛选将各门课程都及格的学生筛选出来。

操作步骤如下：

① 在与数据区隔一行或一列以上的位置，设置条件，如图 6-27 所示。

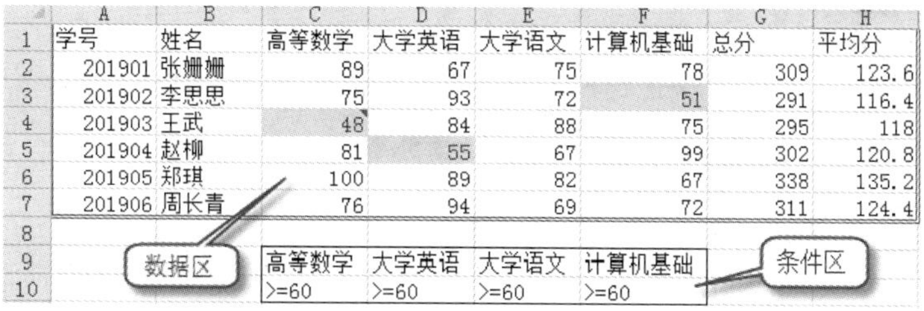

图 6-27 高级筛选示例

②单击数据区域内的任一单元格。

③选择"数据"功能标签中的"排序与筛选"分类中的"高级"。弹出如图 6-28 所示的"高级筛选"对话框。

④在"数据区域"后面的文本框中输入筛选区域＄A＄1:＄H＄7 或者 A1:H7。在"条件区域"框中输入筛选条件所在的区域＄C＄10:＄F＄11 或 C10:F11,单击"确定"按钮。

图 6-28 "高级筛选"对话框

数据区域与条件区域之间至少要空出一行和一列。如果有多个条件,则在同一行上构成"与"的关系;在不同行上构成"或"的关系。

6.6.4 分类汇总

分类汇总是指以某一字段作为分类依据,对同一类的值进行诸如求和、求平均等运算。例如,求所有男同学的平均成绩,求所有副教授的平均工资等。作为分类依据的列一般只能有少量的几种值。例如,性别只有"男""女"两种,职称只有"教授""副教授""讲师"和"助教"等少数几种情况。

在数据分类汇总前,一定要对分类的字段进行排序,以确保同一类的记录连在一起。

例 6-20 在学生成绩中增加"性别"列,并以"性别"作为分类字段,对各门课程进行分类平均汇总。

图 6-29 "分类汇总"对话框

操作步骤如下:

①增加"性别"列(插入并输入),并对"性别"字段进行排序。

②单击数据区域内的任一单元格。

③选择"数据"功能标签中的"分级显示"分类中的"分类汇总"命令,弹出如图 6-29 所示的"分类汇总"对话框。

④在分类汇总对话框中,从"分类字段"下拉列表中选择"性别",汇总方式选择"平均值",在"选定汇总项"中选择各门课程作为汇总项,分类汇总的结果如图 6-30所示。

Excel 对分类汇总进行分级显示,其分级显示符号允许用户快速隐藏或显示明细数据。若修改相关数据后,分类汇总和总计值将自动重新计算。

若要取消分类汇总,只要在"分类汇总"对话框中单击"全部删除"按钮即可。

	A	B	C	D	E	F	G	H	I
1	学号	姓名	性别	高等数学	大学英语	大学语文	计算机基础	总分	平均分
2	201901	张姗姗	男	89	67	75	78	309	123.6
3	201902	李思思	男	75	93	72	51	291	116.4
4	201903	王武	男	48	84	88	75	295	118
5			男 汇总	212	244	235	204		
6	201904	赵柳	女	81	55	67	99	302	120.8
7	201905	郑琪	女	100	89	82	67	338	135.2
8	201906	周长青	女	76	94	69	72	311	124.4
9			女 汇总	257	238	218	238		
10			总计	469	482	453	442		

图 6-30 分类汇总示例

6.7 在 Excel 文档中使用图表

图表是 Excel 用于描述数据大小、数据关系及数据变化趋势的一种形象化的、直观的方法。根据数据源的数据性质及用户目标的不同,可以创建柱形图、折线图、饼图等不同类型的图表。

6.7.1 创建图表

1. 创建基本图表

Excel 2010 不再提供图表向导。不过,通过在"插入"选项卡上的"图表"组中单击所需图表类型可以快速创建基本图表。

例 6-21 根据学生成绩表中的数据,创建姓名及各门课程成绩的柱形图,如图 6-31 所示。

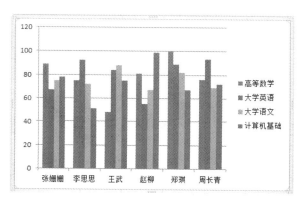

图 6-31 图表示例

操作步骤如下:

①选中"姓名"列后,按住 Ctrl 键,再选中高等数学、大学英语、大学语文、计算机基础列的数据源区域,该区域包括姓名和各门课程成绩等。

②选择"插入"→"图表"组"柱形图"选项,在弹出的下拉菜单中选择"二维柱

形图"分类中的"簇状柱形图"选项,则会插入图 6-31 所示的图表。

2. 创建迷你图

迷你图是 Excel 2010 中的一个新功能,它是工作表单元格中的一个微型图表,可提供数据的直观表示。使用迷你图既可以显示一系列数值的趋势(例如,季节性增加或减少、经济周期),也可以突出显示最大值和最小值。在数据旁边放置迷你图可达到最佳效果。

例 6-22 在学生成绩表的 I3:I8 单元格中,为每位同学课程成绩变化情况创建迷你柱形图,直观显示偏科情况。

操作步骤如下:

①选择要插入迷你图的单元格。

②在"插入"选项卡"迷你图"组选择图表类型。

③弹出"创建迷你图"对话框,要求输入创建所需数据,通过鼠标拖动选择数据,如图6-32所示。

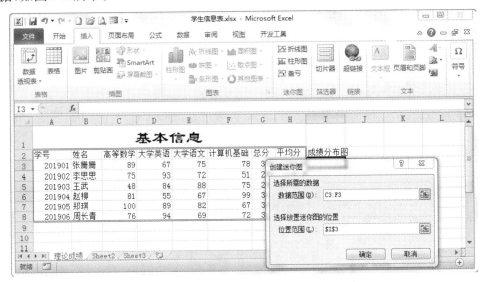

图 6-32 迷你图插入

插入的迷你图如图 6-33 所示,可以通过拖动填充柄为其他同学填充同样的迷你图。

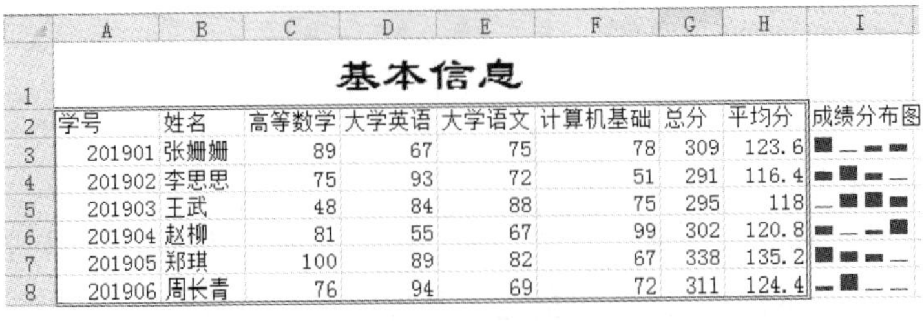

图 6-33 迷你图

6.7.2 图表的编辑

创建的图表可以进行适当的修改,这就是 Excel 提供的图表编辑功能,操作范围涉及图表的外观设计、布局和格式方面的重新设置与调整。

图表中包含许多元素,默认情况下会显示其中一部分元素,通过对这些元素的修改可以改变图表的外观。图表中通常包含如图 6-34 所标识出的多种元素:①为图表区,②为绘图区,③为数据序列中的数据点,④为坐标轴,⑤为图表标题,⑥为图例,⑦为标识数据系列中数据点的详细信息的数据标签,⑧为坐标轴标题。

例 6-23 对例 6-21 生成的图表进行进一步修饰,结果如图 6-34 所示。

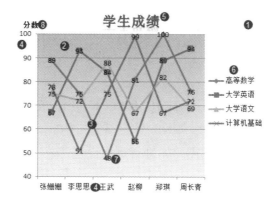

图 6-34 修饰后的图表

操作步骤如下:

①单击例 6-21 中插入的图表,Excel 2010 的功能标签的上方会出现绿色的"图表工具",如图 6-35 所示。在"图表工具"中包含了"设计""布局"和"格式"3 个选项卡,用户可以利用这 3 个选项卡对图表进行编辑。

图 6-35 图表工具

② 在"设计"选项卡中,用户可以对图表的类型、数据、布局、样式和位置等进行设置。选择"类型"组中的"更改图表类型"选项,在"折线图"中选择"带数据标识的折线图";在"图表样式"选项中选择"样式 2"。

③在"布局"功能区中,用户可以对图表中的元素布局进行设置。选择"标签"组"图表标题"选项,然后在子菜单中选择"图表上方",并将其中文字改为"学生成

绩";在"坐标轴标题"选项中选择"主要纵坐标轴标题",在子菜单中选择"横排标题"选项,设置文字为"分数"。

修改纵坐标数值范围可选择"坐标轴"组中"坐标轴",在"主要纵坐标"中选择"其他选项",在弹出对话框中将"坐标轴选项"改为最大值100,最小值40,主要刻度为10。

通过"背景"组"绘图区"中的"其他绘图区"选项,用户可以为绘图区填充背景色,用于突出显示效果。

④在"格式"功能区,用户可以对图表的元素格式进行设置。

选择图表标题,在"艺术字样式"组中,选择一种效果,使图表标题显示艺术字效果。

⑤ 通过"设计"→"位置"组可以改变图表位置;通过鼠标移动图标周围的控制点可以改变图标的大小;按 Delete 键可以删除图表元素。

6.8 打印 Excel 工作表

在开始打印之前,一般都需要先进行页面设置。

6.8.1 页面设置

选择"页面布局"选项卡,在"页面设置"组中用户可以分别对页边距、纸张方向、纸张大小、打印区域等进行设置,也可以单击"页面设置"选项右下角的"展开对话框"图标,在弹出的"页面设置"对话框中进行设置,如图 6-36 所示。

图 6-36 "页面设置"对话框

6.8.2 打印区域的设置

在实际打印的过程中,有时候并不需要打印全部的文档。通过打印区域的设置可以指定打印范围。

1. 设置打印区域

在默认情况下,系统把当前工作表中的整个数据区域作为打印区域。如果只想打印部分数据,就必须选择打印区域,操作方法如下:

① 选择需要打印的区域。

② 选择"页面布局"选项卡"页面设置"组中的"打印区域"选项,然后在子菜单中选择"设置打印区域"命令。

如果要取消设置的打印区域,则执行"打印区域"子菜单中的"取消打印区域"命令。

通过如图 6-37 所示的"工作表"选项卡,用户也可以指定打印区域。

图 6-37 设定打印区域

2. 分页设置

打印纸的面积是有限的,当工作表中的数据很多时,系统会自动进行分页设置。用户也可以在指定位置设置强制分页。选中分页行的第一个单元格,再选择"页面布局"选项卡"页面设置"组的"分隔符"选项,在子菜单中选择"插入分页符"命令即可。

如果要删除插入的分页符,则先选中单元格,再选择"删除分页符"命令。

6.8.3 打印预览和打印

为了确保一次打印成功,以降低打印成本,用户在打印之前应该通过"预览"方式观察一下实际的打印效果。

选择"视图"选项卡,在"工作簿视图"组中选择"分页预览"命令,或者选择"文件"菜单中的"打印"选项,在右侧的窗口区可以对打印内容进行预览。如果预览满意,就可以进行打印。

习 题 6

一、单项选择题

1. Excel 2010 工作簿文件的扩展名默认为_____。
   A. .txt   B. .doc   C. .xlsx   D. .bmp
2. 新建工作簿的快捷键是_____。
   A. Shift+N   B. Ctrl+N   C. Alt+N   D. Ctrl+Alt+N
3. 系统默认每个工作簿有_____个工作表。
   A. 10   B. 5   C. 7   D. 3
4. 在 Excel 表格中,"D3"表示该单元格位于_____。
   A. 第4行第3列   B. 第3行第4列   C. 第3行第3列   D. 第4行第4列
5. 在单元格中输入数字字符串 100081(邮政编码)时,应输入_____。
   A. 100081   B. "100081"   C. '100081   D. 100081'
6. 在单元格内输入当前日期的快捷键是_____。
   A. Alt+;   B. Shift+Tab   C. Ctrl+;   D. Ctrl+=
7. 某区域由 A1、A2、A3、B1、B2、B3 6 个单元格组成。下列不能表示该区域的是_____。
   A. A1:B3   B. A3:B1   C. B3:A1   D. A1;B1
8. 在以下操作中,不能结束单元格数据输入的操作是_____。
   A. 按 Shift 键   B. 按 Tab 键   C. 按 Enter 键   D. 单击其他单元格
9. 在 Excel 单元格中,强迫换行的方法是在需要换行的位置按_____键。
   A. Ctrl+Enter   B. Ctrl+Tab   C. Alt+Tab   D. Alt+Enter
10. 在 Excel 中,选定大范围连续区域的方法之一是:先单击该区域的任一角上的单元格,然后按住_____键再单击该区域的另一个角上的单元格。
    A. Alt   B. Ctrl   C. Shift   D. Tab
11. 在 Excel 中自定义序列时,输入的序列各项间应用_____分隔。
    A. 分号   B. 逗号或回车   C. 冒号   D. 空格

12. 在 Excel 中,有关行高的表述,下面错误的说法是_____。

　　A. 整行的高度是一样的

　　B. 在不调整行高的情况下,系统默认设置行高以本行中最高的字符为准

　　C. 行增高时,该行各单元格中的字符也随之自动增高

　　D. 一次可以调整多行的行高

13. 在 Excel 中,双击列标右边界可以_____。

　　A. 自动调整列宽为最适合的列宽　　B. 隐藏列

　　C. 锁定列　　　　　　　　　　　　D. 选中列

14. 有关 Excel 工作表的操作,下面表述错误的是_____。

　　A. 工作表默认名是 Sheet1、Sheet2、Sheet3……用户可以重新命名

　　B. 在工作簿之间允许复制工作表

　　C. 一次可以删除一个工作簿中的多个工作表

　　D. 工作簿之间不允许移动工作表

15. 在 Excel 中,若单元格的引用随公式所在单元格位置的变化而改变,则称之为_____。

　　A. 相对引用　　B. 绝对引用　　C、混合引用　　D. 3D 引用

16. 在 Excel 中,下列公式不正确的是_____。

　　A. =1/4−B3　　B. =7*8　　C. 1/4+8　　D. =5/(D1+E3)

17. 在 Excel 公式中,允许使用的文本运算符是_____。

　　A. *　　　　　B. +　　　　　C. %　　　　　D. &

18. 在 Excel 中有多个常用的简单函数,其中函数 SUM(区域)的功能是_____。

　　A. 求区域内所有数字的和　　　　B. 求区域内所有数字的平均值

　　C. 求区域内数据的个数　　　　　D. 返回函数中的最大值

19. 在记录单的右上角显示"3/30",其意义是_____。

　　A. 当前记录单仅允许 30 个用户访问

　　B. 当前记录是第 30 号记录

　　C. 当前记录是第 3 号记录

　　D. 您是访问当前记录单的第 3 个用户

20. 图表是_____。

　　A. 工作表数据的图表表示形式　　B. 图片

　　C. 可以用画图工具进行编辑　　　D. 根据工作表数据用画图工具绘制

二、填空题

1. 在 Excel 中,一个工作簿文件的扩展名是_____。

2. 在默认的情况下，单元格中的文字是_____对齐，数字是_____对齐。

3. 在默认的情况下，每个工作簿含有 3 个工作表，名称分别为_____。

4. 每个工作表是由_____个行和_____个列构成的表格。

5. 标识单元格区域的分隔符号必须使用_____符号。

6. 单元格引用分为绝对引用、_____和_____3 种。

7. 间断选择单元格要按住_____键同时选择各单元格。

8. 在 Excel 中，_____（能／不能）用键盘上 Delete 键将单元格的数据格式、内容一起清除。

9. 若要输入分数（如：3/4），应先输入一个_____，接着输入一个空格，然后输入 3/4；否则，系统将当作时间（3 月 4 日）处理。

10. 当输入一个超过列宽的数字时，系统会自动采用_____表示。

11. 输入日期时，使用_____或连字符"-"作为年、月、日的分隔符。

12. 如果输入当前日期，可按快捷键_____；当要输入当前时间时，可按快捷键_____。

13. 当选定单元格或区域时，在选定框的右下角的小黑方块称为_____。

14. 若要填充的数值型序列的步长为±1 时，则选中第一个初值，在拖动"填充柄"的同时按下_____键，向右或向下填充，数值增大；向左或向上填充，数值减小。

15. 如果 D3 单元格的内容是由公式"＝A3＋C2"给出，则选择 D3 单元格并向下进行数据填充操作后，D4 单元格的内容是_____。

16. 为了将表中不及格的成绩全部用红色突出显示，可使用"开始"选项卡"样式"组中的_____命令实现。

三、操作题

新建一个工作簿，输入如图 6-38 所示内容，并按要求完成操作。

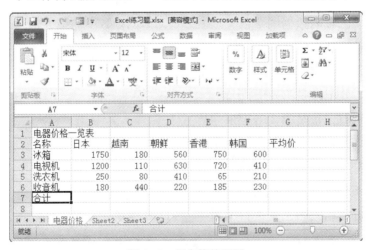

图 6-38　操作题数据图

(1) 将工作簿保存为"Excel 练习题.xlsx"。

(2) 在"名称"列前插入一列,取名为"编号",并添加数据"0001～0004"。

(3) 将标题设为楷体、字号为 20、加粗,并将 A1:H1 合并居中。

(4) 用公式求出"合计",用函数求出"平均价"。

(5) 为 C3:H7 单元格区域数据保留 2 位小数。

(6) 将表格各列设置列宽为"10"。

(7) 将整个表格添上红色粗实线的外边框和蓝色细实线的内框。

(8) 将各种商品按销售平均价从高到低排序。

(9) 在 Sheet2 内插入各国商品销售金额的柱形图表。

制作演示文稿

【主要内容】

◇ 演示文稿的作用与制作流程。
◇ 创建演示文稿的基本方法。
◇ 幻灯片的基本操作与编辑格式化。
◇ 幻灯片的动画设置。
◇ 幻灯片的切换及超链接设置。
◇ 演示文稿的放映与打印。

【学习目标】

◇ 熟悉 PowerPoint 2010 窗口组成。
◇ 掌握演示文稿的创建与保存。
◇ 掌握幻灯片的编辑与格式化。
◇ 向幻灯片中添加合适的对象。
◇ 为演示文稿添加动画效果及超链接。
◇ 设置幻灯片的切换。
◇ 播放演示文稿。

7.1 演示文稿的作用与制作流程

PowerPoint 2010 是美国微软公司推出的演示文稿制作与演示放映的软件,属于 Office 2010 套装办公软件中的组件之一,也是目前最流行的演示文稿制作软件之一。

7.1.1 演示文稿的作用

随着社会、文化和科技的发展,人们的交流方式呈现多元化发展,通过单一的文字或声音渠道表达已不能满足人们的交流需求。人们往往要将多种单一媒体表达形式的信息,按照某一主题的设计要求进行组合,渲染成满足使用要求的多媒体数字文件或光盘,从多方面刺激人的感官系统。而人们为了快速掌握并实现多种媒体信息的综合处理,就可以选择 PowerPoint 进行实现。

由此可见，演示文稿的作用就是将多种多媒体信息通过相应操作及平台综合地展现出来给用户演示及保存。它既可以在计算机屏幕上演示或者通过投影仪在大屏幕上显示，也可以打印出来像讲义一样展现给用户。具体到实际的生产生活中，演示文稿主要用于教育教学、学术交流、会议讲座、报告总结、产品展示、广告宣传等各种场合。

7.1.2 演示文稿制作的基本方法与过程

幻灯片是演示文稿的基本组成部分，演示文稿中的每一单页就称为"一张幻灯片"，制作一个演示文稿的过程就是依次制作一张张幻灯片的过程。在Windows系统中安装好Office 2010办公系统软件后，就可以使用PowerPoint 2010。要使用该组件制作演示文稿，首先要启动该软件。

1. PowerPoint 2010的启动与退出

（1）PowerPoint 2010的启动。

一般来说，启动软件的方法有很多，个人可以根据使用习惯来启动运行软件。对于PowerPoint 2010应用软件启动的方法也有多种，下面就介绍启动PowerPoint 2010最常用的几种方法：

①利用"开始"菜单启动。单击"开始"按钮，依次选择"所有程序"→"Microsoft office"→"Microsoft office PowerPoint 2010"命令，即可启动PowerPoint 2010。

②双击桌面快捷图标启动PowerPoint 2010。

③直接双击现有演示文稿就可以启动PowerPoint 2010，并同时打开此演示文稿。

（2）PowerPoint 2010的退出。

同样退出PowerPoint 2010的方法也有多种，与Word和Excel类似。常用的就是单击PowerPoint 2010应用程序窗口右上角的"关闭"按钮，其他方法此处不再赘述。

2. PowerPoint 2010的窗口界面

在启动PowerPoint 2010之后，用户就可以看到如图7-1所示的工作窗口，它的基本组成部分，如标题栏、选项卡与功能区、状态栏等与Word和Excel相似。但是，它的幻灯片/大纲窗格、幻灯片编辑区等区域与Word和Excel相比有显著的区别。

用户只要单击"视图类型"按钮就可以切换幻灯片显示的视图。这些视图主要包含以下几种：

①普通视图。普通视图是PowerPoint 2010的默认打开视图，适合用来编辑和设计每一张幻灯片的内容。

②幻灯片浏览视图。每张幻灯片以缩略图的形式横向排列在 PowerPoint 2010 工作窗口中,此视图下不能对单张幻灯片的内容进行编辑修改。

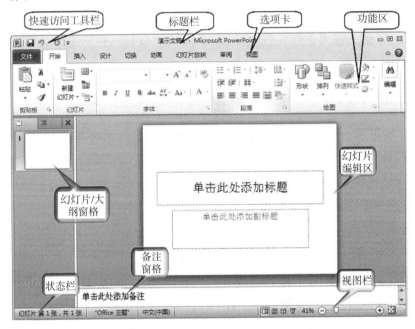

图 7-1 PowerPoint 2010 工作窗口

③备注页视图。在此视图下幻灯片的内容缩小与备注内容在同一页内显示,主要方便用户编辑备注文本内容,但此时不能编辑幻灯片中的内容。

④幻灯片放映视图。只有切换到"幻灯片放映视图"用户才能放映演示文稿。在此视图下可以以全屏的方式动态演示每一张幻灯片的放映效果。

⑤阅读视图。如果在自己计算机上希望以一个设有简单控件以方便审阅的窗口查看演示文稿,而不想使用全屏的幻灯片放映视图,则可以在自己的计算机上使用阅读视图。

3. 演示文稿制作流程

制作一个演示文稿,从开始构思到最后制作完毕大致要经历以下几个步骤:

①整体规划。对要制作的演示文稿进行整体规划设计,确定演示文稿的内容大纲、所需的素材等。

②收集素材。收集制作演示文稿中所需要的一些图片、视频、背景音乐等素材。

③幻灯片编辑及格式化。根据整体大纲思路,制作每一张幻灯片,添加合适的文本内容、声音、图片等信息,同时进行文本编辑及段落内容、幻灯片背景等格式化操作。

④幻灯片动态效果设置。针对放映需要对幻灯片内容添加动画、超链接、动

作设置等动态效果,对幻灯片间的切换添加动态效果。

⑤ 幻灯片放映与调试。放映幻灯片,查看播放效果并进行浏览修改,直到满意为止。

⑥ 幻灯片保存。幻灯片制作完成后,要保存幻灯片。

7.1.3 演示文稿的基本制作原则

在教学、演讲及商品演示营销中,PowerPoint 是辅助演示讲授极为重要的手段。然而制作一个成功的演示文稿并非易事,并不是直接将文本、图片复制粘贴到幻灯片中即可。制作内容精练、结构清晰的演示文稿,一般需要遵守以下原则:

① 中心主题突出。首先要确定整个演示文稿将要讲述的中心主题,主题不能过于零散,每页幻灯片最好只说明一个问题。如果中心主题太多,观众接受时会负担太重。

② 逻辑结构清晰。演示文稿应该是演讲者或授课者的整体思路的体现,制作时一定要有清晰的逻辑。无论演讲者是"提出结论——进行论证——总结结论"式的思路表述,还是"提出问题——引出原因——解决方法"式的问题阐述,演示文稿制作时应该先根据演讲者的主题和思路确定大体的逻辑结构,再进行完善充实。

③ 内容界面简洁。简洁的含义就是指幻灯片上只展示重点和结论,不展示具体的内容。每一页幻灯片上的文字不要太多,多运用数字或者采用图表方式来说明情况。

④ 整体风格统一。利用 PowerPoint 提供的模板可以设置统一的幻灯片背景。幻灯片每一页中相同层次类别的文字字体及格式应保持相同,字体不宜太小,颜色不宜过多,否则会有眼花缭乱的感觉,容易分散观众的注意力。

除此之外,还应该注意演示文稿的色彩搭配,动画应用得恰到好处,最好能将自己的创意灵活地应用到演示文稿的制作中。只有全面了解演示文稿的设计理念,掌握正确的制作原则,才能做出高水平的演示文稿。

7.2 创建第一个演示文稿

演示文稿是由一系列幻灯片组成。PowerPoint 2010 提供了多种建立演示文稿的方法,主要有3类,即利用设计模板、利用已安装的主题方式和利用空白演示文稿建立。

7.2.1 使用"模板"创建演示文稿

模板是一种以特殊格式保存的演示文稿。它是由一组幻灯片组成,其中包含幻灯片的背景、配色方案、版式、字体格式及部分提示内容等信息。利用模板设计可以统一整个演示文稿的整体风格。

例 7-1　使用系统已安装的"样本模板",创建一个"PowerPoint 2010 简介"的演示文稿。

分析: 在 PowerPoint 2010 中已经保存了许多美观的模板供用户选择,只要在相应位置补充内容,进行少量修改就可以完成演示文稿的创建,这使得演示文稿的设计工作更方便快捷。

操作步骤如下：

①启动 PowerPoint 2010。

②选择"文件"选项卡→"新建"命令,在对话框右侧列表框"可用的模板和主题"组中选择"样本模板"选项,下方就会显示本机已安装的模板缩略图列表,如图 7-2 所示。

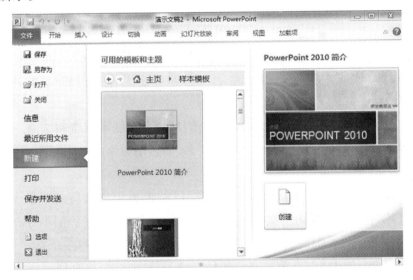

图 7-2　使用"样本模板"创建演示文稿

③在图 7-2 中单击其中任一模板,在右侧就可以预览效果。单击选择第一个"PowerPoint 2010 简介"模板,在右侧就可以查看效果。单击"创建"按钮,就会生成以该模板为基础的一组幻灯片。根据具体内容需求,可以对每张幻灯片的标题及文稿的具体内容进行编辑与修改。

④命名并保存演示文稿。

除此之外,选择"文件"选项卡→"新建"命令,在弹出的对话框右侧列表框"可用的模板和主题"组中还可以选择"我的模板"、根据"现有内容"、使用在线"Office Online 模板"等创建演示文稿。

7.2.2 使用已安装的"主题"创建演示文稿

主题是 PowerPoint 2010 提供的已建立保存的演示文稿风格，与模板类似。不同的是用模板创建出来的是一组幻灯片，有具体提示信息；而使用主题创建的演示文稿默认只有一张幻灯片组成，其中确定了幻灯片的背景及配色方案，没有内容提示信息，用户可以通过添加新幻灯片，设计输入内容完成整个演示文稿的制作。

例 7-2 使用"主题"创建一个新演示文稿。

操作步骤如下：

①启动 PowerPoint，在主窗口中选择"文件"选项卡→"新建"命令，在左侧列表"可用的模板和主题"下选择"主题"，如图 7-3 所示。

②根据需要在显示的主题样式中选择一种主题。例如，选择"暗香扑面"主题，单击"创建"按钮即可创建该主题风格的演示文稿。

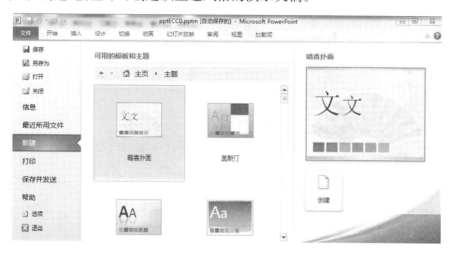

图 7-3 使用"主题"创建演示文稿

③编辑第一张幻灯片。默认只创建第一张标题版式的幻灯片，如图 7-4 所示。输入标题"计算机发展史"，此时如果对字体格式、版式、文本框位置等不满意可以修改。

④如果需要添加其他内容，则可以继续插入幻灯片来创建整个演示文稿。

⑤以默认名"演示文稿 2.pptx"保存演示文稿。

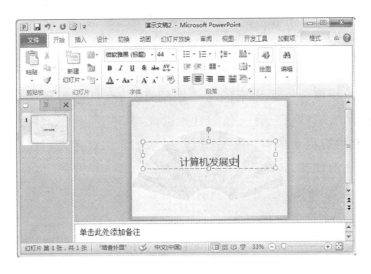

图 7-4 编辑标题幻灯片

7.2.3 使用"空白演示文稿"创建演示文稿

如果用户制作的演示文稿不需要任何背景和配色方案,而是只需要一个带有布局格式的空白幻灯片,就可以使用"空白演示文稿"来创建演示文稿。利用它新建的演示文稿中只有一张带有布局格式的白底幻灯片,用户可以自由发挥和设计幻灯片中的背景、文本格式、配色方案等。

例 7-3 创建一个"空白演示文稿"。

操作步骤如下:

① 启动 PowerPoint 后,选择"文件"选项卡→"新建"命令,在左侧列表"可用的模板和主题"组中选择"空白演示文稿",如图 7-5 所示。

图 7-5 使用"空白演示文稿"创建演示文稿

② 单击"创建"按钮即可在主窗口中创建第一张"标题幻灯片",根据需要添加相应内容。

③命名保存演示文稿,退出 PowerPoint。

除此之外,当启动 PowerPoint 2010 应用程序时,系统也会自动创建一个空白的演示文稿。

7.2.4 保存演示文稿

演示文稿制作完成后,就需要将其保存起来以备后期修改或放映使用。演示文稿的保存方法同 Word 和 Excel 类似,通过"文件"选项卡→"保存"命令可以实现。

首次保存默认文件名是"演示文稿 1.pptx",存放在"文档库"中。如果需要重新指定文档的保存位置、文件名及类型,则可以使用"另存为"命令。

例 7-4 将例 7-2 建立的"演示文稿 2.pptx"以"计算机发展史"为文件名保存到"E:\演示文稿 ppt2010"文件夹下,然后退出 PowerPoint 2010(若 E 盘中没有"演示文稿 ppt2010"文件夹,就需要用户提前在 E 盘中新建)。

操作步骤如下:

①打开"演示文稿 1.pptx"。

②选择"文件"选项卡→"另存为"命令。选择保存位置为"E:\演示文稿 ppt2010",文件名为"计算机发展史"。

③退出 PowerPoint 2010。

注意: 在保存时,如果文档只需在 PowerPoint 2010 或 PowerPoint 2007 中打开,则在"保存类型"中选择默认的"PowerPoint 演示文稿(*.pptx)"。如果需要在 PowerPoint 2010 早期的版本中也能打开,保存类型就需要选择"PowerPoint 97—2003 演示文稿(*.ppt)"。

7.2.5 打开演示文稿

(1) 在 PowerPoint 2010 窗口中打开演示文稿。

当 PowerPoint 2010 应用程序已启动时,打开演示文稿可以单击"自定义快速访问工具栏"中的"打开"按钮;或者选择"文件"选项卡→"打开"命令;或者使用"Ctrl+O"组合键。

注意: 如果选择多个文件名后,单击"打开"按钮,则可以同时打开多个演示文稿。

(2) 在资源管理器中打开演示文稿。

当 PowerPoint 2010 应用程序未启动时,可以直接在"我的电脑"或"资源管理器"中,找到所需打开的文件,双击打开即可。

7.3 编辑演示文稿

建立一张空白演示文稿后,可以在其中插入各种对象,并对幻灯片进行编辑及格式设置。对幻灯片的编辑操作可以在多个视图下实现,而"普通"视图是打开演示文稿的默认视图,也是最主要的编辑视图,因此本节着重讨论"普通"视图下如何编辑演示文稿。

7.3.1 幻灯片的基本操作

本节将讲述对幻灯片进行宏观编辑的基本操作,包括幻灯片的选择、插入、复制、移动、删除等基本操作。

1. 选择幻灯片

对任何一张幻灯片进行复制、移动、删除等操作前,首先要选中要进行操作的幻灯片。在"普通"视图下,所有幻灯片都会以缩略图的形式显示在工作窗口左侧的幻灯片窗格中。选择时主要有以下几种情况:

① 选择单张幻灯片,用鼠标直接单击,此时被选中的幻灯片周围有一个深色框。

② 选择多张连续的幻灯片,在按住 Shift 键的同时,再单击要选择的第一张和最后一张幻灯片。

③ 选择不连续的多张幻灯片,按住 Ctrl 键依次单击进行选择。

④ 选中所有的幻灯片,用"Ctrl+A"命令。

2. 插入幻灯片

启动 PowerPoint 2010 应用程序后默认只包含一张空白幻灯片,一般不能满足用户的需求,或者当幻灯片模板提供的幻灯片用完后,用户就要添加一些新的幻灯片。

例 7-5 在"计算机发展史.pptx"中,插入两张幻灯片。

操作步骤如下:

① 打开"计算机发展史.pptx",在幻灯片/大纲窗格中先选中第一张幻灯片。

② 单击"开始"选项卡,在"幻灯片"功能组中选中"新建幻灯片"按钮,如图 7-6 所示,就可以在当前选中的幻灯片后面添加一张幻灯片。

图 7-6 "新建幻灯片"按钮

③ 同上再插入第三张幻灯片。新插入的幻灯片默认为"标题和内容"版式,后期可以根据需要进行修改。在标题与内容占位符中

输入相应内容,同时修改文本字体及大小。

④保存并退出 PowerPoint。

3. 复制幻灯片

例 7-6 在"计算机发展史.pptx"中,在最后一张幻灯片后添加一张与第一张相同内容的幻灯片。

分析:当要制作的一张幻灯片与之前的某张幻灯片在格式或内容上非常相似时,可以复制先前制作好的幻灯片,直接使用和修改,从而可以节约演示文稿的制作时间,提高效率。

操作步骤如下:

①在幻灯片/大纲窗格中,单击选中需要复制的第一张幻灯片。

②在图 7-6"剪贴板"功能组中选中"复制"图标,或者按快捷键"Ctrl+C"。

③选中目标位置最后一张幻灯片,单击图 7-6 中"粘贴"按钮或者使用组合键"Ctrl+V",就会在最后一张幻灯片的后面插入第一张幻灯片,保存并退出 PowerPoint。

除此之外,通过"复制"下拉菜单可以在选中幻灯片后插入当前幻灯片的副本。

4. 移动幻灯片

在制作幻灯片时,有时需要调整幻灯片的先后顺序,即移动幻灯片。

利用"剪切"(Ctrl+X)和"粘贴"(Ctrl+V)命令可以改变幻灯片的排列顺序,其方法和复制操作相似;或者用鼠标直接拖动要移动的幻灯片至目标位置。

5. 删除幻灯片

编辑幻灯片时可以将多余的幻灯片删除。

例 7-7 在"计算机发展史.pptx"中,将添加的最后一张幻灯片删除。

操作步骤如下:

①单击选中需要删除的最后一张幻灯片。

②直接按 Delete 键,或选择"剪切"按钮,将其删除。

③保存退出 PowerPoint。

7.3.2 幻灯片文本的编辑与设置

上一节从宏观上讲述了幻灯片的编辑设置,当用户插入合适数目的空幻灯片后,就要开始向每张幻灯片中输入标题与正文内容。

1. 文本的输入与编辑

文本是构成演示文稿的基本元素,在"普通视图"下可以进行文本的输入与编辑操作。文本的输入常有以下两种方式:

①使用占位符。在文本占位符(幻灯片指定位置出现的虚线框)中单击直接输入文本。

②使用文本框。通过绘制文本框输入文本。

例7-8 在"计算机发展史.pptx"中,为第二张幻灯片添加文本框,并输入内容。

分析: 在空白版式的幻灯片上输入文本内容,或者添加多个占位符就需要借助文本框。文本框有"横排"和"竖排"两种。

操作步骤如下:

①单击"插入"选项卡→"文本框"按钮,在下拉列表中选择"横排文本框"。

②在幻灯片的合适位置按住左键拖动鼠标就可以插入一个文本框,再释放鼠标左键即可。

③在文本框中输入内容"世界上第一台计算机ENIAC",然后插入第二个文本框,调整到合适位置,输入文本内容,如图7-7所示。

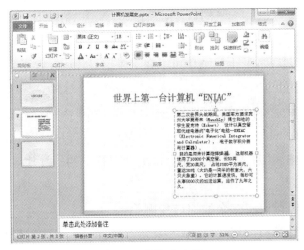

图7-7 插入文本框

④保存并退出PowerPoint。

除此之外,在文本框边缘处右击文本框,在弹出的快捷菜单中选择"设置形状格式",可以对文本框的填充、线型、大小及位置等进行格式化设置。

2. 文字格式设置

例7-9 在"计算机发展史.pptx"中,将第二张幻灯片标题设置为"宋体",36号,加粗,蓝色效果。

分析: 输入文本后,就可以对文本格式进行设置。利用"开始"选项卡中的"字体"功能组可以改变文字常用格式设置,如图7-8所示。对字体进行复杂格式设置可以通过"字体"对话框进行。

图7-8 "字体"功能组

操作步骤如下:

①打开演示文稿,选定第二张幻灯片的标题框文字。

②通过单击"字体"功能组右下角按钮,打开"字体"对话框,如图7-9所示,对字体特殊格式设置。

③根据题目要求选择"宋体",36号,加粗,蓝色,单击"确定"按钮。

④保存修改结果,退出PowerPoint。

图7-9 "字体"对话框

3.段落格式设置

为了使幻灯片中的文本层次分明,可以对幻灯片中的段落设置段落格式。

操作步骤如下:

①选中要进行格式化的段落。

②单击"开始"选项卡→"段落"功能组相应按钮;或者单击"段落"功能组右下角按钮,打开"段落"对话框对段落进行格式设置。

4.项目符号与编号设置

项目符号和编号是放在一段文本前的符号或编号,PowerPoint 2010为用户提供了丰富多样的项目符号和编号。合理使用项目符号和编号可以使文档层次清晰、要点突出、易于理解。

例7-10 在"计算机发展史.pptx"中,为第三张幻灯片输入相应内容,并添加"圆形"项目符号,颜色为"红色"。

操作步骤如下:

①打开演示文稿,选定第三张幻灯片,在标题与内容占位符中输入相应内容,同时设置合适的文本字体及大小。

②单击"开始"选项卡→"段落"功能组中"项目符号"下拉菜单,选择"项目符号和编号"按钮,就会弹出"项目符号和编号"对话框。

③根据题目要求选择"圆形"项目符号,颜色设置为"红色"。

④保存修改结果,退出PowerPoint。

7.3.3 幻灯片的格式设置

为了让演示文稿更加丰富多彩,具有统一的风格,用户可以为其设置幻灯片的版式、背景、主题及母版等。

1. 幻灯片版式

幻灯片版式预先定义了幻灯片中要显示内容的位置布局和格式设置信息。PowerPoint 2010 中提供了 11 种标准幻灯片版式,如图 7-10 所示。设置幻灯片版式有以下两种情况:

(1) 新建幻灯片时直接设置版式。

一般来说,演示文稿中添加的新幻灯片的默认版式为"标题和内容"版式。如果要添加一张其他版式的新幻灯片,操作步骤如下:在"开始"选项卡中,单击"幻灯片"功能组中"新建幻灯片"旁的下拉按钮,如图 7-6 所示。在图 7-10 弹出的下拉菜单中选择所需要的版式即可。

(2) 应用幻灯片版式。

例 7-11 在"计算机发展史.pptx"中,将第二张幻灯片的版式设置为"空白"版式。

图 7-10 幻灯片版式类型

方法一:

①打开演示文稿,选定需要修改版式的第二张幻灯片。

②单击"开始"选项卡→"幻灯片"功能组中"版式"下拉菜单。

③打开如图 7-10 所示的版式下拉列表框,选择"空白"版式即可。

④保存修改结果,退出 PowerPoint。

方法二:

①打开演示文稿,在"幻灯片/大纲"窗格中,右击第二张幻灯片。

②在弹出的快捷菜单中选择"版式",会看到高亮度显示的就是当前幻灯片应用的版式。单击"空白"版式。

③保存修改结果,退出 PowerPoint。

2. 幻灯片背景

幻灯片背景可以理解为幻灯片的底色,默认幻灯片的背景是白色,为了让幻灯片更加吸引观众,提高可视性,用户可以根据需要设置幻灯片的背景。

在 PowerPoint 2010 中提供了 12 种预置幻灯片的背景色。单击"设计"选项卡→"背景"功能组中"背

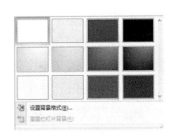

图 7-11 "背景样式"下拉列表

景样式"按钮,弹出如图 7-11 所示的背景样式下拉列表,再单击选择合适的背景样式,即可将其作为整个演示文稿所有幻灯片的背景。

除此之外,用户还可以根据需要自定义幻灯片背景格式,主要包括以下两种情况:

(1) 幻灯片背景颜色填充。

例 7-12 在"计算机发展史.pptx"中,将第三张幻灯片的背景色设置为"深蓝"色。

操作步骤如下:

①打开演示文稿,选定第三张幻灯片。

②在如图 7-11 所示的"背景样式"下拉列表中单击"设置背景格式",弹出如图 7-12 所示的"设置背景格式"对话框。

图 7-12 "设置背景格式"对话框

③在"设置背景格式"对话框的"填充"选项卡中,选择"纯色填充",设置填充颜色为"深蓝"。同时还可以设置背景色的透明度、渐变色的类型、角度等。

④单击"关闭"按钮,即可完成第三张幻灯片的背景格式设置。如果要改变全部幻灯片背景,则单击"全部应用"按钮。

(2) 幻灯片背景效果填充。

例 7-13 在"计算机发展史.pptx"中,将第二张幻灯片背景设置为"画布"。

操作步骤如下:

①打开演示文稿,选定第二张幻灯片。

②在如图 7-12 所示的"设置背景格式"对话框中选择"图片或纹理填充",在纹理下拉列表框中选择"画布纹理"。

③单击"关闭"按钮,保存修改结果,退出 PowerPoint。

在"图片或纹理填充"中既可以使用系统预设的纹理,如"画布"效果,也可以使用图片、剪贴画或者剪贴板上的图片作为幻灯片的背景效果。

选择"图案填充"则是用一些线条作为幻灯片的背景,例如,"小棋盘"背景格式。此外,通过"图片"选项卡可以对背景图片进行设置亮度及对比度等效果。

3. 幻灯片主题

在制作演示文稿时不仅需要设置某张幻灯片的颜色背景,而且往往希望有一套统一的设计元素、背景图案、配色方案、字体格式等,此时就需要使用幻灯片的主题。通过应用主题可以快速而轻松地设置整个演示文稿的外观。

在演示文稿中应用主题具体可以分以下两种情形:

(1) 新建演示文稿时应用主题。

在新建演示文稿时,单击"文件"→"新建",打开"新建演示文稿对话框",选择

"主题",就可以预览到系统预设主题,如图 7-3 所示,然后选择需要的主题即可。

(2) 修改当前演示文稿主题。

例 7-14 在"计算机发展史.pptx"中,将幻灯片主题设置为"聚合"。

操作步骤如下:

①打开"计算机发展史.pptx"演示文稿。

②在"设计"选项卡→"主题"功能组中,直接单击"聚合"主题,如图 7-13 所示。

③如果对当前的主题颜色、字体或者效果不满意,则可以对主题进行编辑操作。单击图 7-13 中"主题"功能组右侧的"颜色""字体""效果"下拉按钮进行设置。

④保存并退出 PowerPoint。

图 7-13 "主题"功能组

若要查看更多主题,则可以单击主题栏中的下拉按钮打开演示文稿的所有主题。另外还提供了来自"Office.com"上的其他在线主题。当然也可以新建主题颜色和字体,单击"保存当前主题"后,主题会自动添加到自定义主题列表中,然后就可以应用到其他演示文稿中。

4. 幻灯片母版

母版用于设置演示文稿中每张幻灯片的预设格式,这些格式包括每张幻灯片标题及正文文字的位置和大小、项目符号的样式、背景图案等,例如,在每张幻灯片上都添加公司的标志、公司名称等信息就可以使用母版来实现。在"视图"选项卡→"母版视图"功能组中,单击"幻灯片母版"按钮,就切换到"幻灯片母版"编辑视图,如图 7-14 所示。

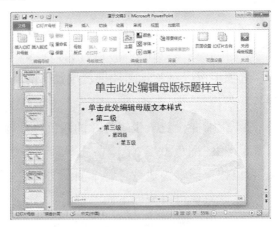

图 7-14 "幻灯片母版"编辑视图

PowerPoint 2010 版本的母版与前期版本不同的是，它是一个版式集合，包含多张幻灯片，并且每张幻灯片的版式不同。如图 7-14 所示，在左窗格显示出来的幻灯片母版集合中，第一张为"主母版"，它有 5 个占位符，用来确定幻灯片母版的版式。下面列出了默认提供的相应版式母版。当鼠标置于母版缩略图上时就会显示该版式的母版由哪些幻灯片使用。

主母版与其他版式母版之间的区别在于，对主母版进行更改会应用到后面所有的各种版式的幻灯片。因此用户可以将演示文稿中共性的内容设置在主母版中，如统一的背景、页眉页脚等，然后再分别设置各个不同版式的母版内容。

例 7-15 将"计算机发展史.pptx"中所有幻灯片的标题设置为微软雅黑、40号字并加粗；添加当前日期，并可以自动更新；设置页脚为"计算机发展史"；添加页码。

操作步骤如下：

①打开演示文稿，选择"视图"选项卡→"母版视图"功能组中"幻灯片母版"命令，在 PowerPoint 主窗口中显示幻灯片母版。

②选中第一张"主母版"，单击"母版标题处"，然后选择"开始"选项卡→"字体"命令，设置字体及字号等。

③单击幻灯片母版文本区，选择"插入"选项卡→"页眉页脚"命令。设置"日期和时间"为自动更新；幻灯片编号选中，"页脚"输入为"计算机发展史"，单击"全部应用"。

④适当调整占位符位置，单击"关闭母版视图"按钮。返回到幻灯片模式工作，即可看到幻灯片应用母版统一修改后的效果。

⑤单击保存，退出 PowerPoint。

此外，在母版中还可以设置母版的背景、主题、段落格式等（方法与单张幻灯片的操作相同），以达到统一整个幻灯片风格的目的。

7.3.4 向幻灯片中插入对象

在制作演示文稿时，为了让幻灯片更加生动形象，需要向其中插入一些常见对象。插入对象的基本方法是单击"插入"选项卡，如图 7-15 所示。其中插入表格、图片、剪贴画、形状及图表与 Word 中的操作一样，学习时可以灵活掌握，融会贯通。

图 7-15 "插入"选项卡

1. 插入屏幕截图

图片可以增强演示文稿的可视性,插入图片除了可以插入系统自带的剪贴画及文件图片外,在 PowerPoint 2010 的"图像"功能组中还提供了插入"屏幕截图"按钮,通过它在制作幻灯片时,用户可以直接进行屏幕截图并插入到当前幻灯片中,不需要再单独使用其他工具来进行截图。

操作步骤如下:

①单击"插入"选项卡→"屏幕截图"→"屏幕剪辑"命令。

②当鼠标变成十字形状时,拖动鼠标即可截取所需屏幕图片。

③松开鼠标后图片自动添加到当前幻灯片中,拖动到合适位置即可。

2. 插入相册

在 PowerPoint 2010 的"插图"功能组中设置了一个"相册"按钮,它与插入图片不同的是,会创建一个新的相册演示文稿,它由选中的每一张图片占用一张幻灯片组成。

例 7-16 创建一个相册演示文稿。

操作步骤如下:

①打开 PowerPoint 2010 应用程序。

②单击"插入"选项卡→"相册"按钮,弹出"相册"对话框。

③在弹出的"相册"对话框中,单击"文件"→"磁盘"按钮,选择多张图片插入。

④单击"创建"按钮,自动创建一个由选定图片组成的相册演示文稿。

⑤单击保存,退出 PowerPoint。

3. 插入 SmartArt 图形

在制作演示文稿中为了让数字描述更加层次清晰,常采用表格或图表来进行表达,而为了让文字信息和观点可视化,使观众能够一目了然,就可以采用 SmartArt 图形。通过 SmartArt 图形可以轻松地创建组织结构图、层次结构(如决策树)、工作流等,显示各部分之间的关系等。当然有些可以通过自选图形实现,但各个形状大小相同并且适当对齐、文字正确显示、添加背景效果等需要花费大量的时间,使用户可能无法专注于内容。下面以最常用的创建组织结构图为例,介绍 SmartArt 图形的一般操作步骤。

例 7-17 在"计算机发展史.pptx"第四张幻灯片中,创建信息工程学院组织结构图,效果如图 7-17 所示。

分析:创建组织结构图一般分为两步:首先创建系统默认结构的 SmartArt 图形,然后根据需要编辑 SmartArt 图形或样式。

操作步骤如下:

①打开演示文稿,选中第四张幻灯片。

②单击"插入"选项卡→"插图"功能组中的"SmartArt"按钮,然后打开"选择 SmartArt 图形"对话框,如图 7-16 所示。

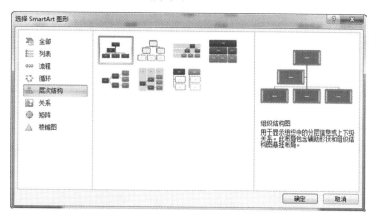

图 7-16 "选择 SmartArt 图形"对话框

③依次选择"层次结构"类型→"组织结构图",单击"确定"按钮,即可在幻灯片中插入所需要的 SmartArt 图形。

④依次单击各个 SmartArt 图形中的形状,输入文本,如图 7-17 所示。

⑤选中"信科系"边框,依次选择"SmartArt 工具"→"设计"选项卡→"添加形状"按钮,然后在弹出的下拉菜单中选择"在下方添加形状",同时输入文字"计科教研室"即可。

⑥重复第⑤步,对"信管系"继续添加组成框。整体效果图如图 7-18 所示。

⑦保存并退出 PowerPoint。

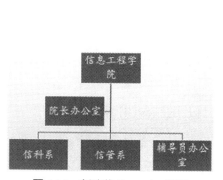

图 7-17 创建的 SmartArt 图形

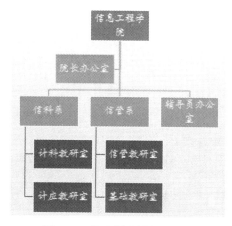

图 7-18 信息学院组织结构图

4. 插入声音及视频文件

PowerPoint 2010 提供了影片与声音功能,并为幻灯片中插入声音和视频文件,这使演示文稿声色俱佳。

（1）插入声音文件。

背景音乐是在幻灯片放映时，跟随幻灯片同步打开的一种音乐效果。在 PowerPoint 2010 中插入声音的来源主要有以下 3 种："文件中的音频""剪贴画音频"及"录制音频"。

例 7-18　为"计算机发展史.pptx"演示文稿插入文件中的背景音乐"喜洋洋.mp3"，同时设置播放时隐藏音乐图标。

操作步骤如下：

①打开演示文稿。

②选择"插入"选项卡→"媒体"功能组→"音频"按钮，在弹出的下拉菜单中选择"文件中的音频"命令。

③弹出"插入声音"对话框，在"查找范围"中选择"喜洋洋.mp3"，单击"确定"即可，同时在幻灯片上出现一个喇叭声音图标。

④选中喇叭声音图标，依次选择"音频工具"→"播放"选项卡，选中"放映时隐藏"及"循环播放，直到停止"复选框，同时在"开始"下拉列表选择"跨幻灯片播放"。

⑤ 保存并放映 PowerPoint。

另外，用户还可以插入剪辑库中的音频声音，如"鼓掌欢迎"；也可以插入自己录制的声音，操作方法与上面基本相同。

（2）插入视频文件。

在制作演示文稿时除了可以添加声音，用户还可以插入 PowerPoint 2010 自带的影片或计算机中存储的影片。

在"插入"选项卡中，单击"媒体"选项卡中的"视频"命令按钮，打开下拉列表。在这里可以选择 3 种方式插入影片："文件中的视频""来自网站的视频"和"剪辑画视频"。具体插入操作步骤与插入音乐文件相同，在此不再详述。

7.4　设置动画

PowerPoint 提供了动画技术，可以为幻灯片的制作和演示锦上添花。

7.4.1　基本动画元素

所谓"动画元素"就是一个或一组带有动画效果的对象。在制作演示文稿时，为了让幻灯片具有动态效果，可以直接将这些元素插入到演示文稿中。除了幻灯片自带的自定义动画效果元素外，在上节已经介绍了声音视频元素的插入，本节重点介绍在幻灯片中如何插入 Flash 动画元素。

例 7-19 为"计算机发展史.pptx"演示文稿的第三张幻灯片插入 Flash 动画"计算机.swf"。

操作步骤如下：

①打开演示文稿。

②添加控件工具箱。选择"文件"→"选项"命令，在弹出的"PowerPoint 选项"对话框中选择"自定义功能区"。将"主选项卡"下面的"开发工具"前面的复选框选中，单击"确定"按钮。

③单击"开发工具"选项卡→"控件"组中"其他控件"按钮，弹出"其他控件"对话框，选择"Shockwave Flash Object"对象，单击"确定"退出。

图 7-19　属性对话框

④光标变为十字形，在幻灯片上拖动鼠标来决定 Flash 控件的大小。

⑤设置 Flash 控件属性参数。鼠标右击刚插入的控件，在快捷菜单中选择"属性"，弹出如图 7-19 所示属性对话框。在"Movie"属性栏中输入要插入的 Flash 文件的地址和文件名即可。如果要插入的 Flash 与幻灯片在同一个文件夹内，则可以使用相对地址，直接输入文件名"计算机.swf"，如图 7-19 所示。

⑥保存并退出 PowerPoint。

7.4.2　设置动画的方法

演示文稿与其他类型文稿的显著不同在于用户可以为幻灯片上的文本、插入的图片、表格、图表等设置动画效果，这样就可以突出重点，控制信息的流程，提高演示的生动性和趣味性。在设置动画时，有两种不同的动画设计方式：一是在幻灯片内，一是在幻灯片间。本节主要讨论如何在幻灯片内设置动画，幻灯片间的放映切换效果将在 7.5 节详细叙述。

例 7-20 为"计算机发展史.pptx"演示文稿的第二张幻灯片中的文本框设置动画效果。

操作步骤如下：

①打开演示文稿，选中要添加动画的文本框。

②设置动画类型。在"动画"选项卡"动画"功能组中，单击选择动画效果即可，如图7-20所示。

图 7-20　动画选项卡

如果界面中默认列出的动画效果不够,则可以单击动画的下拉按钮,在下拉列表中选择其他动画效果。这里主要有 4 种不同类型的其他动画效果,分别是进入、强调、退出及动作路径。

③设置动画属性。在图 7-20"动画"选项卡中可以修改动画属性。

- "效果选项"按钮:设置动画的运动方向及序列。例如,"百叶窗"动画,包含"水平"和"垂直"两种方向可选。
- "开始"选项:设置动画效果的开始时间,包括"单击时""与上一动画同时"和"上一动画之后"。
- "持续时间":指动画出现将要运行的持续时间,用户可在后面的"持续时间"框内输入时间,持续时间越长,动画出现的速度越慢。
- "延迟":指动画开始前的延时时间。延迟时间越长,与上一个动画间隔时间越长。
- "动画窗格"顺序设置:在"动画窗格"任务窗格,通过单击上下箭头,还可以调整各个动画的出现次序。

④单击"预览"按钮,预览该幻灯片播放时的动画效果。

⑤ 保存并退出 PowerPoint。

此外,可以为单个对象添加多个动画效果。具体方法是:选中要设置动画的对象,在图 7-20 动画选项卡中"高级动画"功能组中选择"添加动画",单击选择所需动画,在幻灯片对象上就会出现相应的动画标记。

7.5 放映和打印演示文稿

演示文稿的放映有多种途径,最常用的就是在计算机或者投影仪大屏幕上进行播放。在放映幻灯片时,除了设置幻灯片内部的动画效果外,幻灯片间切换时瞬间也可以设置不同的效果,以达到更好的演示效果。

7.5.1 幻灯片的切换

幻灯片间的切换效果是指移走屏幕上已有的幻灯片、显示新幻灯片时如何变换。设置幻灯片间切换的方法很多,在触发时既可以手动切换,也可以自动切换。

1. 手动切换

手动切换指在演示文稿放映时,使用鼠标单击切换到下一张幻灯片。

例 7-21 为"计算机发展史.pptx"演示文稿设置"推进"类型手动切换方式。
操作步骤如下:

①打开演示文稿,单击选择要设置幻灯片切换效果的幻灯片。

②单击"切换"选项卡→"切换到此幻灯片"功能组→选择"推进"切换类型,如图 7-21 所示。如果要看到更多的切换方式则可以单击切换图案旁的下拉按钮,打开显示更多的切换方式。

图 7-21 幻灯片切换

③根据需要修改切换效果属性,选择"换片方式"为"单击鼠标时"。此外,切换效果属性还可以设置效果选项、切换声音、持续时间。
- 效果选项:设置切换效果的方向。例如,"自顶部""推进"等切换效果。
- 切换声音:设置切换时播放的声音,包括系统声音和其他文件声音等。
- 持续时间:设置幻灯片切换的速度,持续时间越长,速度越慢。

④单击"计时"功能组中"全部应用"按钮,所有的幻灯片都应用所选的切换方式。
⑤ 单击"预览"按钮,预览该幻灯片的切换效果。
⑥ 保存并退出 PowerPoint。

2. 自动切换

自动切换指放映时幻灯片放映者只需要等待相应秒数,幻灯片就会自动进行切换,无须点击鼠标操作。具体方法是:在进行上述第③步操作时,选中"设置自动换片时间"前的复选框,同时在后面的输入框内输入秒数。

7.5.2 演示文稿的放映方式

制作演示文稿的最终目的是为了放映。一般情况下,系统默认的是演讲者放映方式,放映演示文稿的所有内容,放映一次结束。但是在不同场合演讲者可能要对放映的方式、放映的内容及放映的次数等有不同的需求,这就要对演示文稿的放映方式进行设置。

对于演示文稿的放映,下面将从设置放映方式、创建自定义放映及创建交互式放映 3 个方面具体来讨论。

1. 设置放映方式

设置幻灯片放映方式可以通过"设置放映方式对话框"来实现,包括放映类型、放映范围、换片方式等。

例 7-22 为"计算机发展史.pptx"演示文稿设置放映方式。

操作步骤如下:

①打开演示文稿,单击"幻灯片放映"选项卡→"设置"功能组中"设置幻灯片

放映"按钮,打开如图 7-22 所示"设置放映方式"对话框。

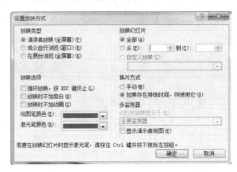

图 7-22 "设置放映方式"对话框

②设置放映类型。在"放映类型"框中为用户提供了 3 种不同的放映类型,它们可以应用于不同的环境中。

• 演讲者放映(全屏幕):默认的放映类型,以全屏幕形式显示。通过快捷菜单或"PgDn""PgUp"键可以显示不同的幻灯片。

• 观众自行浏览(窗口):以窗口形式显示,可以让观众运行演示。放映时可利用滚动条显示所需的幻灯片,类似于网页的效果。

• 在展台浏览(全屏幕):以全屏幕形式在展台上做演示用,常用于无人操控、自动运行演示文稿。

注意:选择此项时须设置幻灯片切换方式为间隔一定时间(即每张幻灯片的放映时间)自动切换,否则会长时间停留在某个幻灯片上。

③设置放映范围。幻灯片放映的范围包括全部、部分和自定义幻灯片。如果没有设置自定义放映幻灯片,则此项为灰色。

④设置换片方式。根据实际情况进行选择,可以实现手动换片或者自动换片。

此外,在放映选项中若选中"循环放映,按 Esc 键终止",可使演示文稿自动放映。这种方式一般用于在展台上自动重复地放映演示文稿。幻灯片内对象的放映持续时间和幻灯片间的切换持续时间,可以通过前面介绍的"自定义动画"和"幻灯片切换"命令来设置。

2. 创建自定义放映

除了从头开始依次放映全部或部分幻灯片,还可以自定义部分幻灯片进行放映。

例 7-23 为现存演示文稿创建自定义放映范围。

操作步骤如下:

①打开演示文稿。

②单击"幻灯片放映"选项卡→"开始放映幻灯片"功能组中"自定义幻灯片放映"按钮,弹出"自定义放映"对话框。

③单击"新建"按钮,弹出如图 7-23 所示的"定义自定义放映"对话框。

④在左侧列表框中选择要自定义放映的幻灯片,单击"添加"按钮,并将其添加到右侧列表框中后,通过上下箭头按钮可以调整幻灯片播放的次序,然后单击"确定"按钮即可。

⑤单击"设置幻灯片放映"按钮,在图 7-22"设置放映方式"对话框中设置放映范围为"自定义放映"。

⑥放映预览幻灯片,保存并退出。

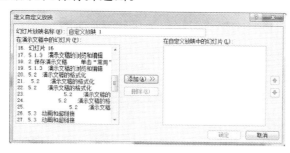

图 7-23 "定义自定义放映"对话框

3. 创建交互放映

交互式放映是指在放映幻灯片时,单一文字或图片等对象可以跳转到另外一张幻灯片上。在 PowerPoint 2010 中可以通过创建超链接实现交互式放映的效果。

创建超链接的起点可以是文本或其他对象。设置超链接后,代表超链接起点的文本会添加下划线,并且显示成系统配色方案指定的颜色,单击即可实现跳转。创建超链接的方法有两种:使用"超链接"命令和"动作按钮"。

(1) 使用"超链接"命令。

例 7-24 为"计算机发展史.pptx"演示文稿的第二张幻灯片标题文字添加超链接到"最后一张幻灯片"。

操作步骤如下:

①打开演示文稿,选中第二张幻灯片中标题文字。

②单击"插入"选项卡→"超链接"按钮,弹出如图 7-24 所示"插入超链接"对话框。

③单击"本文档中位置",在需要链接到的文档位置选择"最后一张幻灯片",单击"确定"按钮即可。

回到幻灯片工作区后,可以发现标题文字添加了下划线,同时颜色也发生了变化。放映幻灯片时,将鼠标放在标题上方可见变成一个"手指"形状,单击它即可实现超链接到最后一张。

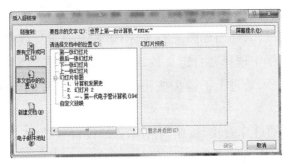

图 7-24 "插入超链接"对话框

此外,用户还可以将文字或图片超链接到现存文件或网页、其他文档及电子邮件等,实现幻灯片的交互性放映。

(2) 动作按钮。

除了可以对现存的文本等对象设置超链接,还可以通过添加特定动作的图形按钮实现幻灯片的跳转。

例 7-25 为"计算机发展史.pptx"演示文稿添加动作按钮。

操作步骤如下:

① 选择"插入"选项卡→"形状"下拉列表,在"动作按钮"类型中选任一个形状按钮,鼠标变成"十"字形状。

② 在幻灯片合适位置拖动鼠标画出动作按钮,弹出"动作设置"对话框,如图 7-25 所示。

图 7-25 "动作设置"对话框

③ 在对话框中既可以设置单击鼠标时超链接到的目标位置、超链接时是否播放声音,也可以设置鼠标移过时发生同样的链接效果。单击"确定"按钮即可。

④ 放映幻灯片,单击该动作按钮实现该链接效果。

7.5.3 演示文稿的打印

建立好的演示文稿,除了可以在计算机或电子屏幕上演示外,还可以将它们打印出来直接印刷成教材或资料。在打印前一般需要进行以下设置:

1. 页面设置

在打印之前,需要设计幻灯片的大小和打印方向,使打印的效果满足要求。操作步骤如下:选择"设计"选项卡→"页面设置"命令,弹出"页面设置"对话框,如图7-26所示。用户可设置幻灯片大小、编号起始值及显示方向。

图 7-26 "页面设置"对话框

2. 设置打印选项

页面设置后,用户就可以对演示文稿的打印选项进行设置或修改。打开要打印的演示文稿,单击"文件"菜单→"打印"命令,如图7-27所示。在此可以进行打印设置:设置打印范围,例如,自定义打印"1,4,6-10";设置每页打印幻灯片的个数;同步预览效果。

图 7-27 打印设置

习 题 7

一、单项选择题

1. Powerpoint 2010 运行于_____环境下。

    A. Windows   B. DOS   C. Macintosh   D. UNIX

2. PowerPoint 2010 演示文稿的扩展名为_____。
   A. pptx   B. pps   C. ppt   D. htm
3. 选择不连续的多张幻灯片,可借助_____键。
   A. Shift   B. Ctrl   C. Tab   D. Alt
4. Powerpoint 2010 中,插入幻灯片的操作可以在_____下进行。
   A. 列举的3种视图方式   B. 普通视图
   C. 幻灯片浏览视图   D. 大纲视图
5. 在 Powerpoint 2010 中,执行了插入新幻灯片的操作后,被插入的幻灯片将出现在_____。
   A. 当前幻灯片之后   B. 当前幻灯片之前
   C. 最前   D. 最后
6. 在 PowerPoint 中,不属于文本占位符的是_____。
   A. 标题   B. 副标题   C. 图表   D. 普通文本框
7. PowerPoint 提供了多种_____,它包含了相应的配色方案、母版和字体样式等,可供用户快速生成风格统一的演示文稿。
   A. 版式   B. 模板   C. 母版   D. 幻灯片
8. 演示文稿中的每一张演示的单页称为_____,它是演示文稿的核心。
   A. 版式   B. 模板   C. 幻灯片   D. 母版
9. 在演示文稿中,在插入超级链接中所链接的目标,不能是_____。
   A. 另一个演示文稿   B. 同一演示文稿的某一张幻灯片
   C. 其他应用程序的文档   D. 幻灯片中的某个对象
10. SmartArt 图形不包含下面的_____。
    A. 图表   B. 流程图   C. 循环图   D. 层次结构图
11. 关闭 PowerPoint 时会提示是否要保存对 PowerPoint 的修改,如果需要保存该修改应选择_____。
    A. 是   B. 否   C. 取消   D. 不予理睬
12. 下列说法正确的是_____。
    A. 通过背景命令只能为一张幻灯片添加背景
    B. 通过背景命令能为所有幻灯片添加背景
    C. 通过背景命令既可以为一张幻灯片添加背景,也可以为所有幻灯片添加背景
    D. 以上说法都不对
13. 当新插入的剪贴画遮挡住原来的对象时,下列哪种说法不正确_____。
    A. 可以调整剪贴画的大小
    B. 可以调整剪贴画的位置
    C. 只能删除这个剪贴画,更换大小合适的剪贴画
    D. 调整剪贴画的叠放次序,将被遮挡的对象提前

14. 下面在 PowerPoint 中插入一张图片的过程中,哪一个是正确的_____。
①打开幻灯片;②选择并确定想要插入的图片;③执行"插入图片从文件"的命令;④调整被插入的图片的大小、位置等。
A. ①—④—②—③   B. ①—③—②—④
C. ③—①—②—④   D. ③—②—①—④

15. PowerPoint 2010 的视图包括_____。
A. 普通视图、大纲视图、幻灯片浏览视图、讲义视图
B. 普通视图、大纲视图、幻灯片视图、幻灯片浏览视图、备注页视图、幻灯片放映
C. 普通视图、大纲视图、幻灯片视图、幻灯片浏览视图、备注页视图
D. 普通视图、大纲视图、幻灯片视图、幻灯片浏览视图、文本视图

二、填空题

1. 在幻灯片浏览视图中,要同时选择多张幻灯片,应先按住_____键,再分别单击各个幻灯片。

2. 在 PowerPoint 2010 中,可以对幻灯片进行移动、删除、复制、设置动画效果,不能对幻灯片的内容进行编辑的视图是_____。

3. 在 PowerPoint 2010 中的普通视图中,分别有_____和_____两个选项卡。

4. 在演示文稿的_____视图中,可以输入、查看每张幻灯片的主题、小标题以及备注,并且可以移动幻灯片中各项内容的位置。

5. 在幻灯片中带有虚线边缘的框被称为_____。

三、简答题

1. PowerPoint 提供了几种视图模式? 如何在各种视图模式之间切换?
2. 如何复制和移动幻灯片?
3. 如何将图片设置为幻灯片的背景?
4. 如何在幻灯片中插入 SmartArt 图形?
5. 如何在幻灯片中添加自定义动画效果?
6. 创建超链接可以链接到哪几个位置?

四、操作题

1. 制作一张贺卡,贺卡的主题自选,如生日卡、节日卡等。在贺卡中添加相应的文字,同时设置合适的背景和图形装饰,还可以插入背景音乐。

2. 收集相关资料,制作一个介绍自己高中母校的演示文稿。要求如下:
(1) 内容健康、主题鲜明。
(2) 幻灯片中须包含文本、艺术字、背景音乐、图形图片等对象。

(3) 除标题幻灯片外,每一张幻灯片上都应该有学校校名、制作时间及当前幻灯片的页码,同时添加动作按钮,使幻灯片能前进、后退、跳转到首页及结束等。

(4) 演示文稿使用统一风格。

(5) 设置幻灯片切换效果及幻灯片的动画效果。

(6) 幻灯片数量至少 10 张。

(7) 合理选择演示文稿的放映类型及保存类型。

3. 制作一个相册。相册的主题自选,可以为个人生活相册、寝室文化相册、班级活动相册等。在相册中除了有相应的文字外,还应该有音乐和动画。

网络与 Internet

【主要内容】

◇ 计算机网络的定义、功能、类型以及拓扑结构。

◇ 主要传输介质的性能及其适用环境。

◇ 网络协议、数据传输方式以及 OSI 参考模型。

◇ 构建局域网的主要设备以及局域网协议。

◇ Internet 的发展、组成与作用。

◇ TCP/IP 参考模型的基本结构、IP 地址与域名。

◇ 接入 Internet 的基本方法。

◇ WWW、E-mail 等 Internet 的基本技术及其使用。

【学习目标】

◇ 能够用直观的语言描述两台计算机之间的通信是如何实现的。

◇ 理解对等网络、客户机/服务器网络的区别。

◇ 列出常用的网络传输介质及其特性。

◇ 列出以太网的主要设备及其作用。

◇ 理解 Internet 是如何组成的。

◇ 掌握 IP 地址及域名的结构并理解其在网络互联中的作用。

◇ 能根据实际需求选择恰当的 Internet 接入方式。

◇ 能熟练使用 WWW、电子邮件等主要的 Internet 服务。

◇ 能创建与维护在线文档、电子表格和演示文稿。

8.1 了解网络

计算机网络是将若干台独立的计算机通过传输介质相互物理地连接,并通过网络软件逻辑地相互联系到一起而实现信息交换、资源共享、协同工作、在线处理等功能的计算机系统。计算机网络给人们的生活带来了极大的方便,如办公自动化、网上银行、网上订票、网上查询、网上购物等。计算机网络不仅可以传输数据,更可以传输图像、声音、视频等多种媒体形式的信息,在人们的日常生活和各行各业中发挥着越来越重要的作用。目前,计算机网络已广泛应用于政治、经济、军事、科学以及社会生活的方方面面。计算机网络出现于 20 世纪 50 年代,历史虽然不长,但发展迅速。到目前为止,已经历了一个从简单到复杂、从低级到高级的发展过程。其发展大致可分为以下四个阶段。

1. 第一代:面向终端的计算机网络

20世纪50～60年代,由于计算机价格贵、数量很少,为了解决"人多机少"的矛盾,人们想出了多人共用一台计算机的方法,将一台主计算机通过通信线路与若干台终端相连,远程终端可通过电话线相连,为了节省通信线路,在终端集中的地方可增加一个集中器,由集中器动态分配线路资源。终端只有显示器和键盘,没有CPU、内存和硬盘,不能进行数据处理,由于主机运行速度很快、时间片很短,用户使用终端时,感觉就像在使用一台独立的计算机一样。

2. 第二代:以分组交换网为中心的计算机网络

20世纪70～80年代,随着计算机应用的普及,一些部门和单位常常拥有多台计算机。由于这些计算机分布在不同的地点,它们之间经常需要进行信息交流,因此人们希望将分布在不同地点的计算机通过通信线路连接起来。于是人们就利用现有的电话交换系统。

3. 第三代:体系结构标准化的计算机网络

20世纪80～90年代,随着计算机网络的发展,各大计算机厂家纷纷开始民用工业计算机网络产品的研制和开发,同时也提出了各自的网络体系结构和网络协议。

4. 第四代:以网络互联为核心的计算机网络

20世纪90年代至今,通过路由器等互联设备将不同的网络连接到一起,形成可以互相访问的"互联网"。例如,Internet就是目前世界上最大的一个国际互联网。

8.1.1 什么是计算机网络

计算机网络技术是计算机技术与通信技术的结合。计算机网络是由分布在不同地点、不同位置的计算机(又称为自治系统)通过通信线路及一定的通信规则(协议)而组成的。计算机网络主要包含连接对象(元件)、连接介质、连接控制机制(如约定、协议、软件)、连接方式与结构四个方面。计算机网络连接的对象是各种类型的计算机(如大型计算机、工作站、微型计算机等)或其他数据终端设备(如各种计算机外部设备、终端服务器等)。计算机网络的连接介质是通信线路(如光纤、同轴电缆、双绞线、地面微波、卫星等)和通信设备(网关、交换机、路由器、Modem等),其控制机制是各层的网络协议和各类网络软件。所以计算机网络是利用通信线路和通信设备,把地理上分散的并具有独立功能的多个计算机系统互相连接起来,按照网络协议进行数据通信,用功能完善的网络软件实现资源共享的计算机系统的集合。它是指以实现远程通信和资源共享为目的,大量分散但又互联的计算机的集合。互联的含义是两台计算机能互相通信。两台计算机通过通信线路(包括有线和无线通信线路)连接起来就组成了一个最简单的计算机网络。全世界成千上万台计算机相互间通过双绞线、电缆、光纤和无线电等连接起来构成了世界上最大的 Internet 网络。网络中的计算机可以是在一间办公室内,也可能分布在地球的不同区域。这些计算机相互独立,即所谓自治的计算机系统,脱离了网络它们也能作为单机正常工作。在网络中,需要有相应的软件或网络协议对自治的计算机系统进行管理。组成计算机网络的目的是资源共享和互相通信。

8.1.2 网络拓扑

网络拓扑是指用一些"点"和"线"组成的结构图,用来表示计算机网络的物理布局。网络中的计算机、终端、通信处理设备等抽象成"点",连接这些设备的通信线路抽象成"线"。网络拓扑为网络故障检测及有效隔离提供了很多便利。计算机网络的拓扑结构主要有星型、总线型、环型、树型、网状型,如图 8-1 所示。

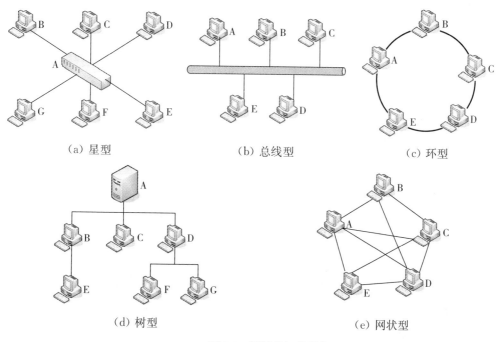

(a) 星型　　　　　(b) 总线型　　　　　(c) 环型

(d) 树型　　　　　(e) 网状型

图 8-1　网络的拓扑结构

1. 星型拓扑结构

星型网络的特点是中央节点可以逐一进行故障检测和定位,即一个连接点的故障只影响一个设备,而不会影响全网,故障诊断和隔离会非常容易。例如,如果图 8-1(a)中节点 B 发生了故障,只要中心节点 A 正常工作,就可以将故障节点 B 屏蔽,而不影响其他节点之间的正常通信。若图 8-1(a)中节点 A 发生了故障,则该网络将无法工作。

2. 总线型拓扑结构

总线型结构网络的特点是站点或某个用户的失效并不影响其他站点或其他用户通信。例如,虽然图 8-1(b)中节点 B 发生了故障,其他节点与节点 B 之间的通信中断,但节点 A、节点 C、节点 D、节点 E 之间仍然可以正常通信。

3. 环型拓扑结构

环型结构网络的特点是环中任何一段的故障都会使各个节点之间的通信受阻。因此,不容易对环型网络进行故障隔离。例如,如果图 8-1(c)中节点 B 发生了故障,其他节点之间将不能进行正常通信,导致整个网络瘫痪。因此,为了增加环状拓扑的可靠性,引入了双环拓扑结构,即在单环的基础上在各个节点之间再连接一个备用环、当主环发生故障时,由备用环继续工作。

4. 树型拓扑结构

树型结构网络的特点是故障隔离较容易,如果某一分支的节点或线路发生故障,很容易将故障分支与整个系统隔离开来。例如,图 8-1(d)小节点 A 称为根节点,具有统管全网的能力,其他节点称为子节点。如果节点 B 发生了故障,只会影响节点 E 的正常通信,而对其他节点的通信没有任何影响。

5. 网状拓扑结构

网状结构网络的特点是可以确保网络的可靠性,如果某节点或线路发生故障,其他线路之间仍可以正常通信。例如,虽然图 8-1(e)中节点 A 和节点 B 发生故障,但是节点 C、节点 D、节点 E 之间的通信不会受到影响。

8.1.3 网络的类型

计算机网络从不同的角度可以分为不同的类型,目前还没有一种被普遍接受的分类方法和标准,原因是计算机网络非常复杂,人们可以从各个不同角度来对计算机网络进行分类。比如,可以按照网络所使用的传输介质,将网络分为有线网和无线网,也可以按照网络所使用的拓扑结构,将网络分为总线型网、环型网、星型网、树型网、网型网等;还可以按照网络的传输速度,将网络分为高速网、中速网和低速网等。由于计算机所覆盖的物理范围会影响到网络所采用的传输技术、组网方式以及管理和运营方式,因此目前人们习惯把计算机网络所覆盖的物理范围作为网络分类的一个重要标准。按照网络覆盖范围可以将网络分为局域网、城域网和广域网。

1. 局域网

局域网(Local Area Network,LAN)是将较小地理区域内的计算机或数据终端设备连接在一起的通信网络。它常用于组建一个办公室、一栋楼、一个楼群、一个校园或一个企业的计算机网络。局域网可以由一个建筑物内或相邻建筑物的几百台至上千台计算机组成,也可以小到连接一个房间内的几台计算机、打印机和其他设备。局域网主要用于实现短距离的资源共享。局域网覆盖的地理范围比较小,一般在几十米到几千米之间。通常用于局域网的通信介质有光纤、双绞线、同轴电缆等。局域网的传输速率有 10 M、100 M、1 000 M 几种,目前,主流的传输速率是 100 M 及 1 000 M。局域网的误码率比较低,因为局域网的传输距离短,因而失真小,误码率低,通常在 $10^8 \sim 10^{10}$ 范围内。几台计算机和打印机就可以组成一个简单的局域网,如图 8-2 所示。

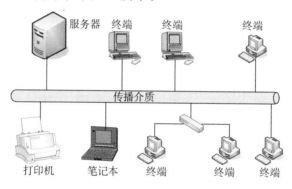

图 8-2　局域网示例

2. 城域网

城域网(Metropolitan Area Network,MAN)是一种大型的 LAN,它的覆盖范围介于局域网和广域网之间,一般为几千米至几万米,城域网的覆盖范围在一个城市内,它将位于一个城市之内不同地点的多个计算机局域网连接起来实现资源共享。城域网所使用的通信设备和网络设备的功能要求比局域网高,所以能有效地覆盖整个城市的地理范围。一般在一个大城市中,城域网可以将多个学校、企事业单位、公司和医院的局域网连接起来共享资源。不同建筑物内的局域网通过互联就可以组成城域网,如图 8-3 所示。

3. 广域网

广域网(Wide Area Network,WAN)是在一个广阔的地理区域内进行数据、语音、图像信息传输的计算机网络。由于远距离数据传输的带宽有限,因此广域网的数据传输速率比局域网要慢得多。广域网可以覆盖一个城市、一个国家甚至全球。Internet 是广域网的一种,但它不是一种具体独立性的网络,它将同类或不同类的物理网络(局域网、广域网与城域网)互联,并通过高层协议实现不同类网络间的通信。图 8-4 所示即为一个简单的广域网。

图 8-3 城域网示例

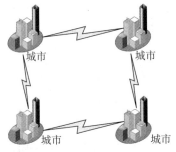

图 8-4 广域网示例

8.1.4 主要传输介质

传输介质是网络中传输信息的物理通道，是数据通信中实际传输信息的载体。信号的传输不仅与传输的数据信号和收发转换特性有关，而且还与传输介质的特性有关。因此，必须根据网络的具体要求，选择适当的传输介质。传输介质的主要特性包括物理特性、传输特性、连通性、地理范围、抗干扰性和相对价格等方面。常见的网络传输介质有很多种，可分为两大类：一类是有线传输介质，如同轴电缆、双绞线、光纤等；另一类是无线传输介质，如微波和卫星通信等。

1. 同轴电缆

在局域网兴起之初，同轴电缆曾是局域网网线的主流，但目前同轴电缆除在有线电视信号传输中用的较多外，在计算机局域网络中逐渐被双绞线替代。同轴电缆由圆柱形金属网导体（外导体）及其所包围的单根金属芯线

图 8-5 同轴电缆

（内导体）组成，外导体与内导体之间由绝缘材料隔开，外导体外部也是一层绝缘保护套，如图 8-5 所示。同轴电缆有粗缆和细缆之分。

同轴电缆根据其直径大小可以分为：粗同轴电缆（粗缆）与细同轴电缆（细缆）。粗缆适用于比较大型的局部网络，它的传输距离长，可靠性高，由于安装时不需要切断电缆，因此用户可以根据需要灵活调整计算机的入网位置，但粗缆网络必须安装收发器，安装难度大，所以总体造价高。相反，细缆安装则比较简单，造价低，但由于安装过程要切断电缆，两头须装上基本网络连接头（BNC），然后接在 T 型连接器两端，所以当接头多时容易产生不良的隐患。无论是由粗缆还是细缆构成的计算机局域网络，一般都是总线型拓扑结构，即一根电缆上连接多台计算机。这种拓扑结构适合于计算机较密集的环境，但当总线上某一触点发生故障时，会串联影响到整根电缆所连接的计算机，故障的诊断和恢复也很麻烦。因此，目前同轴电缆基本上已经被非屏蔽双绞线或光纤取代。

2. 双绞线

双绞线是局域网中最常用的一种传输介质,它由每组两条具有绝缘保护层的铜导线相互绞合而成,一般用于局域网使用的双绞线都是四组。把这些铜导线按一定的密度绞合在一起,可增强双绞线的抗电磁干扰能力。在双绞线中可传输模拟信号和数字信号。双绞线通常有非屏蔽式和屏蔽式两种。

(1)非屏蔽双绞线。

把一对或多对双绞线组合在一起,并用塑料套装,组成双绞线电缆。这种采用塑料套装的双绞线电缆称为非屏蔽双绞线(Unshielded Twisted Pair,UTP),如图 8-6 所示。用于计算机网络中的 UTP 不同于其他类型的双绞线,其阻抗为 100 Ω,其外径大约 4.3 mm。通常使用一种称之为 RJ-45 的 8 针连接器与 UTP 连接构成 UTP 电缆。常用的 UTP 有 3 类、4 类、5 类、超 5 类等形式。表 8-1 列出了几类 UTP 的技术参数和主要用途。

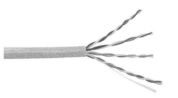

图 8-6　非屏蔽双绞线(UTP)

表 8-1　每类 UTP 的技术参数和主要用途

UTP 类别	最高工作频率(MHz)	最高传输速率(Mb/s)	主要用途
3 类	15	10	用于传输语音和最高传输速率为 10 Mb/s 的网络,目前已经从市场上消失
4 类	20	45	用于传输语音和最高传输速率为 15 Mb/s 的网络,目前在市场中也很难见到了
5 类	100	100	使用了特殊的绝缘材料,可用于传输语音和最高传输速率为 100 Mb/s 的网络,目前在市场中占绝对主导地位
超 5 类	100	155	比 5 类 UTP 性能更佳,传输距离可达到 130 m。目前用在对网络稳定性要求更高的 100 Mb/s 的网络,有取代 5 类 UTP 的趋势

UTP 具有成本低、重量轻、尺寸小、易弯曲、易安装、阻燃性好、适于结构化综合布线等优点,因此,在一般的局域网建设中被普遍采用。但它也存在传输时有电磁辐射、容易被窃听的缺点,所以,在少数信息保密级别要求高的场合,还须采取一些辅助屏蔽措施。

EIA/TIA 的布线标准中规定了两种双绞线的线序,分别是标准 T568A 与标准 T568B。两种双绞线线序的比较如下所示。

标准 568A:绿白—1,绿—2,橙白—3,蓝—4,蓝白—5,橙—6,棕白—7,棕—8

标准 568B:橙白—1,橙—2,绿白—3,蓝—4,蓝白—5,绿—6,棕白—7,棕—8

除两台 PC 之间直连用交叉线连接之外,一般使用标准 568B 直线连接。

（2）屏蔽双绞线。

采用铝箔套管或铜丝编织层套装双绞线就构成了屏蔽双绞线（Shielded Twisted Pair，STP），如图 8-7 所示。STP 有 3 类和 5 类两种形式，有 150 Ω阻抗和 200 Ω阻抗两种规格。屏蔽双绞线具有抗电磁干扰能力强、传输质量高等优点，但它也存在接地要求高、安装复杂、弯曲半径大、成本高的缺点，尤其是如果安装不规范，实际效果会很差。因此，屏蔽双绞线的实际应用并不普遍。

图 8-7　屏蔽双绞线（STP）

3. 光纤

光纤（Optical Fiber）是目前发展迅速、应用广泛的传输介质。它是一种能够传输光束的、细而柔软的传输光能的波导介质，一般由纤芯和包层组成。光纤通常是由石英玻璃拉成细丝，由纤芯和包层构成的双层通信圆柱体，其结构一般是由双层的同心圆柱体组成，中心部分为纤芯。常用的多模光纤纤芯直径为 62 μm，纤芯以外的部分为包层，一般直径为 125 μm。

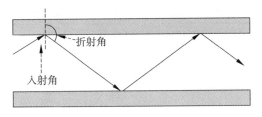

图 8-8　光波在纤芯中的传输

分析光在光纤中传输的理论一般有两种：射线理论和模式理论。射线理论是把光看作射线，引用几何光学中的反射和折射原理解释光在光纤中传播的物理现象。模式理论则把光波当作电磁波，把光纤看作光波导体，用电磁场分布的模式来解释光在光纤中的传播现象。模式理论等同于微波波导理论，但光纤属于介质波导，与金属波导管有区别。模式理论比较复杂，一般用射线理论来解释光在光纤中的传输。光纤的纤芯折射率比包层的折射率高，当光线从高折射率的介质射向低折射率的介质时，其折射角将大于入射角。因此，如果折射角足够大，就会出现全反射，光线碰到包层时就会折射回纤芯，这个过程不断重复，光线就会沿着光纤传输下去，如图 8-8 所示。光纤就是利用这一原理传输信息的。

图 8-9　多模光纤和单模光纤

在光纤中,只要射入光纤的光线的入射角大于某一临界角度,就可以产生全反射,因此可存在许多角度入射的光线在一条光纤中传输,这种光纤称为多模光纤。但若光纤的直径减小到只能传输一种模式的光波,则光纤就像一个波导一样,可使得光线一直向前传播,而不会有多次反射,这样的光纤称为单模光纤。单模光纤在色散、效率、传输距离等方面都要优于多模光纤。图8-9所示为光在单模光纤和多模光纤中的传输示意图,表8-2所示为两者的特征对比。

表 8-2　单模光纤和多模光纤特性对比表

单 模 光 纤	多 模 光 纤
用于高速率,长距离	用于低速率,短距离
成本高	成本低
窄芯线,需要激光源	宽芯线,聚光好
耗损极小,效率高	耗损大,效率低

光纤有很多优点:频带宽、传输速率高、传输距离远、抗冲击和电磁干扰性能好、数据保密性好、损耗和误码率低、体积小、重量轻等。但它也存在连接和分支困难、工艺和技术要求高、需配备光/电转换设备、单向传输等缺点。由于光纤是单向传输的,要实现双向传输就需要两根光纤或一根光纤上有两个频段。

因为光纤本身脆弱,易断裂,直接与外界接触易于产生接触伤痕,甚至被折断。因此在实际通信线路中,一般都是把多根光纤组合在一起形成不同结构形式的光缆,如图8-10所示。随着通信事业的不断发展,光缆的应用越来越广,种类也越来越多。按用途分,有中继光缆、海底光缆、用户光缆、局内光缆,此外还有专用

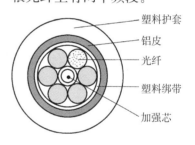

图 8-10　光缆剖面图

光缆、军用光缆等;按结构区分,有层绞式、单元式、带状式和骨架式光缆。

4. 无线传输介质

传输介质除同轴电缆、双绞线和光纤等有线传输介质外,还可以是无线电波。采用无线电波作为传输介质只需在建筑物或塔顶上架设无线电收发器即可,这样可以节省大量的线缆费用和铺设费用。无线传输还具有相当的灵活机动性,特别适宜于野外等需要临时建立通信网的应用领域,缺点是通信容易受到雨、雾等天气变化的影响。

无线局域网通常使用红外(IR)或者射频(RF)波段传输信息,其中后者使用居多。红外线局域网采用小于$1\,\mu m$波长的红外线作为传播媒体,有较强的方向性,受太阳光线的干扰大。它支持$1\sim2\,Mb/s$数据速率,适用于近距离传输。

射频穿射是指信号通过特定的频率点传输,采用射频作为传输媒体,覆盖范

围大,发射功率较自然背景的噪声低,基本避免了信号的窃取,使通信相对安全。除红外和射频传输外,微波和卫星链接也可以通过电波传输数据,这些能够跨越更远距离的传输方式主要应用于广域网通信。

8.1.5 网络协议

众所周知,在开车时必须了解和掌握的是交通法规;与之相似的是,网络中用户首先面临的就是网络中的协议。也可以这么说,网络协议就如同信息高速公路中的交通法规。

与公路的交通法规类似,网络中的计算机之间在通信时,也必须使用一种双方都能理解的语言规则,这种语言规则就称为协议。协议就是网络中使用的"语言",它不仅要能够讲,而且要能够理解这些"语言"的计算机才能在网络上与其他计算机彼此通信。正是因为有了协议,网络上各种大小不同、结构不同、操作系统不同、处理能力不同、品牌不同的产品才能够连接起来,相互通信,实现资源共享。从这个意义上讲,协议就是网络的本质。协议定义了网络上的各种计算机和设备之间相互通信、数据管理、数据交换的整套规则。通过这些规则,网络上的计算机才能够彼此通信。协议是计算机网络中不可或缺的部分。

综上所述,可以得出如下结论:网络协议就是为网络数据交换而制定的规则、约定与标准。网络协议要解决三个问题:协议的语法(如何通信)问题、语义(通信什么)问题、时序(通信次序)问题,它们也是协议的三个要素。

语法定义了通信双方的数据与控制信息的表现形式,即结构与格式,还划定了数据出现的顺序的意义(包括数据格式、编码及信号电平等,即"如何通信")。

语义用于解释所讲内容每一部分的意义。它规定了需要发出何种控制信息,以及要完成的动作与作出的响应(包括用于协调的控制信息,即"通信什么")。

时序是对事件实现顺序的详细说明,即何时进行通信,先发送什么,再发送什么,发送速度等(包括速度匹配和排序,即确定通信的"顺序"或"状态变化")。

总之,协议只有在解决好语法(如何通信)、语义(通信什么)和时序(通信次序)这三部分问题后,才能比较完整地完成了数据通信的功能。

8.2 局域网简介

对于大多数用户而言,直接面对最多的网络往往是局域网。相对于广域网和城域网而言,局域网的技术更成熟一些,管理也相对简单一些。早期局域网的类型很多,如以太网、令牌环网、FDDI 等。经过不断发展与淘汰,目前应用最广泛的是以太网,速率已由早期的 10 Mb/s 发展为现在的 1 000 Mb/s,本节将简单介绍以太网、无线局域网和简单局域网的组建。

8.2.1 以太网

1. 以太网的工作原理

早期的以太网是总线型拓扑结构,总线是所有计算机公用的,在同一时间,总线上最多只能容纳一台计算机发送数据,否则会出现冲突,从而造成传输数据的失败。

2. 总线型以太网的缺点

(1)数据传输过程中可能会出现冲突。

计算机 A 检测到总线为空,将数据发送到总线上,由于信号传输需要一段时间,所以在一定的时间范围内,计算机 D 检测总线也可能为空,并将数据发送到总线上,两个信号在总线上产生碰撞,造成数据传输失败。

(2)总线网的结构简单,但故障率较高。

总线上的连接处容易出现故障而导致整个网络瘫痪,因此,总线型以太网已被星型以太网所替代。

3. 星型以太网

星型以太网是指采用集线器或交换机连接起来的拓扑结构为星型的以太网,如图 8-1(a)所示。通过集线器连接起来的以太网也称为共享式以太网,通过交换机连接起来的以太网也称为交换式以太网。

使用集线器构成的星型网实质上仍然是总线型,可以看成将总线网的总线密封在集线器中。集线器的每一个端口都具有发送和接收数据的功能。当集线器的每个端口收到计算机发来的数据时,就简单地将数据向所有其他端口转发。和总线以太网一样,连在集线器上的所有计算机,在一个特定的时间最多只能有一台发送,否则,会发生碰撞,这样,我们称连接在集线器上的所有计算机共享一个"碰撞域"。如果联网的计算机数量较多,一台集线器的端口数不够,就可以将多台集线器用双绞线连接起来。

交换机和集线器虽外观相似,但内部原理完全不同。交换机不像集线器那样,无条件地向所有端口转发,而是根据所收到帧中所包含的目的地址来决定是过滤还是转发,且转发时只向指定的端口转发。早期由于交换机的价格比集线器贵,所以一般用于网络速率要求较高的场合,但目前交换机价格已经很便宜,故集线器使用越来越少。

8.2.2 无线局域网

随着计算机网络技术的发展,越来越多的人开始选择无线网络,无线局域网更是发展迅速。下面就对无线局域网进行简单介绍,使读者对无线局域网有所了解。

1. 无线局域网的定义

无线局域网是一种在不采用传统电缆线同时,提供传统有线局域网的所有功能的无线网络。无线局域网的基础还是传统的有线局域网,是有线局域网的扩展和替换。它只是在有线局域网的基础上通过无线路由器、无线网卡等设备使无线通信得以实现。与有线网络一样,无线局域网同样也需要传输介质。只是无线局域网采用的传输介质不是双绞线或光纤,而是红外线或无线电磁波等。

2. 无线局域网的标准

无线局域网的常用标准是 IEEE 802.11 系列,目前已经定义了多个不同的标准,使用不同的频谱,所支持的最高传输速率也不相同,更不保证兼容。不同的 802.11 标准工作的协议层次不尽相同,具体情况读者可以查阅 IEEE 制定的无线局域网系列标准。为了实现在电话、计算机、附属设备以及小范围(一般是在 10 m 以内)的数字助理设备之间的无线通信,人们需要构建无线个人局域网(Wireless Personal Area Network,WPAN)。目前无线个人局域网的常用标准是 IEEE 802.15 标准。

3. 蓝牙技术

蓝牙技术是介于高速 WPAN 和低速 WPAN 之间的一种 WPAN 技术。其数据速率最高达到 1 Mb/s,实际速率大约为 0.5 Mb/s;使用户能在包括移动电话、PDA、无线耳机、笔记本、相关外设等众多设备之间进行无线信息交换。利用蓝牙技术,能够有效地简化移动通信终端设备之间的通信,也能够成功地简化设备与 Internet 之间的通信,从而使数据传输变得更加迅速高效,为无线通信拓宽道路。蓝牙采用分散式网络结构以及快跳频和短包技术,支持点对点及点对多点通信。

作为一种无线数据与语音通信的开放性全球规范,蓝牙技术以低成本的近距离无线连接为基础,为固定与移动设备通信环境建立一个特别连接。例如,如果把蓝才技术引入移动电话和笔记本中,就可以去掉移动电话与笔记本之间令人讨厌的连接电缆而通过无线使其建立通信。打印机、PDA、PC、鼠标、键盘、游戏操纵杆以及所有其他的数字设备都可以成为蓝牙系统的一部分。除此之外,蓝牙无线技术还为已存在的数字网络和外设提供通用接口以组建一个远离固定网络的个人特别连接设备群。

说明:蓝牙的创始人是瑞典爱立信公司,爱立信早在 1994 年就已进行研发。1997 年,爱立信与其他设备生产商联系,并激发了他们对该项技术的浓厚兴趣。1998 年 2 月,5 个跨国大公司,包括爱立信、诺基亚、IBM、东芝及 Intel 组成了一个特殊兴趣小组,他们共同的目标是建立一个全球性的小范围无线通信技术,即现在的蓝牙。

8.2.3 简单局域网的组建

由于微软公司于 2014 年 4 月 8 日停止对 Windows XP 的支持,因此越来越多的用户转而使用 Windows 7、Windows 8 操作系统。下面用一个例子来介绍如何使用 Windows 7 组建宿舍局域网以共享资源和上网。

例 8-1 组建宿舍局域网。

在家里、宿舍、学校或者办公室,如果多台电脑需要组网共享,并且这几台电脑上安装的都是 Windows 7 系统,那么该局域网组建起来会非常简单和快捷。因为 Windows 7 中提供了一项名称为"家庭组"的家庭网络辅助功能,通过该功能可以轻松地实现 Win7 电脑互联,在电脑之间直接共享文档、照片、音乐等各种资源,还能直接进行局域网联机,也可以对打印机进行更方便的共享,如果再加上一个能够连接互联网的路由器,就可以轻松畅游互联网。下面就以 4 台电脑组成的宿舍局域网为例,如图 8-11 所示,介绍具体操作步骤。

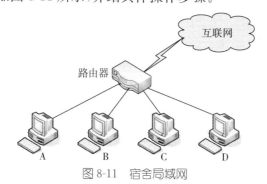

图 8-11 宿舍局域网

1. 联网准备

①首先要买一个能够连接 4 台电脑的路由器。此外要买五根长度合适的网线,可以尽量买长一点的,另外两头的水晶头要装好。

②然后拿一条网线一头插在网络服务商接进来的网线插口(重点声明:如果宿舍里还拖着一个 Modem 的话,网线的一头应该接在 Modem 的网线接口上),另一头接到路由器的 WAN 的接口上(一般情况下,此接口跟其他四个接口分得比较开)。

③再将另外四条网线分别插到路由器的 1,2,3,4 号口中,而网线的另外四头分别接到四台计算机上。

④软件设置。根据路由器的说明书,确定路由器的 IP 地址。(一般都是 192.168.1.1 或 192.168.1.0),知道路由器 IP 后,打开任意一台计算机的 IE 浏览器,在地址栏里输入 192.168.1.*(路由器默认地址),登陆路由器(用户名一般是 admin,密码也是 admin)。

⑤设置向导。登录成功后,一般会弹出一个设置向导对话框。如果没有弹出设置向导对话框,找界面左上角的设置向导菜单,就可到达设置向导界面,然后按

提示设置。如果路由器支持以下三种常用的上网方式,请根据实际需要进行选择。

①以 ADSL 虚拟拨号(pppoe)。

②以太网宽带:自动从网络服务商获取 IP 地址(动态 IP)。

③以太网宽带:网络服务商提供固定 IP 地址(静态 IP)时,一般先选择 ADSL 虚拟拨号(pppoe),进入下一步,设置上网账号和上网口令,再点击"下一步"完成基本设置。

这样四台计算机就都可以上网冲浪了。下面介绍如何使计算机之间共享数据。

2. Windows 7 电脑中创建家庭组

在前面建立的宿舍局域网基础上,通过如下的设置,可以实现各计算机之间的共享。在 Windows 7 系统中打开"控制面板"→"网络和 Internet",点击其中的"家庭组",可以在界面中看到家庭组的设置区域。如果当前使用的网络中没有其他人已经建立的家庭组存在的话,就会看到 Windows 7 提示你创建家庭组进行文件共享。此时点击"创建家庭组",就可以开始创建一个全新的家庭组网络。

说明:创建家庭组的这台电脑需要安装的 Windows 7 家庭高级版,Win7 专业版或 Win7 旗舰版才可以,而 Windows 7 家庭普通版加入家庭组没问题,但不能作为创建网络的主机使用。所以即使宿舍里只有一台电脑是 Win7 旗舰版,其他电脑都是 Windows 7 家庭普通版,也不影响使用。

打开创建家庭网的向导,首先选择要与家庭网络共享的文件类型,默认共享的内容是图片、音乐、视频、文档和打印机 5 个选项,除了打印机以外,其他 4 个选项分别对应系统中默认存在的几个共享文件,如图 8-12 所示。

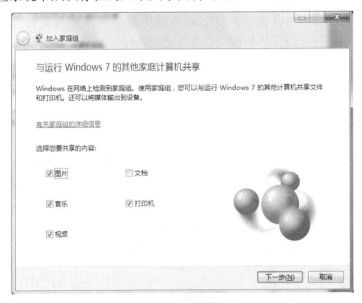

图 8-12　家庭组共享

点击下一步后，Windows 7 家庭组网络创建向导会自动生成一连串的密码，此时你需要把该密码复制粘贴发给其他电脑用户，当其他计算机通过 Windows 7 家庭网连接进来时必须输入此密码串，虽然密码是自动生成的，但也可以在后面的设置中修改成大家都熟悉的密码。点击"完成"，这样一个家庭网络就创建成功了。返回家庭网络中，还可以进行其他相关设置。

当想关闭这个 Windows 7 家庭网时，在家庭网络设置中选择"退出已加入的家庭组"即可。然后打开"控制面板"→"管理工具"→"服务"项目，在这个列表中找到 HomeGroupListener 和 HomeGroupProvider 两个项目，右键单击，分别禁止和停用这两个项目，就把这个 Windows 7 家庭组网完全关闭了，这样宿舍中的电脑就找不到这个家庭网了。

3. 自定义共享资源

在 Windows 7 系统中，文件夹的共享比 WinXP 方便很多，只需在 Win7 资源管理器中选择要共享的文件夹，点击资源管理器上方菜单栏中的"共享"，并在菜单中设置共享权限即可，如图 8-13 所示。如果只允许自己的 Windows 7 家庭网络中其他电脑访问此共享资源，那么就选择"家庭网络（读取）"；如果允许其他电脑访问并修改此共享资源，那么就选择"家庭组网（读取/写入）"。设置好共享权限后，Windows 7 会弹出一个确认对话框，此时点击"是，共享这些选项"就完成了共享操作，相当简单。

图 8-13　设置共享权限

在 Windows 7 系统中设置好文件共享之后，可以在共享文件夹上点击右键，选择"属性"菜单打开一个对话框。选择"共享"选项，可以修改共享设置，包括选择和设置文件夹的共享对象和权限，也可以对某一个文件夹的访问进行密码保护设置，如图 8-14 所示。Windows 7 系统对于用户安全性的保护大大提高了，而且不论使用的是 Windows 7 旗舰版还是 Windows 7 普通版。

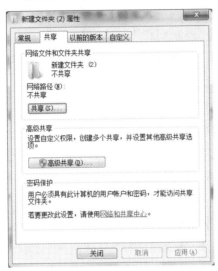

图 8-14　修改共享设置

在局域网建立和家庭资源共享方面，Windows 7 系统有极大的提升，其改进是显而易见的，使更多的 Windows 7 用户可以便捷享受资源共享的乐趣。无论在家中还是在单位里，这方面的应用都很多，Windows 7 用户可以自己组建网络来体验共享资源的乐趣。

8.3　Internet 概述

Internet 又叫国际互联网络，中文译名为"因特网"。它是全球最大的计算机网络，是一个由本地局域网、地区范围的城域网及国际范围的大型计算机网络组成的集合。

8.3.1　因特网简介

因特网诞生于冷战时期，其前身是美国国防部在 20 世纪 60 代末建的 Arpanet 网络。它把当时美国的几个军事及研究用的计算机主机联结起来，组成一个军事指挥系统，目的是在传统的军事通信系统受到打击时，这套系统可以提供战时的应急通信。这就是 Internet 的雏形。

20 世纪 80 年代中期,为了使全美的科学家、工程师和学生共享这些以前仅为少数人使用的非常昂贵的计算机主机,美国国家科学基金会(NFS)决定建立基于 IP 协议的计算机网络,通过 56K 的电话线将各大超级计算机中心连接起来。但考虑电话线连接的费用较高,于是决定先建立地区子网,再连接到各大计算机中心,这样便建立了国家科学基础网(NSFNET)。该网于 1989 年被更名为 Internet(因特网)。

早期的因特网用户大部分是研究人员或科学家,使用也比较复杂。便随着使用简单、界面友好的因特网访问工具的出现,其使用范围也不断扩大,目前 Internet 正以飞快的速率增长,其中增长最快的是手机上网用户。如中国手机网民的年增长率为 19.1%。

Internet 在近些年又面临着一次更大规模的发展。由于联网主机数目的不断增加,子网数目的扩大,IP 地址资源已相当贫乏。同时由于应用资源的日益丰富、网上信息量的不断扩大,对网络带宽的需求也日益扩大,传统的 Internet 速率已不能满足需求。针对这种情况,一些发达国家纷纷出台新一代 Internet 研究计划。如用于解决 IP 地址资源贫乏的 IPv6,目前已经在不少地方投入使用。

我国于 1994 年 4 月被正式接纳为 Internet 成员,同年邮电部的 ChinaNet(中国互联网)和原国家教委的 CERNET(中国教育科研网)接入 Internet。在此之前中国科学院高能物理研究所(IHEP)已率先进入 Internet。此外,我国的 Internet 主要成员还有中国科学院计算机网络信息中心,该中心目前是中国的互联管理单位,负责中国的域名及 IP 地址分配等工作。

国内传统的四大互联网络是中国科技网(CSTNet)、中国金桥网(China GBN)、中国互联网(ChinaNet)以及中国教育科研网(CERNet)。

CERNet 是由原国家教委供教学科研使用的国家计算机网络,清华大学、北京大学等 10 所高等院校作为 CERNet 的网管中心(地区网中心)。目前国内高校基本上都已接入 CERNet。

Internet 的发展给我国社会带来了巨大冲击,目前我国的 Internet 用户正在迅速增加。截至 2018 年 12 月,我国网民规模达 8.29 亿,互联网普及率为 59.6%。与此同时,手机网民增加迅速,达到 8.17 亿。

目前,我国在 Internet 上开展的应用的范围扩展迅速,几乎覆盖了全球的各个领域。如通过 Internet 拨打长途电话、视屏聊天、网上购物、电子政务等。

8.3.2 因特网的协议

TCP/IP 协议是 Internet 使用的一簇标准协议的总称。一般来说,TCP 提供传输层服务,IP 提供网络服务。事实上,TCP/IP 协议涉及了 Internet 应用及网络传输的各个方面,例如用于邮件传输的 SMTP(简单邮件传输协议)、用于 WWW 访问的 HTTP 协议等等,但其核心是 TCP 及 IP 两个协议。

与 OSI 参考模型相比,TCP/IP 的体系结构更简化。它们的结构对比如图 8-15 所示。

OSI模型	TCP/IP模型
应用层	应用层
表示层	
会话层	
传输层	传输层（TCP/IP）
网络层	网络层（IP）
数据链路层	网络接口层
物理层	

图 8-15　OSI 与 TCP/IP 模型的比较

1. OSI（国际标准化组织）模型网络分层含义

(1) 物理层。

主要提供与传输介质的接口、与物理介质相连接所涉及的机械的、电气的功能和规程方面的特性,最终达到物理的连接。它提供了位传送的物理通路。该类协议有 RS-232A、RS-232B、RS-232C 等。

(2) 数据链路层。

通过一定的格式及差错控制、信息流控制送出数据帧,保证报文以帧为单位在链路上可靠地传输。为网络层提供接口服务。这类协议典型的例子是 ISO 推荐的高级链路控制远程 HDLC。

(3) 网络层。

它是用来处理路径选择和分组交换技术,提供报文分组从源节点至目的节点间可靠的逻辑通路,且担负着连接的建立、维持和拆除。IP 协议属于此类协议。

(4) 传输层。

它用于主机同主机间的连接,为主机间提供透明的传输通路,传输单位为报文。TCP 协议属于此类协议。

(5) 会话层。

它的功能是要在数据交换的各种应用进程间建立起逻辑通路,我们将两应用进程间建立的一次联络称为一次会话,而会话层就是用来维持这种联络。

(6) 表示层。

该层提供一套格式化服务。报文压缩、文件传输协议 FTP 属于此类协议。

(7)应用层。

应用层也被称为用户层,是面向用户的各种软件的传输协议,如 SMTP、POP3、Telnet 等均属于此类协议。

值得一提的是,OSI 模型虽然被国际公认,但迄今为止尚无一个局域网能全部符合上述七层协议。

2. TCP/IP 模型网络分层含义

(1)应用层。

应用层负责支持网络应用。它所包含的协议包括支持 Web 的 HTTP,支持电子邮件的 SMTP 和支持文件传输的 FTP 等。

(2)TCP 层。

它负责把应用层消息递送给终端机的应用层,主要有传输控制协议(Transfer Control Protocol,TCP)和用户数据报协议(User Datagram Protocol,UDP)。传输控制协议提供了一种可靠的数据流服务,它在 IP 协议的基础上,提供端到端的面向连接的可靠传输。

(3)IP 层。

它负责提供基本的数据封包传送功能,让每块数据包都能够达到目的主机(但不检查是否被正确接收)。IP 层最重要的一个协议是 IP 协议。

(4)网络接口层。

它定义了将数据组成正确帧的规程和在网络中传输帧的规程。帧是指一串数据,它是数据在网络中传输的单位。

8.3.3 因特网地址与域名

一台接入因特网的计算机不管其作用是什么都被称为主机,主机间互相通信时,都必须精确地描述目的主机及源主机的位置,表达位置信息的通常是 IP 地址及域名。

1. IP 地址

因特网中的每一台主机都要被分配一个 32 位的整数地址(二进制),这个地址就是 IP 地址。IP 地址是因特网上的身份证,该地址是标识 Internet 上的一台主机的唯一根据,用在所有与该主机的通信中。

(1)表示方法。

IP 地址通常被写成由小数点分开的 4 个十进制整数,每个整数都对应一个 8 位二进制值。这种表示方法称作点分十进制表示法。例如 202.38.64.1 就是一个 IP 地址,其中的每一部分数据分别对应一个 8 位二进制数。

IP 地址分为两部分,网络号码部分与主机号码部分,这种结构使我们可以在

Internet 中很方便地寻址,先按 IP 地址中的网络号码把网络找到,再按主机号码找到主机。所以说,IP 地址不只是一个计算机号码,而且指出了连接到某个网络的某台计算机。

(2)分类。

为了便于对 IP 地址进行管理,需要考虑网络的差异性。有些网络拥有很多的主机,而有些网络上的主机则很少。IP 地址被分成 5 类,分别是 A、B、C、D、E 类地址。通常分配给一般联网用户或单位使用的是 A、B、C 三类地址。D 类是组播地址,主要是留给 Internet 体系结构委员会 IAB(Internet Architecture Board)使用。E 类地址是保留地址。

A 类地址:网络号为 8 位,第 1 位为 0,主要号为 24 位。其地址为 1.0.0.0 至 127.255.255.255;

B 类地址:网络号为 16 位,前两位为 10,主机号为 16 位。其地址为 128.0.0.0 至 191.255.255.255;

C 类地址:网络号为 24 位,前三位为 110,主机号为 8 位。其址为 192.0.0.0 至 223.255.255.255。

另外,有一些特殊的 IP 地址,如网络地址(主机号均为 0 的地址)、广播地址(主机号均为 1 的地址)、当前网络(以 0 作网络号的 IP 地址)、本地网广播地址(local network broadcast address)、回送地址等不能分配给某台主机,另外网络号部分为全"1"的 IP 地址和全"0"的 IP 的地址等也不能分配给主机。

在分配 IP 地址时,一定要注意不能将特殊 IP 地址分配给某一台机器,也要注意不能超出上述的 A、B、C 三类。

这样,可用的 IP 地址范围如表 8-3 所示。

表 8-3 IP 地址的使用范围

网络类别	最大网络数	第一个可用的网络号码	最后一个可用的网络号码	每个网络中的最大主机数
A	126	1	126	16777214
B	16382	128.1	191.254	65534
C	2097150	192.0.1	223.255.254	254

随着 Internet 的不断发展,入网主机也越来越多,传统的 Ipv4 地址资源日益紧张。新的 IP 地址——Ipv6 被推向市场。

2. 域名系统

利用 IP 地址能够在计算机之间进行通信,由于其是 4 个数字,难以记忆,因此用户希望能有一种比较直观的、容易记忆的名字来代替 IP 地址以方便记忆。为了使 IP 地址便于用户使用,同时也易于维护与管理,Interne 设立了域名系统 DNS(Domain Name System)。DNS 用分层的命名方法,对网络上的每台计算机赋予一个唯一的标识名,例如,用 www.sohu.com 表示 IP 地址为 119.97.155.2,主机为北京搜狐互联网信息服务有限公司的一台 WWW 服务器,DNS 的一般结构如下:

计算机名.组织机构名.网络名.最高层域名

最高层域名又叫顶级域名,顶级域名代表建立网络的部门、机构或网络所隶属的国家、地区。大体可分为两类,一类是组织性顶级域名,一般采用由三个字母组成的缩写来表明各机构类型,如表 8-4 所示。另一类是地理性顶级域名,以两个字母的缩写代表其所处的国家。

组织机构名称和计算机名一般由用户自定,但需要向相应的域名管理机构申请并获批准。

表 8-4 组织性顶级域名

最高层域名	机构类型	最高层域名	机构类型
.com	商业系统	.fire	商业或公司
.edu	教育系统	.store	商场
.gov	政府机关	.web	主要活动与 WWW 有关的实体
.mil	军队系统	.arts	文化娱乐
.net	网络资源	.rec	消遣性娱乐
.org	非盈利性组织	.inf	信息服务
.nom	个人		

地理性顶级域名为国家,如 CN 代表中国,AU 代表澳大利亚,FR 代表法国,DE 代表德国,IT 代表意大利,UK 代表英国,JP 代表日本等。

有时候,可能会遇到使用域名系统提示出错的情况,改用 IP 地址也许就能解决问题。IP 地址是纯数字的,不好记忆。而与之对应的域名是由文字构成的,人们在设计域名时,可以起一些容易记忆的名字,从而容易找到某台计算机。

说明:凡是能使用 Internet 域名地址的地方都可以使用 IP 地址。

8.3.4 Internet 接入

因特网(Internet 国际互联网络)是当今世界上最大的连接计算机的网络通信系统。它是全球信息资源的公共网,被广泛使用。要想利用 Internet 上的丰富资源,用户就必须将自己的计算机接入 Internet。

1. 接入方式

目前主要有两种接入种类:单机的接入和局域网的接入。常见的接入方式有如下几种方式:

①电话拨号接入。这种方式费用较低,比较适于个人和业务量小的单位使

用。用户所需设备简单，只需在计算机前增加一台调制解调器和一根电话线，再到 ISP 申请一个上网账号即可使用。拨号上网的连接速率一般为 14.4～56 Kbps，目前已经很少有人使用。

②ISDN 入网方式，又称"一线通"，顾名思义，就是能在一根普通电话线上提供语音、数据、图像等综合性业务，从而将电话、传真、数据、图像等多种业务综合在一个统一的数字网络中进行传输和处理。ISDN 提供 64 Kbps～128 Kbps 的上网速度的数字连接，而且费用相对低廉，目前已经很少有人使用。

③DDN 专线是指数字数据网，是利用信道提供永久性连接电路，用来传输数据信号的数字传输网络。它为用户提供高质量的数据传输通道，传送各种数据业务，以满足用户多媒体通信和组建中高速计算机通信网的需要。DDN 区别于传统的模拟电话专线，其显著特点是质量高，延时小，通信速率可根据需要选择，可靠性高，可提供的传输速率为 64 Kbps～2 Mbps，目前已经较少使用。

④ADSL 利用现有的电话线，为用户提供上、下行非对称的传输速率（带宽），上行（从用户到网络）为低速的传输，可达 640 Kbps；下行（从网络到用户）为高速传输，可达 7 Mbps。它最初主要是针对视频点播业务开发的，随着技术的发展，目前已经成为一种较方便的宽带接入技术，特别在小城镇和广大农村地区使用较广。

⑤LAN 主要采用以太网技术，以信息化小区的形式为用户服务。在中心节点使用高速交换机，为用户提供光纤到小区及 LAN 双绞线到户的宽带接入。基本做到千兆到小区、百兆到大楼、十兆到用户。用户只需一台电脑和一块网卡，就可享受网上冲浪、VOD（视频点播）、远程教育、远程医疗和虚拟社区等宽带网络服务。其特点是：接入设备成本低、可靠性好，用户只需一块 10 Mbps 的网卡即可轻松上网；解决了传统拨号上网方式的瓶颈问题，拨号 Modem 的最高速率是 56 Kbps，宽带接入用户上网的速率最高可达 10 Mbps，甚至更高；操作简单，无需拨号，用户开机即可联入互联网。

⑥HFC 是采用光纤和有线电视网络传输数据的宽带接入技术。有线电视 HFC 网络是一个城市非常宝贵的资源，通过双向化和数字化的发展，有线电视系统除了能够提供更多、更丰富、质量更好的电视节目外，还有着足够的频带资源来提供其他各种非广播业务、数字通信业务。在现有的 HFC 网络中，经调制后，可以在 6 MHz 模拟带宽上传输 30 Mbps 的数据流，以现有 HFC 网络可以传输 860 MHz 模拟信号计算，其数据传输能力为 4 Gbps。目前此种网络接入方式已在不少地方推广使用。

⑦无线方式。无线接入有两种方式：一种是基于移动通信的无线接入，如手机；一种是基于无线局域网。目前前一种接入方式使用者较多，但成本很高；后一种接入方式在很多单位和家庭使用较多。

8.4 WWW 概述

WWW 的出现被公认为是 Internet 发展史上的一个重要里程碑。在 Internet 的发展过程中，WWW 与之密切结合，推动了 Internet 的飞速发展。随着 Internet 技术的发展，资源的丰富，WWW 技术也在不断完善和发展。

8.4.1 什么是 WWW

WWW 是 World Wide Web 的英文缩写，简称为 Web，其中文名字为"万维网"。Web 是由遍布全球的计算机所组成的网络。Web 中的所有计算机通过 Web 不但可以彼此联系，还可以在全球范围内，迅速、方便地获取各种需要的信息。因此可以将 Web 理解为 Internet 中的多媒体信息查询平台。它允许用户用一台计算机通过 Internet 存取另一台计算机上的信息，是目前人们通过 Internet 在世界范围内查找信息和实现资源的最理想途径。

WWW 是 Internet 上发展最快、应用最多和最广泛的一种服务。正是由于 WWW 技术的出现，Internet 才得以迅速发展，各种计算机、网络才得以全面互联。从技术角度上说，WWW 是 Internet 上那些支持 WWW 协议和超文本传输协议 HTTP(Hyper Text Transport Protocol)的客户机与服务器的集合，通过它可以存取世界各地的多媒体文件，内容包括文字、图形、声音、动画、数据库和各种各样的软件。

8.4.2 HTML 与 HTTP

在 Web 服务中，信息一般是使用 HTML 格式以超文本和多媒体方式传送的，所使用的 Internet 协议是 HTTP 协议。

1. HTML

HTML (Hypertext Markup Language)意为超文本标记语言，是用于 WWW 上文档的格式化语言。使用 HTML 语言可以创建文本文档，该文档可以从一个平台移植到另一个平台。HTML 文件是带有嵌入代码(由标记表示)的 ASCII 文本文件，它用来表示格式化和超文本链接。HTML 文件的内容通过一个页面展示出来，不同页面通过超链接关联起来。

2. HTTP

HTTP 是超文本传输协议，是用于从 WWW 服务器传输超文本到本地浏览器的传送协议。最初设计 HTTP 的目的是提供一种发布和接收 HTML 页面的方法。HTTP 可以使浏览器更加高效，使网络传输减少。它不仅保证计算机正确快速地传输超文本文档，还确定传输文档中的哪一部分，以及哪部分内容首先显示等(如文本先于图形显示)。这就是上网时为什么在浏览器中看到的网址都是以"http： //"开头的原因。HTTP 的一般实现过程如下：

①连接：客户端与指定的服务器建立连接。

②请求：由客户端提出请求并发送到服务器，该请求通常包含以下信息：客户端使用的通信协议、所请求对象的对象名称、对象在服务器上的位置、服务器使用何种方式回应以及客户端采取什么方式来取得这个对象(GET 或 POST 方式)。

③响应：服务器收到客户的请求后，取得相关对象并发送到客户端。

④关闭：在客户端接受完对象后，关闭连接。

8.4.3 构建简单的 WWW 站点

随着各种通信技术的发展，互联网在中国已逐步进入普及阶段，许多人在充分享受浏览新闻、网上聊天、网络游戏、网上交易、收发电子邮件等网络的各种乐趣后，开始不满足于被动地接受，而是希望能主动参与网络，因此大量的个人网站应运而生。

那么如何构建属于自己的站点呢？建立一个网站，大致需要简单的四步：申请域名；购买虚拟主机；制作网页；网站宣传推广。

1. 申请域名

首先是注册域名。域名注册.com(国际域名)和.cn(国内域名)为宜，最好不要太长且有一定的意义、容易记。现在好的域名已经不多了，可灵活使用数字、英文单词、拼音等的组合。想好一个域名后，到底可不可以注册呢？您可到各个域名注册网站去查一下，如果不能注册，则说明有人捷足先登了；如果可以注册，那就恭喜您了。当然您可以根据自己的需要选择付费或免费的域名。

2. 购买虚拟主机

有了自己的域名后，您就需要一个放置网站程序的空间，也就是虚拟主机。一般虚拟主机提供商都能向用户提供 100 M、300 M、500 M 不等的虚拟主机空间，且大部分是要付费的。一般的企业网站选择 100～500 M 的虚拟主机就可以了，个人如果要求不高，免费的虚拟主机就可以满足需要了。如果购买虚拟主机，就需要考虑售后服务、稳定性和访问速度等方面。

3. 制作网页

如果您想自己开发网站，首先要学会使用目前流行的网页制作软件，如 Frontpage、Dreamweaver 等一些功能强大、所见所得的开发网页软件。比如可使用 Frontpage 2010 制作网页。如果您对网站要求不高，也可选用自助建站系统，如 QQ 空间。如果您需要非常专业的网站，则可以支付费用请专门的网站制作公司开发。

4. 网站推广

为了让更多的人找到您的网站,可以在网页搜索引擎中加入您的网站。如果您刚刚入网,搜索引擎要找到您的网页有可能需要几个月时间,但如果您愿意使用搜索引擎的竞价系统,就能立即使客户看到您的网站。当然这是要付费的。

8.5 Internet 的新应用

Internet 的价值不在于其庞大的规模或所应用的技术含量,而在于其所蕴涵的海量信息资源和方便快捷的通信方式。Internet 向用户提供了各种各样的功能,这些功能均是基于向用户提供不同的信息而实现的。Internet 向用户提供的这些功能也被称为"互联网的信息服务"或"互联网的资源"。Internet 提供的传统服务包括 WWW 服务,电子邮件(E-mail)服务,文件传输(FTP)服务,远程登录(Telnet)服务,新闻论坛(Usenet)服务,新闻组(News Group)服务,电子布告栏(BBS)服务等。全球用户可以通过 Internet 提供的这些服务,提高工作效率,或使生活更加愉悦。随着 Internet 的发展,Internet 应用也发生了很大的变化,出现了电子商务、社交网络等新的应用,下面我们重点介绍几个新的 Internet 应用。

8.5.1 电子商务

在网络越来越发达的今天,人们的生活跟随这个时代的网络脉搏发生着巨大的改变。历史的经验告诉我们,每一次的技术革新都伴随着商业利润的增长而趋于完善。无论何时何地,任何新科技、新思想在发展时,那些商业运作家总要用灵敏的触觉闻一下有没有金钱的气味。每一次的赚钱机会,他们都不想错过。自然他们也不愿错过将改变商业历史的新商机——电子商务。

1. 电子商务的概念及模式

电子商务通常是指在全球各地广泛的商业贸易活动中,在因特网开放的网络环境下,基于浏览器/服务器(B/S)应用方式,买卖双方不需见面而能够进行各种商贸活动,实现消费者的网上购物、商户之间的网上交易和在线电子支付,以及各种商务活动、交易活动、金融活动和相关的综合服务活动的一种新型的商业运营模式,即利用先进的网络技术来完成商务数据交换和开展商务活动等。

电子商务是一种比传统商务更好的商务方式,它旨在通过网络完成核心业务,改善售后服务,缩短周期,从有限的资源中获得更大的收益,从而达到销售商品的目的。它向人们提供新的商业机会、市场需求和各种挑战。

电子商务按对象划分主要有四种具体运作模式:

B2B 模式:Business to Business,即企业对企业。主要强调企业与企业之间

的EDI(Electronic Data Interchange,电子数据交换)联系;

B2C 模式:Business to Customer,即企业对客户。对于个人,也就是消费者而言,电子商务就是人们常说的电子消费、网上购物,它也称为电子商业(e-Business)。

C2C 模式:Customer to Customer,即客户对客户,其运作模式是通过为买卖双方搭建拍卖平台,按比例收取交易费用,或者提供平台方便个人在上面开店铺,以会员制的方式收费。

B2M 模式:Business to Manager,所针对的客户群是该企业或者该产品的销售者或者为其工作者,而不是最终消费者。

目前国内电子商务主要以 B2C 模式为主。

说明:EDI是将业务文件按一个公认的标准从一台计算机传输到另一台计算机的电子传输方法。由于EDI大大减少了纸张票据,因此人们也形象地称之为"无纸贸易"或"无纸交易"。

2. 电子商务与传统商务

电子商务与传统商务的比较可以从信息提供、流通渠道、交易对象、顾客方便度、交易时间等几个方面进行,具体如表8-5所示。

表8-5 电子商务与传统商务的比较

项目	电子商务	传统商务
信息提供	透明、准确、易查询	根据销售商的不同而不同
流通渠道	企业→消费者(环节少)	企业→经销商→零售商→消费者(环节多)
交易对象	可在全球范围内	部分地区
顾客方便度	顾客可以按自己的方式购物	受时间和地点的影响,不够方便
服务时间	24小时	正常营业时间内
销售方法	完全自由购买	通过各种关系销售
交易地点	网上销售虚拟空间	相对固定的交易地点

3. 电子商务的发展现状及未来

在一个拥有数十亿台计算机互联的网络时代,电子商务的发展对于一个公司而言,不仅仅意味着商业机会,还意味着一个全新的全球性网络驱动经济的诞生。进行电子商务的最基本条件就是拥有一个属于自己的商务网站。它由域名、虚拟主机(服务器)、数据库、网页等构成。因此,万维网(WWW)技术的发展、商务网站的建设和推广程度是电子商务发展的重要前提。

1994年才开始在中国出现的电子商务,在接近十年的时间里发展相当迅速。2001年中国电子商务支付市场的规模才仅仅9亿元人民币,到2011年电子商务交易总额已增至5.88万亿元。2018年11月11日,天猫交易额就突破了12135

亿元。截至2018年6月底，余额宝6支货币基金的合计规模已达1.8万亿元，成为中国基金史上首只规模突破万亿的基金。所有的这些均说明目前电子商务正以不可阻挡之势风行中国。在中国，电子商务目前已经成为商界、金融界以至全社会都关注的新兴事业。在电子商务快速发展中，政府发挥了指导和促进作用。不可否认的是，现阶段中国电子商务尚处于发展变革阶段，机遇和挑战并存。今后政府和全社会还要共同努力解决电子商务所涉及的安全、法制不健全、诚信、网络基础设施建设、金融电子化、物流体系滞后、电子商务人才缺乏等问题，为促进电子商务在中国更好更快发展不懈努力。

总的来说，电子商务顺应了网络时代的发展要求。它的出现，必将为未来商业贸易往来的发展和繁荣起到无可替代的作用。

8.5.2 社交网络

社交网络源自网络社交，网络社交的起点是电子邮件。互联网本质上就是计算机之间的互联，早期的E-mail解决了远程邮件传输问题，BBS则更进了一步，把"群发"和"转发"常态化，理论上实现了向所有人发布信息并讨论话题的功能。BBS把网络社交推进了一步，从单纯的点对点交流的成本降低，推进到了点对面交流成本的降低。即时通信（IM）和博客（Blog）更像是前面两个社交工具的升级版本，前者提高了即时效果（传输速度）和同时交流能力（并行处理），比如QQ；后者则开始体现社会学和心理学的理论——信息发布节点开始体现越来越强的个体意识，因为在时间维度上的分散信息开始可以被聚合，进而成为信息发布节点的"形象"和"性格"。随着网络社交的悄悄演进，一个人在网络上的形象更加趋于完整，这时候社交网络出现了，微博、微信就是典型代表。

1. 微博

微博（Weibo），微型博客（MicroBlog）的简称，也称为一句话博客，是一个基于用户关系分享、传播以及获取信息的平台，是一种可以即时发布消息的类似博客的系统。用户可以通过WEB、WAP等各种客户端组建个人社区，以140字更新信息，并实现即时分享。最早的微博出现于美国的Twitter，美国市场研究公司Twopcharts发布的最新数据显示，Twitter的注册用户数已经突破5亿大关。从2007年中国第一家带有微博色彩的社交网络饭否网开张以来，国内微博发展迅速，不少知名网络企业开通微博服务，如新浪、腾讯等，据中国互联网信息中心（CNNIC）最新统计，截至2013年6月，我国微博用户规模达到3.31亿，占网民人数的56%。但最近几年，微博用户数不断下降。

微博是一种互动及传播性极快的工具，传播速度甚至比媒体还要快。如2013年7月6日，韩亚航空公司的一架波音777型客机在美国旧金山国际机场降落时失事,造成两个中国女孩遇难,180余人受伤。空难发生之后,虽然美国媒体派出了直升机进行直播,但速度仍赶不上飞机上乘客的微博直播,很多乘客在逃离失事飞机之后,作为见证者,第一时间掏出手机发微博,让大家更多地了解事故的情况和细节。

虽然微博的使用率在下降,但微信等新的社交媒体发展迅速。

2. 微信

(1)微信简介。

微信(WeChat)是腾讯公司于2011年初推出的一款快速发送文字和照片、支持多人语音对讲的手机聊天软件。用户可以通过手机或平板快速发送语音、视频、图片和文字。微信提供公众平台、朋友圈、消息推送等功能,用户可以通过"摇一摇""搜索号码""附近的人"、扫二维码等方式添加好友和关注公众平台,同时微信可以将内容分享给好友以及将用户看到的精彩内容分享到微信朋友圈。其官方网站上的宣传语为"微信,是一个生活方式。"2012年3月底,微信用户人数突破1亿,耗时433天。2012年9月17日,微信用户人数突破2亿,耗时缩短至不到6个月。截至2013年1月15日,微信用户达3亿。截至2018年12月注册微信用户量已经突破10亿,是亚洲地区最大用户群体的移动即时通讯软件。

(2)微信的主要功能。

聊天:支持发送语音短信、视频、图片(包括表情)和文字,是一种聊天软件,支持多人群聊(最高支持500人群聊)。

添加朋友:微信支持搜索微信号/手机号、雷达、面对面建群、扫一扫、手机联系人、公众号、企业微信联系人等8种方式。

实时对讲机功能:用户可以通过语音聊天室和一群人语音对讲。但与在群里发语音不同的是,这个聊天室的消息几乎是实时的,并且不会留下任何记录,在手机屏幕关闭的情况下也仍可进行实时聊天。

其他功能:除了以上基本功能外,微信还具有朋友圈、语音提醒、查看附近的人、微信摇一摇、游戏中心、发红包等功能。

8.5.3 在线学习

1. 在线学习简介

在线学习是通过计算机互联网,或是通过手机无线网络,在一个网络虚拟教室进行学习的方式。目前的在线学习已经不局限于此,而是有完善的在线学习平台,例如爱课程、丁博士等。这样的学习平台可以智能地将一个云题库与平台对接,根据你的学习需要去完成你的学习目标。例如,学生可以在线学习与自己学习同步的课程体系然后同步作答题目,作答完成后由系统智能为你呈现解题过程辅助你提高学习成绩。

随着互联网的发展,教育行业在十年前就推广了远程教育,通过互联网虚拟教室来实现远程视频授课,电子文档共享,从而让教师与学生在网络上形成一种授课与学习的互动;而现在 3G、4G 时代的来临,让学习更加方便。网络在线学习不再完全依赖笨重的计算机,取而代之的是大流量的手机,通过 3G、4G 的快速网络推进,今后我们将能更方便直接地通过手机等掌上工具在线学习,而无线网络又使得人们的日常互动变得更加有效。

2. 网络公开课

在线学习的一个重要途径是网络公开课。网络公开课最早起源于英国,为远距离教学。该教学方式可追溯至 1969 年英国成立的开放大学。随着数字电视和网络技术的日新月异,远距离教学的理念和实践发生了重大变化。

网络公开课基于资源共享原则,利用网络无远近、交叉串联的功能,在开放大学团队的主导下,通过电脑虚拟空间营造网络公开课程。现已有 225 个国家和地区参与者成为网络公开课践行者。目前国内外有很多机构开设了网络公开课,如哈佛大学、麻省理工学院、英国公开大学、约翰霍普金斯大学、加州大学伯克利分校、复旦大学等。

3. 慕课

慕课,简称"MOOC",也称"MOOCs",是大规模开放在线课程,即把以视频为主且具有交互功能的网络课程免费发布到互联网上,供全球学员学习。其中的"M"代表 Massive(大规模),与传统课程只有几十个或几百个学生不同,一门 MOOC 课程动辄上万学生,最多达 16 万学生;第二个字母"O"代表 Open(开放),以兴趣为导向,凡是想学习的,都可以进来学,不分国籍,只需一个邮箱,就可注册参与;第三个字母"O"代表 Online(在线),学习在网上完成,无需旅行,不受时空限制;第四个字母"C"代表 Course,就是课程的意思。慕课是新近涌现出来的一种在线课程开发模式,它发端于过去的那种发布资源、学习管理系统以及将学习管理系统与更多的开放网络资源综合起来的旧的课程开发模式。

MOOC 的突出特点是以小段视频为主传授名校名师的教学内容,以即时测试与反馈促进学员学习,并基于大数据分析促进教师和学生改进教与学。MOOC "在线课程"层面上的网络教学形式之一,属于已经发展了十几年的在线教育系统的组成部分,对以往的网络教学有重要借鉴意义。大规模在线课程掀起的风暴始于 2011 年秋天,被誉为"印刷术发明以来教育最大的革新",呈现"未来教育"的曙光。2012 年,被《纽约时报》称为"慕课元年"。多家专门提供慕课平台的供应商纷起竞争，Coursera、edX 和 Udacity 是其中最有影响力的"三巨头"，前两个均已进入中国。目前国内也已开通慕课网（网址：www.moocs.org.cn），其主页如图8-16 所示。

图 8-16　慕课网主页

通过这个网站，可以链接到各大网络公开课网站，有兴趣的读者可以根据自己的需要选择访问。

习 题 8

一、单项选择题

1. 关于网络协议，下列_____选项是正确的。
   A. 网络协议是网民们签订的合同
   B. 协议，简单地说就是为了网络信息传递，共同遵守的约定
   C. TCP/IP 只是用于 Internet，不能用于局域网
   D. 拨号网络对应的协议是 IPX/SPX

2. 下列说法中，_____是正确的。
   A. 网络中的计算机资源主要指服务器、路由器、通信线路与用户计算机
   B. 网络中的计算机资源主要指计算机操作系统、数据库与应用软件
   C. 网络中的计算机资源主要指计算机硬件、软件、数据
   D. 网络中的计算机资源主要指 Web 服务器、数据库服务器与文件服务器

3. 合法的 IP 地址是_____。
   A. 202;114;200;202　　　　　B. 202、114、200、202
   C. 202,114,200,202　　　　　D. 202.114.200.202

4. 在 Internet 中，主机的 IP 地址与域名的关系是_____。
   A. IP 地址是域名中部分信息的表示
   B. 域名是 IP 地址中部分信息的表示
   C. IP 地址和域名是等价的
   D. IP 地址和域名分别表达不同含义

5. 计算机网络最突出的优点是_____。
   A. 运算速度快　　　　　　　　B. 联网的计算机能够相互共享资源
   C. 计算精度高　　　　　　　　D. 内存容量大

6. 提供不可靠传输的传输层协议是_____。
   A. TCP　　　　B. IP　　　　C. UDP　　　　D. PPP

7. 关于 Internet，下列说法不正确的是_____。
   A. Internet 是全球性的国际网络　　B. Internet 起源于美国
   C. 通过 Internet 可以实现资源共享　D. Internet 不存在网络安全问题

8. 在因特网域名地址结构中，COM 通常表示_____。
   A. 商业部门　　　B. 教育机构　　　C. 政府部门　　　D. 军事部门

9. 传输控制协议/网际协议即_____，属工业标准协议，是 Internet 采用的主要协议。
   A. Telnet　　　B. TCP/IP　　　C. HTTP　　　D. FTP

10. 配置 TCP/IP 参数的操作主要包括 3 个方面：_____、指定网关和域名服务器地址。
    A. 指定本地机器的 IP 地址及子网掩码　　B. 指定本地机的主机名
    C. 指定代理服务器　　　　　　　　　　D. 指定服务器的 IP 地址

二、简答题

1. 什么是计算机网络？其主要功能是什么？
2. 计算机网络中的信息是如何传输的？
3. 网络体系结构的基本概念是什么？
4. 网络按覆盖范围分为几类？其覆盖范围分别是多少？
5. 简述计算机网络的发展历史。
6. Internet 执行的是什么协议？此协议分为几层？电子邮件、远程登录、文件传输和 WWW 分别属于哪一层？
7. 局域网的拓扑结构有几种？
8. Internet 是由哪几部分组成的？画出 Internet 的基本组成结构示意图。
9. 解释 ISO/OIS 参考模型和 TCP/IP 参考模型的意义。
10. 画出对等网络和客户机/服务器模式的网络示意图，并标出客户机和服务器以及使用的传输介质、连接设备。

第 9 章 多媒体技术

【主要内容】
◇ 多媒体技术基本概念。
◇ 多媒体计算机系统组成。
◇ 多媒体信息类别及文件格式。
◇ 多媒体技术应用。
◇ 多媒体数据压缩技术。
◇ 多媒体素材的采集及制作工具。

【学习目标】
◇ 了解多媒体技术相关概念及技术。
◇ 了解多媒体计算机系统组成。
◇ 掌握多媒体信息表示方式。
◇ 掌握多媒体技术应用。
◇ 学会常用多媒体软件的基本操作。

9.1 多媒体技术概论

多媒体技术应用十分广泛,它具有直观、信息量大、易于接受、传播迅速等显著特点。本章通过介绍多媒体技术的基本概念和特征,素材的采集与多媒体素材制作工具,使读者了解计算机对文本、图形图像、音频和视频处理的原理与特点。本章在操作技能方面重点介绍 Photoshop 图像处理软件和 Flash 动画软件两款多媒体素材制作工具。

9.1.1 多媒体技术的相关概念

媒体(Media)是人与人之间实现信息交流的中介,简单地说,就是能够存储和传播信息的载体,也称为媒介。按照国际电信联盟电信标准化部门(International Telecommunication Union-Telecommunication Standardization Sector,ITU-T)的建议,媒体有 5 种类型,分别是感觉媒体、表示媒体、显示媒体、存储媒体和传输媒体。

多媒体(Multimedia)一词是由 Multiple 和 media 复合而成,是指多个媒体的组合。通常，人们所指的多媒体就是文字、图形、图像、动画、音频、视频等媒体信息的综合。

多媒体技术（Multimedia Technology）是利用计算机对文字、声音、图形、图像、动画、视频等多媒体信息，进行数字化采集、获取、压缩/解压缩、编辑、存储、加工等处理，再以单独或合成的形式表现出来的一体化技术。利用计算机技术对媒体进行处理和重现，并对媒体进行交互式控制，就构成了多媒体技术的核心。

多媒体技术有以下 3 个主要特性。

(1) 集成性。

集成性是指多媒体系统设备和信息媒体的集成。多媒体系统设备的集成是指具有能处理多媒体信息的高速及并行的 CPU 系统、大容量存储器、多通道输入/输出设备及宽带通信网络接口等。信息媒体的集成是指将多种不同媒体信息（文字、声音、图形、图像等）有机地组合，使之成为一个完整的多媒体信息系统。

(2) 交互性。

交互性是指人、机器以及相互之间的对话或通信，相互获得对方的信息，它是多媒体的特色之一。采用交互可以增加对信息的注意力和理解力，延长信息的保留时间。

(3) 信息载体的多样性。

多样性指的是信息媒体的多样化或多维化。利用计算机技术可以综合处理文字、声音、图形、图像、动画、视频等多种媒体信息，从而创造出集多种表现形式于一体的新型信息处理系统。处理信息的多样化可使信息的表现方式不再单调，而是有声有色，生动逼真。

9.1.2 多媒体计算机系统

多媒体计算机系统是指能综合处理多媒体信息，使多种信息建立联系，并具有交互性的计算机系统。多媒体系统是多媒体技术的灵魂，它能灵活地调度和使用多种媒体信息，使之与硬件协调地工作，因此多媒体系统是一种由多媒体硬件系统和多媒体软件系统相结合组成的复杂系统。

1. 多媒体计算机硬件系统

多媒体计算机硬件系统主要包括以下几部分。

①多媒体主机：如个人机、工作站等。

②多媒体输入设备：如摄像机、电视机、麦克风、录音笔、CD-ROM、扫描仪等。

③多媒体输出设备：如打印机、绘图仪、音响、电视机、喇叭、投影仪、高分辨率屏幕等。

④多媒体存储设备：如硬盘、光盘、U 盘、声像磁带等。

⑤多媒体功能卡:如视频卡、声音卡、压缩卡、家电控制卡、通信卡等。

⑥操纵控制设备:如鼠标、操作杆、键盘、触摸屏等。

2. 多媒体计算机软件系统

多媒体软件主要分为系统软件和应用软件。

多媒体系统软件是多媒体系统的核心,它不仅具有综合各种媒体、灵活调度多媒体数据进行传输和处理的能力,而且要控制各种媒体硬件设备和谐统一地工作,即将种类繁多的硬件有机地组织到一起,使用户能灵活控制多媒体硬件设备和组织、处理多媒体数据。多媒体系统软件除具有一般系统软件特点外,还要反映多媒体软件的特点,如数据压缩、媒体硬件接口的驱动与集成、新型交互方式等。

多媒体应用软件是在多媒体开发平台上设计开发的面向领域的软件系统。通常由多媒体应用领域的专家和多媒体开发人员共同协作、配合完成。开发人员利用开发平台、创作工具制作组织各种多媒体素材,最终生成多媒体应用程序,并在应用领域中测试、完善,最终成为多媒体产品。多媒体应用软件主要有:多媒体数据库管理系统、多媒体压缩/解压缩软件、多媒体声像同步软件、多媒体通信软件等。例如,各种多媒体教学系统、培训软件、声像俱全的电子图书,这些产品可以以磁盘或光盘形式面世。

9.1.3 计算机中的多媒体信息

计算机中的多媒体信息主要包括文本、图形、静态图像、音频、动画、视频等。

1. 文本

文本指各种文字,包括符号和语言文字两种类型,它是媒体的主要类型,由各种字体、尺寸、格式及色彩组成。文本是计算机文字处理程序的基础,通过对文本显示方式的组织,多媒体应用系统可以使显示的信息更容易理解。

文本数据可以先用文本编辑软件,如 Microsoft Word、WPS 等制作,然后再输入到多媒体应用程序中,也可以直接在制作图形的软件或多媒体编辑软件中一起制作。

建立文本文件的软件很多,随之有许多文本格式,有时需要进行文本格式转换。

2. 图形

图形又称矢量图,一般指用计算机绘制的画面,它是对图像进行抽象化的结果,是以指令集合的形式来描述反映图像最重要的特征。人们可以通过这些指令来描述一幅图中所包含的直线、圆、弧线以及矩形的大小和形状,例如,一个圆可以定义为 Circle a,b,c,一个矩形可以定义为:Rect 0,0,10,10;也可以用更为复杂的形式来表示图像中曲面、光照和材质等效果。将矢量图放大后,图形仍能保持原来的清晰度,且色彩不失真,如图 9-1(a)、(b)所示。

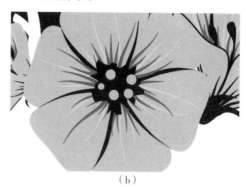

(a)　　　　　　　　　　　　　(b)

图 9-1　矢量图

3. 静态图像

静态图像又称位图,它由输入设备捕捉的实际场景画面,或以数字化形式存储的任意画面构成。一幅图像就如一个矩阵,矩阵中的每一个元素(称为一个像素)对应于图像中的一个点,而相应的值对应于该点的灰度(或颜色)等级,灰度(颜色)等级越高,图像就越逼真,如图 9-2(a)所示。

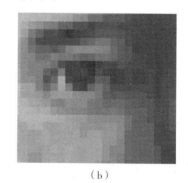

(a)　　　　　　　　　　　　　(b)

图 9-2　位图的特征

位图中的位用来定义图中每个像素点的颜色和亮度。黑白线条图常用 1 位表示该点的亮度,灰度图常用 4 位(16 位灰度等级)或 8 位(256 种灰度等级)表示该点的亮度,而彩色图像则有多种描述方法。彩色图像需由硬件(显示卡)合成显示。

位图适合于表现层次和色彩比较丰富,包含大量细节的图像,具有灵活和富于创造力等特点。

图像的关键技术是图像的扫描、编辑、压缩、快速解压、色彩一致性等。进行图像处理时一般要考虑以下 3 个因素。

(1)分辨率。

影响位图质量的重要因素是分辨率。分辨率有两种形式:屏幕分辨率和图像分辨率。

屏幕分辨率:是计算机的显示器在显示图像时的重要特征指标之一。它表明计算机显示器在横向和纵向上能够显示的点数。

图像分辨率:是用水平和垂直方向的像素多少来表示组成一幅图像所拥有的像素数目。它既反映了图像的精细程度,又反映了图像在屏幕中显示的大小。将图像放大到一定程度,即图像分辨率很低时,就会出现"马赛克"现象,如图9-2(b)所示。

(2)颜色深度。

颜色深度(或称图像灰度)是数字图像的另外一个重要指标,它表示图像中每个像素上用于表示颜色的二进制位数。对于彩色图像来说,颜色深度决定该图像可以使用的最多颜色数目。颜色深度越高,显示的图像色彩越丰富,画面越逼真。

(3)图像数据的容量。

一幅数字图像保存在计算机中要占用一定的存储空间,这个空间的大小就是数字图像文件的数据量大小。一幅色彩丰富、画面自然、逼真的图像,像素越多,图像深度越大,则图像的数据量就越大。

图像文件的大小影响图像从硬盘或光盘读入内存的传送时间,为了减少该时间,可以采用缩小图像尺寸或采用图像压缩技术等方法来减少图像文件的大小。

4. 视频

视频影像实质上是快速播放的一系列静态图像,当这些图像是实时获取的人文和自然景物图时,称为视频影像。计算机视频是数字的,视频图像可来自录像带、摄像机等视频信号源的影像,这些视频图像使多媒体应用系统功能更强、更精彩。

视频有模拟视频(如电影)和数字视频,它们都是由一系列静止画面组成的,这些静止的画面称为帧。一般来说,如果帧率低于15帧/秒,连续运动视频就会有停顿的感觉。我国采用的电视标准是 PAL 制,它规定视频每秒25帧(隔行扫描方式),每帧625个扫描行。当计算机对视频进行数字化时,就必须在规定的时间内(如1/25秒内)完成量化、压缩、存储等多项工作。

在视频中要考虑的几个技术参数为:帧速、数据量和图像质量。

5. 音频

声音是携带信息极其重要的媒体。声音的种类繁多,如人的语音、乐器声、机器产生的声音以及自然界的雷声、风声、雨声等。这些声音有许多共同的特性,也有它们各自的特性,在用计算机处理这些声音时,一般将它们分为波形声音、语音和音乐3类。

影响数字声音波形质量的主要因素有3个:采样频率、采样位数和通道数。

6. 动画

动画的实质是一系列静态图像快速而连续的播放。"连续播放"既指时间上的连续,也指图像内容上的连续,即播放的相邻两幅图像之间内容相差不大。计算机动画是借助计算机生成一系列连续图像的技术,在计算机中动画的压缩和快速播放是需要重点解决的问题。

计算机设计动画的方法有两种:一种是矢量动画,另一种是帧动画。

矢量动画是经过电脑计算而生成的动画,主要表现为变换的图形、线条和文字,其画面由关键帧决定,采用编程方式或某些工具软件制作。

帧动画则是由一幅幅图像组成的连续画面,就像电影胶片或视频画面一样,要分别设计每屏显示的画面。

计算机制作动画时,只需要做好关键帧画面,其余的中间画面可由计算机内插来完成。不运动的部分直接拷贝过去,与关键帧画面保持一致。当这些画面仅是二维的透视效果时,就是二维动画。如果通过三维形式创造出空间形象的画面,就是三维动画。如果使其具有真实的光照效果和质感,就成为三维真实感动画。

在各种媒体的创作系统中,创作动画的软硬件环境要求都比较高,它不仅需要高速的 CPU,较大的内存,而且制作动画的软件工具也较复杂和庞大。复杂的动画软件除具有一般绘画软件的基本功能外,还提供了丰富的画笔处理功能和多种实用的绘画方式,如平滑、滤边、打高光及调色板支持丰富色彩等。

9.1.4 多媒体数据压缩技术

各种数字化的媒体信息量通常都很大,如一秒钟的视频画面要保存 15 幅到 39 幅图像;一幅分辨率为 640×480 的 24 位真彩色图像,需要 1 MB 的存储量,同时声音的存储量也是相当惊人的。这样大的数据量,无疑给存储器的存储容量、通信信道的带宽以及计算机的运行速度都施加了极大的压力。通过多媒体数据压缩技术,可以节省存储空间,提高信息信道的传输效率,同时也使计算机实时处理音频、视频信息,播放高质量的视频、音频节目成为可能。因此,数据压缩与编码技术是多媒体技术的关键技术之一。

所谓数据压缩就是对数据重新进行编码,以减少所需存储空间的通用术语。数据压缩是可逆的,它可以恢复数据的原状。数据压缩的逆过程称为解压或展开。当数据压缩之后,文件长度大大减少。如图 9-3 所示。

图 9-3 压缩和解压过程示意图

多媒体数据压缩技术就是研究如何利用多媒体数据的冗余性来减少多媒体数据量的方法。目前常用的压缩编码方法可以分为三大类：无损压缩、有损压缩和混合压缩。

①无损压缩。无损压缩是指利用数据的统计冗余进行压缩，解压缩后可完全恢复原始数据，而不引起任何数据失真。无损压缩的压缩率受到冗余理论的限制，一般为 2:1～5:1。无损压缩广泛用于文本数据、程序和特殊应用的图像数据（如指纹图像、医学图像等）的压缩。常用的无损压缩方法有 RLE 编码、Huffman 编码、LZW 编码等。

②有损压缩法。有损压缩是利用人类对图像或声波中的某些频率成分不敏感的特性，允许压缩过程中损失一定的信息，解压后不能完全恢复原始数据，但压缩比较大。有损压缩方法经常用于压缩声音、图像以及视频。

③混合压缩法。混合压缩利用了各种单一压缩方法的长处，在压缩比、压缩效率及保真度之间取得最佳的折中。例如，JPEG 和 MPEG 标准就采用了混合编码的压缩方法。

9.1.5 多媒体文件格式

在多媒体技术中，对媒体元素都有严谨而规范的数据描述，其数据描述的逻辑表现形式是文件格式，所以就被称为"文件格式"。多媒体文件格式非常多，包括图像文件、视频文件、声音文件等。

1. 图像文件

常见的图像数据格式包括 BMP 格式、GIF 格式以及 JPEG 格式等。

(1)BMP 格式的图像文件。

BMP 是 Bitmap 的缩写，意为"位图"。BMP 格式的图像文件是美国 Microsoft 公司特为 Windows 环境应用图像而设计的，BMP 格式的图像是非压缩格式，文件扩展名为".bmp"。目前，随着 Windows 系统的普及和进一步发展，BMP 格式已经成为应用非常广泛的图像数据格式。

(2)GIF 格式的图像文件。

GIF 是 Graphics Interchange Format 的缩写，该格式的图像文件由 CompuServe 公司于 1987 年推出，主要是为了网络传输和 BBS 用户使用图像文件而设计的。GIF 格式图像文件的扩展名是".gif"。目前，GIF 格式的图像文件已经是网络传输和 BBS 用户使用最频繁的文件格式。特别适合于动画制作、网页制作以及演示文稿制作等方面。

(3)JPEG 格式的图像文件。

JPEG 是 Joint Photographic Experts Group 的缩写，JPEG 格式的图像文件

具有迄今为止最为复杂的文件结构和编码方式,该格式文件采用有损编码方式,原始图像经过 JPEG 编码,使 JPEG 格式的图像文件与原始图像发生很大差别。JPEG 格式图像文件的扩展名是".jpg"。

采用有损编码方式的 JPEG 格式文件使用范围相当广泛,由于一个数据量很大的原始图像文件经过编码后可以以很小的数据量存储,因此,在国际互联网上经常用作图像传输;在广告设计中,人们常将它作为图像素材使用;在存储容量有限的条件下,它便于携带和传输。

2. 视频文件

(1) AVI 格式的视频文件。

AVI 是 Audio Video Interlaced 的缩写,意为"音频视频交互"。该格式的文件是一种不需要专门的硬件支持就能实现音频与视频压缩处理、播放和存储的文件。AVI 视频文件的扩展名是".avi"。AVI 格式文件可以把视频信号和音频信号同时保存在文件当中,在播放时,音频和视频同步播放。所以人们把该文件命名为"视频文件"。AVI 视频文件经济、实用,所以应用非常广泛。该文件采用 320×240 的窗口尺寸显示视频画面,画面质量优良,帧速度平稳,可配有同步声音,数据量小。因此,目前大多数多媒体产品均采用 AVI 视频文件来表现影视作品、动态模拟效果、特技效果和纪实性新闻。

(2) MPEG 格式的视频文件。

MPEG 是 Motion Picture Experts Group 的缩写,MPEG 方式压缩的数字视频文件包括 MPEG1、MPEG2、MPEG4 在内的多种格式,我们常见的 MPEG1 格式被广泛用于 VCD 的制作和一些视频片段的下载。使用 MPEG1 的压缩算法,可以把一部 120 min 的电影压缩到 1.2 GB 大小。MPEG2 则是应用在 DVD 的制作方面,同时在一些 HDTV(高清晰电视广播)和一些高要求视频编辑、处理上也有相当广泛的应用。使用 MPEG2 的压缩算法压缩一部 120 min 的电影可以到压缩到 4~8 GB 的大小。MPEG 视频文件的扩展名为".mpg"。

3. 声音文件格式

声音文件又叫"音频文件",它分为两大类:一类是波形音频文件,采用 WAV 格式;另一类是乐器数字化接口文件,采用 MIDI 格式。声音文件是全数字化的,对于 WAV 格式的声音文件,通过数字采样获得声音素材;而对于 MIDI 格式的文件,则通过 MIDI 乐器的演奏获得声音素材。

(1) WAV 格式的声音文件。

WAV 是 wave 一词的缩写,意为"波形"。WAV 格式的波形音频文件表示的是一种数字化声音,WAV 格式文件的扩展名为".wav"。常见的 wave 声音文件主要有两种,分别对应于单声道(11.025 kHz 采样率、8 bit 的采样值)和双声道

(44.1 kHz 采样率、16 bit 的采样值)。WAV 格式文件的特点是采样频率和采样精度越高,数字化声音与声源的声音效果越接近,数据的表达越精确,音质也越好,但音频信号数据量也会越大,每分钟的音频一般要占用 10 MB 的存储空间。

(2) MP3 格式文件。

MP3 是采用国际标准 MPEG 中的第三层音频压缩模式,对声音信号进行压缩的一种格式,中文也称"电脑网络音乐",它的扩展名为".mp3"。MP3 的突出优点是压缩比高、音质较好、制作简单,可与 CD 音质相媲美。高压缩比是 MP3 的一个主要特性,其压缩比为 10:1~96:1。这样,一张只能容纳十几首歌曲的光盘,可记录 150 首以上的 MP3 格式歌曲。

(3) MIDI 格式文件。

MIDI 是 Musical Instrument Digital Interface 的缩写,意为"乐器数字化接口",是乐器与计算机结合的产物。MIDI 提供了处于计算机外部的电子乐器与计算机内部之间的连接界面和信息交流方式,MIDI 格式的文件采用".mid"作为扩展名,通常把 MIDI 格式的文件简称为 MIDI 文件。MID 文件主要用于原始乐器作品、流行歌曲的业余表演、游戏音轨以及电子贺卡等。

9.1.6 多媒体技术的应用

多媒体技术的应用领域非常广泛,几乎遍布各行各业以及人们生活的各个角落。由于多媒体技术具有直观、信息量大、易于接受、传播迅速等显著特点,因此多媒体应用领域的拓展十分迅速。近年来,随着国际互联网的兴起,多媒体技术也渗透到国际互联网上,并随着网络的发展和延伸,不断地成熟和进步。

1. CAI 及远程教育系统

根据一定的教学目标,在计算机上编制一系列的程序,设计和控制学习者的学习过程,使学习者通过使用该程序,完成学习任务,这一系列计算机程序称为教育多媒体软件或称为 CAI(Computer Assist Instruction 计算机辅助教学)。网络远程教育模式依靠现代通信技术及多媒体技术的发展,大幅度提高了教育传播的范围和时效,使教育传播不受时间、地点、国界和气候的影响。CAI 的应用,使学生真正打破了明显的校园界限,改变了传统的"课堂教学"概念,突破时空的限制,接受到来自不同国家、不同教师的指导,可获得除文本以外更丰富、直观的多媒体教学信息,共享教学资源,它可以按学习者的思维方式来组织教学内容,也可以由学习者自行控制和检测,使传统的教学由单向转向双向,实现了远程教学中师生之间、学生与学生之间的双向交流。

2. 地理信息系统(GIS)

地理信息系统(GIS)获取、处理、操作、应用地理空间信息,主要应用在测绘、资源环境领域。与语音图像处理技术比较,地理信息系统技术的成熟相对较晚,软件应用的专业程度也相对较高,随着计算机技术的发展,地理信息技术逐步成为一门新兴产业。

3. 商业广告

多媒体技术用于商业广告,人们已经不陌生了。从影视广告、招贴广告,到市场广告、企业广告,其绚丽的色彩、变化多端的形态、特殊的创意效果,不但使人们了解了广告的意图,而且得到了艺术享受。

4. 影视娱乐

影视娱乐业采用计算机技术,以适应人们日益增长的娱乐需求。多媒体技术在作品的制作和处理上,越来越多地被人们采用。例如动画片的制作,动画片经历了从手工绘画到时尚的电脑绘画的过程,动画模式也从经典的平面动画发展到体现高科技的三维动画,使动画的表现内容更加丰富多彩,更加离奇和更具有刺激性。随着多媒体技术的发展逐步趋于成熟,在影视娱乐业,使用先进的电脑技术已经成为一种趋势,大量的电脑效果已被注入影视作品,从而增加了作品的艺术效果和商业价值。

9.2 多媒体素材的采集

9.2.1 文本采集

1. 直接输入

如果文本的内容不是很多,就可以在制作多媒体作品时,利用创作工具中提供的文字工具,直接输入文字。传统的文字输入方法是通过键盘输入。

2. 利用光学字符识别技术

如果要输入印刷品上的文字资料,则可以使用 OCR(光学字符识别)技术。OCR 技术是在电脑上利用光学字符识别软件控制扫描仪,对所扫描到的位图内容进行分析,将位图中的文字影像识别出来,并自动转换为 ASCII 字符。识别效果的好坏既取决于软件的技术水平,也取决于文本的质量和扫描仪的解析度。

3. 其他方式

利用其他方法如语音识别、手写识别等,也可以将文本文件输入到计算机中。有的语音识别系统中还带有语音校稿功能等,使用很方便。

9.2.2 图形图像的采集

图形图像是属于静态视觉媒体,它的获取方法很多,常用的获取方法如下。

1. 屏幕硬拷贝

在 Windows 中，通过屏幕编辑键，即按 Print Screen 键或"Alt＋Print Screen"键，可以直接抓取屏幕上的整屏或对话框，然后粘贴到需要的位置。

这里，按下 Print Screen 键，复制当前屏幕上的图像到剪贴板上，其格式为位图格式。位图格式的文件都很大，但它包含的图像信息很丰富。

例如，当前桌面上显示的活动窗口是 Windows"日期和时间"对话框（见图 9-4）。按"Alt＋Print Screen"键，选择"开始"→"程序"→"附件"→"画图"命令，打开"画图"程序，选择"粘贴"命令，在"画图"的文档中就粘贴上了"日期和时间"对话框图像，然后单击"保存"按钮，就可将该图像保存起来了。

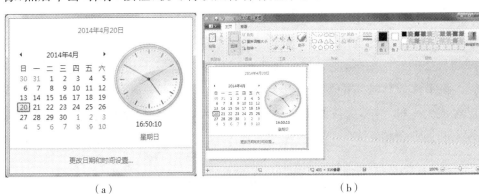

(a)　　　　　　　　　　　　(b)

图 9-4　Print Screen 键示例

2. 画图板创作

Windows 操作系统附件中自带有画图工具，利用它可以创作出自己需要的图像，也可以通过专业图像处理软件 Photoshop 来实现。

3. ACDSee

ACDSee 是使用最广泛的数字图像处理软件，常用于图片的获取、管理、浏览和优化，支持 50 种以上的常用多媒体格式。作为一款优秀的看图软件，它能快速、高质量地显示图片，如果再配以内置的音频播放器，就可以用它播放幻灯片。另外，ACDSee 还能处理数码影像，拥有去除红眼、剪切图像、锐化和曝光调整、制作浮雕特效、镜像等功能，并可进行批量处理。

4. CorelDRAW

这是一款由加拿大的 Corel 公司开发的图形图像软件。CorelDRAW 界面设计友好，提供了一整套的绘图工具、塑形工具、图形精确定位和变形控制方案，以便充分地利用电脑处理信息量大、随机控制能力强的特点，给商标、标志等需要准确尺寸的设计带来极大的便利。CorelDRAW 的颜色匹配管理方案可以让显示、打印和印刷的颜色一致，这是别的软件做不到的。另外，CorelDRAW 的文字处理与图像的输出输入构成了排版功能，支持绝大部分图像格式的输入与输出，几乎与其他软件可畅通无阻地交换共享文件。因此,它被广泛应用于商标设计、标志制作、模型绘制、插图描画、排版及分色输出等诸多领域。

5. PageMaker

PageMaker 由 Aldus 公司推出。它提供了一套完整的工具,用来处理图文编辑,产生专业、高品质的出版刊物,是平面设计与制作人员的理想伙伴。PageMaker 操作简便,功能全面,拥有丰富的模板、图形及简洁直观的设计工具,对初学者来说很容易上手。尤其是其稳定性、高品质及多变化等功能备受用户赞赏。利用 PageMaker 设计制作出来的产品在生活中随处可见,比如,说明书、画册、产品外包装、广告手提袋、广告招贴等。

6. 数码相机

数码相机是一种数字成像设备。它的特点是以数字形式记录图像,原理与扫描仪相同。关键部件都是 CCD(电荷耦合器件),与扫描仪不同的是数码相机的 CCD 阵列不是排成一条线,而是排成一个矩形网格分布在芯片上,形成一个对光线极其敏感的单元阵列,使照相机可以一次拍摄一整幅图像,而不像扫描仪那样逐行地慢慢扫描图像。

衡量数码相机的技术指标主要有 CCD 像素数量。像素总数越多,图像的清晰度越高,色彩越丰富。目前,一般数码照相机的 CCD 为 800 万像素左右,高级数码照相机和专业数码照相机的 CCD 达到 4 000 万像素。其次是光学镜头、快门速度等。具体使用操作可以在不同厂家的使用说明书中看到,此处不再赘述。

9.2.3 声音的采集

多媒体中的声音来源有两种,即购买商品语音库和录音制作合成。声音的录制和播放都通过声卡完成。使用工具软件可以对声音进行各种编辑或处理,以获得较好的音响效果。最简单方便的音频捕获编辑软件是 Windows 中的录音机。录制声音时,需要一个麦克风,把它插入声卡中的麦克风(MIC)插孔,也可连接另外的声源电缆,如 CD 唱机或其他立体声设备;也可以从不同音频设备录制声音,例如计算机上插入声卡的麦克风。音频输入源的类型取决于所拥有的音频设备以及声卡上的输入源。

具体操作步骤如下。

1. 调整音量

在 Windows 7 中单击任务栏中的音量图标,弹出"音量"对话框,如图 9-5 所示。

在图 9-5(a)中,上下拖动滑块,可以改变音量的大小。单击底部的声音图标,则关闭声音;再单击,则打开声音。单击"合成器",打开如图 9-5(b)所示的对话框,可以分别调整设备的音量和各个应用程序的音量。再单击"扬声器"图标按钮,可打开"扬声器 属性"对话框,设置声音的属性,如图 9-5(c)所示。

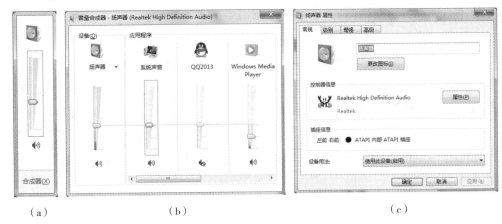

(a)　　　　　　　　(b)　　　　　　　　(c)

图 9-5 "音量控制"对话框

2. 启动录音机

录音时,将音频输入设备(如麦克风)连接到计算机。然后依次选择"开始/程序/附件/录音机"命令,打开"录音机"窗口,窗口界面如图 9-6 所示。

3. 录制声音

用麦克风输入声音,操作过程如下。

① 启动录音机。

② 打开麦克风,单击"开始录制"按钮,录音机便开始录音,如图 9-7 所示。

③ 对着麦克风说话。

图 9-6　"录音机"窗口　　　　图 9-7　录音机正在录音

④ 单击"停止录制"按钮就可以停止录音,并出现"另存为"对话框,在"文件名"处的文本框中键入这个音频文件的文件名,单击"保存"按钮即可保存录音。

⑤ 单击"继续录制"按钮,可以继续录音。

如果不想录自己的声音,还可以用一条输入信号线录下其他设备(如音响)发出的声音。只要把这条线的一端插入声卡后面的 Line In 孔,另一端插入音响的 Line Out 孔即可。

9.2.4　视频影像的采集

获取数字视频信息主要有两种方式。一种是将模拟视频信号数字化,即在一段时间内以一定的速度对连续的视频信号进行采集。所谓采集就是将模拟的视频信号经硬件设备数字化,然后将其数据加以存储。在编辑或播放视频信息时,将数字化数据从存储介质中读出,经过硬件设备还原成模拟信号后输出。使用这种方法,需要拥有录像机、摄像机及一块视频捕捉卡。录像机和摄像机负责采集实际景物,视频捕捉卡负责将模拟的视频信息数字化。另一种是利用数字摄像机拍摄实际景物,从而直接获得无失真的数字视频。就目前来讲,由于数字摄像机及智能手机的普及,第二种方法使用的场合多一些。

9.3 多媒体素材制作工具

9.3.1 图像处理软件 Photoshop CS5

在众多图像处理软件中,比较公认的是 Adobe 公司推出的专业图形、图像处理软件 Photoshop,它以强大的功能成为桌面出版、影视编辑、网页设计、多媒体设计等行业的主流设计软件。它不仅提供强大的绘图工具,可以直接绘制艺术文字、图形,还能直接从扫描仪、数码相机等设备采集图像,并对它们自发进行修改、修复,调整图像的色彩、亮度,改变图像的大小,而且还可以对多幅图像进行批处理,并增加特殊效果,使现实生活中很难遇见的景象十分逼真地展现出来,这些功能都为我们实现设计创意带来了方便。

1. Photoshop CS5 界面

Photoshop CS5 的界面,如图 9-8 所示。Photoshop CS5 的工作界面按其功能可分为快捷工具栏、菜单栏、属性栏、工具箱、状态栏、控制面板、工作区和图像窗口等几部分。下面来介绍各部分的功能和作用。

图 9-8 Photoshop CS5 主界面

快捷工具栏：在快捷工具栏中显示的是软件名称、各种快捷按钮和当前图像窗口的显示比例等。右侧的3个按钮，前两个用于控制界面的显示大小，最右侧的按钮用于退出Photoshop CS5。

菜单栏：菜单栏中包括"文件""编辑""图像""图层""选择""滤镜""分析""3D""视图""窗口"和"帮助"11个菜单。单击任意一个菜单，将会弹出相应的下拉菜单，其中包含若干个子命令，选择任意一个子命令即可执行相应的操作。

属性栏：属性栏显示工具箱中当前选择工具按钮的参数和选项设置。如果在工具箱中选择不同的工具按钮，那么属性栏中显示的选项和参数也各不相同。

工具箱：工具箱中包含各种图形绘制和图像处理工具，如对图像进行选择、移动、绘制和查看等编辑工具，在图像中输入文字的工具、3D变换工具以及更改前景色和背景色的工具等。

状态栏：状态栏位于图像窗口的底部，显示图像的当前显示比例和文件大小等信息。在比例窗口中输入相应的数值，就可以直接修改图像的显示比例。

控制面板：利用窗口右边的控制面板可以对当前图像的色彩、大小显示、样式以及相关操作等进行设置。

工作区：工作区是指Photoshop CS5工作界面中的大片灰色区域，工具箱、图像窗口和各种控制面板都在工作区内。

图像窗口：图像窗口是表现和创作作品的主要区域，图形的绘制和图像的处理都在该区域内进行。Photoshop CS5允许同时打开多个图像窗口，每创建或打开一个图像文件，工作区中就会增加一个图像窗口。

2. 工具箱的使用

Photoshop CS5的工具箱位于工作界面的左边，所有工具共有50多个。要使用工具箱中的工具，只要单击该工具图标即可在文件中使用。如果该图标中还有其他工具，那么单击鼠标右键即可弹出隐藏工具栏，选择其中的工具单击即可使用，如图9-9所示。

单击工具箱中某个工具的同时，在工具选项栏中可以设置该工具的相关参数，以达到所需效果。表9-1所示为工具箱中各工具按钮及其按钮选项的功能及作用。

第9章 多媒体技术

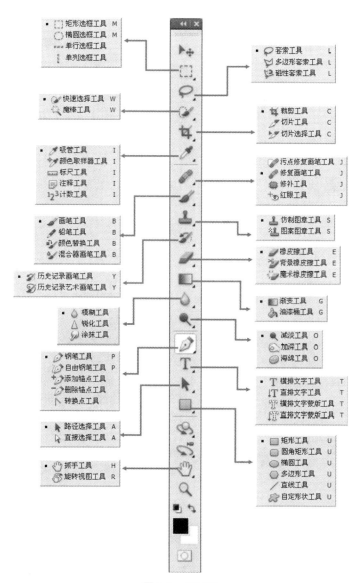

图9-9 工具箱

表9-1 工具按钮及其按钮选项的功能和作用

按钮	名称	功能及使用
	选框	可选取一块规则的范围
	移动	可移动整张图或被选取的范围,被选取的范围会一直保留,呈浮动状态
	套索	可选取不规则的范围
	快速选择/魔棒	快速选择工具用来选择多个颜色相似的区域;魔棒工具用来选取图像中颜色相近的像素
	裁切/切片	可在图像或涂层中裁剪下所选定的区域用于切割图像和选择切片,主要应用于制作网页图片

续表

按　钮	名　称	功能及使用
	吸管/颜色取样器/标尺/注释	吸管工具可直接吸取图像的颜色,以作为前景或背景的颜色;颜色取样器工具用于比较图像多处的颜色;标尺工具可测量工作区内任何两点间的距离;附注工具可为图像增加文字注释
	修复画笔	可修复旧照片或有破损的图像,可修补图像
	画笔/铅笔/颜色替换/混合器	通过不同的参数设置可画出不同效果的图像
	图章	可将局部图像复制到其他地方
	历史记录	可将图像在编辑过程中某一状态复制到当前层中,需配合历史调板一起用
	橡皮擦	使用原理和文具橡皮擦一样
	渐变/油漆桶	可画出图像的线性渐变、径向渐变、旋转角度渐变、反射渐变和菱形渐变等效果,可给图片或选定的范围涂色
	模糊/锐化/涂抹	模糊工具可使图像产生局部柔化的模糊效果;锐化工具可增加图像的锐化度,使图像产生清晰的效果;涂抹工具可产生像用手指在未干的油画或水彩上涂抹的效果
	减淡/加深/海绵	减淡工具可增加图像的亮度;加深工具可加深图像的颜色;海绵工具可调整颜色饱和度
	钢笔/自由钢笔/添加锚点/删除锚点/转换点	主要用于修改图像的细微处与形状,特别是当范围选取工具无法圈选适当的范围时,用其可以完成选取工作。钢笔工具可画直线,以及画出比自由钢笔更精确光滑的曲线。添加锚点和删除锚点工具可添加或删除路径的锚点。转换点工具可选择、修改路径的锚点及调整路径的方向
	文字	输入文字,设定字形及尺寸
	路径选择	用于选择路径对象,以便进行移动、复制等操作或对锚点位置
	形状/直线/自定形状	形状工具可画各种几何图形;直线工具可用来绘制直线及带有箭头的直线;自定形状工具可绘制各种自定义的图形
	抓手	通过拖动进行图像查看
	缩放	调整图像大小
	前景/背景颜色	用于设定图像前景或背景颜色,单击其右上角的弧形双向箭头可将前景及背景颜色交换

续表

按 钮	名 称	功能及使用
	以标准模式编辑/以快速蒙版模式编辑	快速蒙版工具可将选取范围变为蒙版,在此蒙版范围上可进行修改,以便更精确地修改选取的范围;标准模式能把快速蒙版状态还原为正常模式
	标准屏幕模式/最大化屏幕模式/带有菜单栏的全屏模式/全屏模式	用于选择不同的屏幕显示模式

3.控制面板组(调板组)

Photoshop CS5 中的调板组可以将不同类型的调板归类到相应对的组中并将其停靠在右边调板组中,在我们处理图像时,只要单击标签就可以快速找到相对应的调板,而不必再到菜单中打开。Photoshop CS5 版本在默认状态下,只要执行"菜单→窗口"命令,可以在下拉菜单中选择相应的调板,之后该调板就会出现在调板组中,如图 9-10 所示。

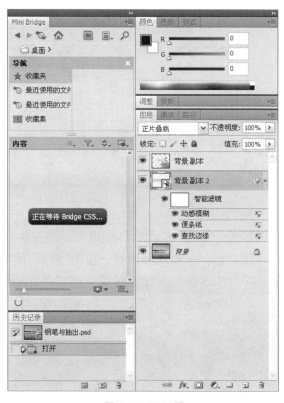

图 9-10 调板组

Photoshop CS5 为用户提供了很多调板。重复按下 Shift+Tab 组合键,可以显示或隐藏调板组;重复按下 Tab 键,可以显示或隐藏调板组、工具箱以及工具选项栏。按下 F5、P6、P7、F8、F9 键,分别可以显示或隐藏画笔面板、颜色面板、图层面板、信息面板和动作面板。每个面板组的右上角都有一个三角按钮,单击该按钮可以打开相应的面板菜单。

4. Photoshop CS5 的基本操作

(1)打开文件。

启动 Photoshop CS5→选择"文件"菜单→单击"打开"命令,弹出"打开"对话框(如图 9-11 所示)→选择所需的图像文件→单击"打开"按钮即可。

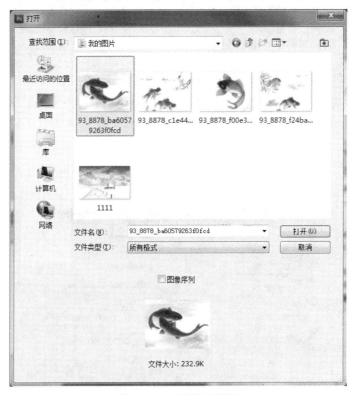

图 9-11 "打开"对话框

(2)新建文件。

启动 Photoshop CS5→"文件"→"新建",弹出"新建"对话框(如图 9-12 所示)→选择相应的宽度、高度、分辨率、模式和内容→单击"确定"按钮完成新建。

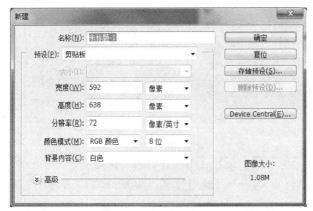

图 9-12 "新建"对话框

(3)保存文件。

"保存"命令可以将新建文档或处理完的图像进行储存。在菜单中执行"文件→储存"命令或按快捷键"Ctrl+S",如果是第一次对新建文件进行保存,系统会弹出如图 9-13 所示的"存储为"对话框。在文件名处的文本框中键入要保存的名称,单击"保存"按钮即可保存文件。

图 9-13　存储为对话框

5.利用 Photoshop CS5 进行棋盘制作实例

本例通过制作一个简单的黑白棋盘效果来体验利用图案填充进行创作的过程。

Step1:启动 Photoshop CS5 应用程序。

Step2:选择"文件"→"新建"命令或按快捷键"Ctrl+N",创建新文档并命名为"棋盘图案",设定大小为(100×100)像素。

Step3:选择"视图"→"标尺"命令或按快捷键"Ctrl+R",打开标尺,设置标尺单位为"像素",将鼠标放在标尺上,按住鼠标左键拖动至文档中央,创建横、竖两条参考线。

Step4:选择矩形选框工具,按住鼠标左键从文档左上角拖动至参考线中心点位置松开;再按住 Shift 键从参考线中心按住鼠标左键拖动至文档右下角,创建两个对角的正方形选区,如图 9-14 所示。

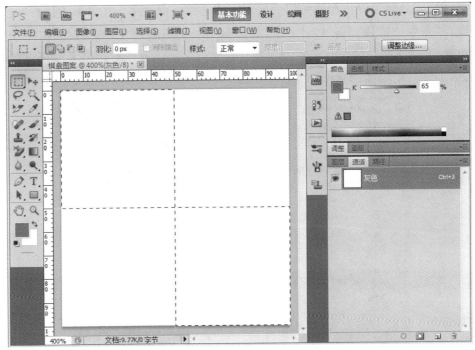

图 9-14　创建选区

Step5:将前景调为黑色,选择"编辑"→"填充"命令或按快捷键"Alt＋Delete",对当前选区填充前景色,如图 9-15 所示。

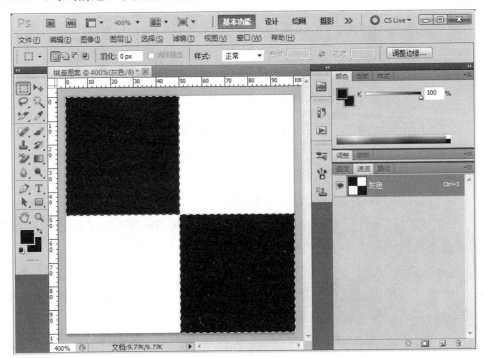

图 9-15　填充前背景

Step6：选择"选择"→"取消选择"命令或按快捷键"Ctrl+D"取消选区。

Step7：选择"编辑"→"定义图案"命令，在弹出的"图案名称"对话框（如图9-16所示）中输入图案名称"棋盘图案"，单击"确定"按钮定义该图案。

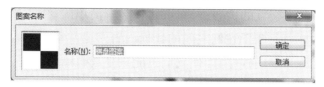

图9-16　定义图案名称

Step8：选择"文件"→"新建"命令或按快捷键"Ctrl+N"，创建新文档并命名为"棋盘格"，设定大小为(800×600)像素。

Step9：选择"编辑"→"填充"命令，打开"填充"对话框，在"使用"下拉列表中选择"图案"，再在"自定图案"内选择刚定义的黑白格图案，如图9-17所示，单击"确定"按钮，完成棋盘格图案填充，最终效果如图9-18所示。

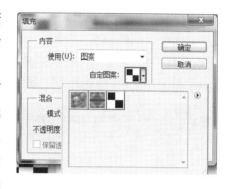

图9-17　"填充"对话框

图9-18　棋盘制作效果图

9.3.2 动画制作软件 Flash CS5

Flash 是一种创作工具,设计人员和开发人员可使用它来创建演示文稿、应用程序和其他允许用户交互的内容。Flash 可以包含简单的动画、视频内容、复杂演示文稿和应用程序以及介于它们之间的任何内容。通常情况下,使用 Flash 创作的各个内容单元称为应用程序,即使它们可能只是很简单的动画。你也可以通过添加图片、声音、视频和特殊效果,构建包含丰富媒体的 Flash 应用程序。

1. Flash CS5 的操作界面

Flash CS5 的操作界面由以下几部分组成:菜单栏、工具箱、时间轴、场景和舞台、浮动面板及属性面板,如图 9-19 所示。其中 Flash 中的舞台就像导演指挥演员演戏一样,要给演员一个排练演出的场所。在舞台工作区即可以绘制编辑图形、文字和创建动画,也可以展示图形图像、文字、动画等对象。

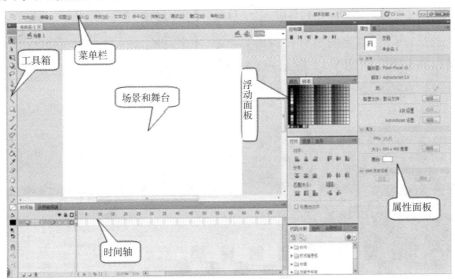

图 9-19　Flash CS5 的操作界面

Flash CS5 的菜单栏依次分为:"文件""编辑""视图""插入""修改""文本""命令""控制""调试""窗口"及"帮助"菜单。为方便使用,Flash CS5 将一些常用命令以按钮的形式组织在一起,形成一个"主工具栏",可以通过菜单命令"窗口"→"工具栏"→"主工具栏"显示。主工具栏依次分为:"新建"按钮、"打开"按钮、"转到 Bridge"按钮、"保存"按钮、"打印"按钮、"剪切"按钮、"复制"按钮、"粘贴"按钮、"撤消"按钮、"重做"按钮、"贴紧至对象"按钮、"平滑"按钮、"伸直"按钮、"旋转与倾斜"按钮、"缩放"按钮以及"对齐"按钮,如图 9-20 所示。

图 9-20　主工具栏

工具箱提供了用于图形绘制和图形编辑的各种工具。如图 9-21 所示。单击按下某个工具按钮，即可激活相应的操作功能。工具按钮右下角的三角形代表该按钮是按钮工具组，鼠标单击稍停留一会儿则可显示该按钮下的所有工具按钮。

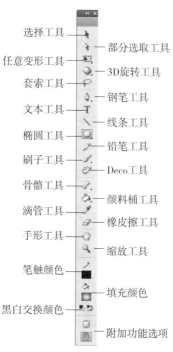

图 9-21　工具箱

时间轴用于组织和控制文件内容在一定时间内播放。按照功能的不同，时间轴窗口分为左右两部分，分别为图层控制区和时间线控制区，如图 9-22 所示。

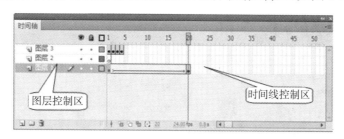

图 9-22　时间轴窗口

场景是所有动画元素的最大活动空间。像多幕剧一样，场景可以不止一个。要查看特定场景，可以选择"视图"→"转到"命令，再从其子菜单中选择场景的名称。场景也就是常说的舞台，是编辑和播放动画的矩形区域。在舞台上可以放置、编辑向量插图、文本框、按钮、导入的位图形、视频剪辑等对象。舞台包括大小、颜色等设置。如图 9-23 所示。

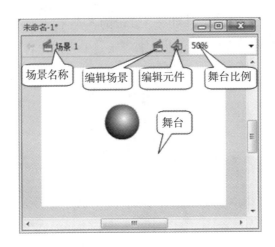

图 9-23 场景舞台

对于正在使用的工具或资源,使用"属性"面板,可以很容易地查看和更改它们的属性,从而简化文档的创建过程。当选定单个对象时,如文本、组件、形状、位图、视频、组、帧等,"属性"面板可以显示相应的信息和设置。当选定了两个或多个不同类型的对象时,"属性"面板会显示选定对象的总数。如图 9-24 所示。

浮动面板包括对齐、混色器、颜色样本、信息、变形和库面板等,它极大地方便了对工作区对象的编辑操作。使用面板可以查看、组合和更改资源。但屏幕的大小有限,为了尽量使工作区最大,Flash CS5 提供了许多种自定义工作区的方式,提供了一个面板组可以随时打卡和关闭面板,还可以通过"窗口"菜单显示、隐藏面板,还可以通过鼠标拖动来调整面板的大小以及重新组合面板等。如图 9-25 所示是打开的"颜色"面板视图。

图 9-24 "椭圆工具"的属性面板

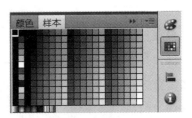

图 9-25 "颜色"面板

2. 绘制与编辑图形

使用 铅笔工具绘制线条图形时，可以绘制任意形状的曲线矢量图形。绘制完一条线后，Flash CS5 可以自动对其进行加工，例如变直、平滑等。

编辑线条时，使用工具箱中的 选择工具，将鼠标指针移到线、轮廓线或填充的边缘处，会发现鼠标指针右下角出现一个小弧线，用鼠标拖拽线，即可看到被拖拽的线形状发生了变化，如图 9-26 所示；指向直角线直角，用鼠标拖拽直角，即可看到被拖拽的直角形状发生了变化，如图 9-27 所示。

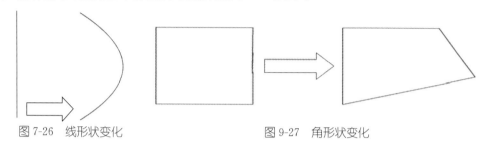

图 7-26　线形状变化　　　　　　　图 9-27　角形状变化

使用墨水瓶工具 可以改变已经绘制线的颜色和线型等属性。单击工具箱内的墨水瓶工具，在属性面板修改了线的颜色和线型后，将鼠标移到舞台工作区中的某条线上，单击鼠标，即可修改线条颜色和线型。如果用鼠标单击一个无轮廓线的填充，则会自动为该填充增加一条轮廓线。

使用滴管工具 可以吸取舞台工作区中已经绘制的线条和填充的对象。单击工具箱中的滴管工具，然后将鼠标移到在舞台工作区内的对象之上，此时鼠标指针变成 (对象是线条)、 (对象是填充)或 (对象是文字)的形状。单击鼠标，即可将单击对象的属性赋给相应的面板，相应的工具也会被选中。

绘制图形时可以用椭圆、矩形和多角星形工具绘图，使用前应先设置笔触属性。用椭圆、矩形和多角星形工具绘制出的有填充的图形由两个对象组成：一个是轮廓线，另一个是填充。这两个对象是独立的，可以分离，分别操作。例如，绘制一个矩形图形后，单击工具箱中的 选择工具，再将鼠标指针移到椭圆形图形内，拖拽鼠标，即可把填充移开，如图 9-28 所示。

如果选择星形绘制，可以单击工具箱内的 多角星形工具，单击属性面板内的"选项"按钮，调出"工具设置"对话框，如图 9-29 所示。

图 9-28　对象的移动　　　　　　图 9-29　"工具设置"对话框

绘制的图形可以切割，切割的对象不包括组合对象。切割对象时，可以用选择工具在舞台工作区内按下鼠标左键拖拽鼠标，选中图形的一部分，然后用鼠标拖拽分开，如图 9-30 所示。

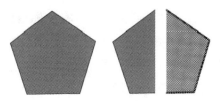

图 9-30　切割图形方法一

绘制的图形可以使用颜料桶工具填充，颜料桶工具 的作用是对填充属性进行修改。填充的属性有纯色（即单色）填充、放射状渐变填充、位图填充、线性渐变填充等。

对已填充的图形可以使用填充变形工具填充， 填充变形工具用于图形，即可在填充之上出现一些控制柄，用鼠标拖拽这些控制柄，可以调整填充的填充状态。

放射状填充：用于放射状填充时会出现 4 个控制柄和 1 个中心标记，调整焦点，可以改变放射状渐变的焦点；调整中心点，可以改变渐变的中心点；调整宽度，可以改变渐变的宽度；调整大小，可以改变渐变的大小；调整旋转，可以改变渐变的旋转角度。如图 9-31 所示。

线性填充：线性填充时会出现 2 个控制柄和 1 个中心标记，用鼠标拖拽这些控制柄，可以调整线性填充的状态。如图 9-31 所示。

位图填充：位图填充时会出现 6 个控制柄和 1 个中心标记，用鼠标拖拽控制柄，可以调整填充的状态。如图 9-31 所示。

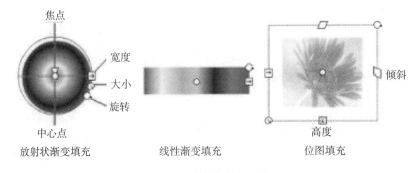

图 9-31　填充变形工具使用

3. 图层、时间轴与帧

在 Flash 中，图层相当于舞台中的演员所处的前后位置，如图 9-32 所示。

时间轴是 Flash 进行动画创作和编辑的主要工具。时间轴就好像导演的剧

本,它决定了各个场景的切换以及演员出场、表演的时间
顺序。Flash 将动画按时间顺序分解成帧,在舞台中直接
绘制的图形或从外部导入的图像,均可形成单独的帧,再
把各个单独的帧画面连在一起,合成动画。每一个动画
都有它的时间轴,图 9-33 所示给出了一个 Flash 动画的
时间轴。

图 9-32　Flash 中的图层

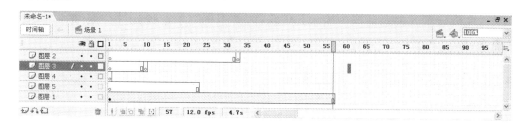

图 9-33　Flash 动画的时间轴

在时间轴上主要有以下几种帧(见图 9-34)。

• 空白帧:该帧内是空的,没有任何对象,也不可以在其内创建对象。

• 空白关键帧:帧单元格内有一个空心的圆圈,表示它是一个没内容的关键
帧,可以创建各种对象。如果新建一个 Flash 文件,则在第 1 帧会自动创建一个
空白关键帧。单击选中某一个空白帧,再按 F7 键,即可将它转换为空白关键帧。

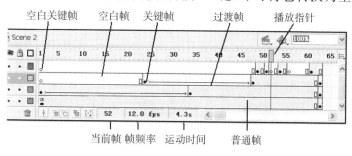

图 9-34　时间轴上的帧

• 关键帧:帧单元格内有一个实心的圆圈,表示该帧内有对象,可以进行编
辑。单击选中一个空白帧,再按 F6 键,即可创建一个关键帧。

• 普通帧:在关键帧的右边的浅灰色背景帧单元格是普通帧,表示它的内容
与左边的关键帧内容一样。单击选中关键帧右边的一个空白帧,再按 F5 键,则从
关键帧到选中的帧之间的所有帧均变成普通帧。

• 过渡帧:它是两个关键帧之间,创建补间动画后由 Flash 计算生成的帧,它
的底色为浅蓝色(动作动画)或浅绿色(形状动画)。用户不可以对过渡帧进
行编辑。

- 动作帧：该帧本身也是一个关键帧，其中有一个字母"a"，表示这一帧中分配有动作脚本。当动画播放到该帧时会执行相应的脚本程序。

4.元件的操作

元件可以分为图形元件、影片剪辑元件和按钮元件。创建元件的方法为：

（1）创建元件。

选择"插入"菜单下"新建元件"命令，弹出如图9-35所示的"创建新元件"对话框，在创建新元件对话框中输入元件名称，并根据需求选择元件类型，最后单击"确定"按钮完成。

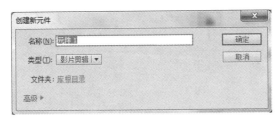

图9-35 "创建新元件"对话框

（2）转换为元件。

利用选择工具选取转换元件，单击"修改"菜单中的"转换为元件"命令，弹出如图9-36所示的"转换为元件"对话框，在转换为元件对话框中输入元件名称，并根据需求选择元件类型，最后单击"确定"按钮完成。

（3）删除元件。

在库面板中单击选中要删除的元件，然后单击库面板中的"删除"按钮。

图9-36 "转换为元件"对话框

将元件放置到舞台上则称为实例，即实际用到的物体。元件可以重复使用，或作为单独个体存在，或与其他元件组成新元件。当元件应用到舞台中成为实例后，两者之间仍然保持镜像关系，即修改元件内容的同时也修改实例内容。元件的好处很多，除减少素材体积大小外，还可以制作出整体变色、变透明等特效。重要的是只有它可以执行Flash CS5中的运动变形动画。

习 题 9

一、单项选择题

1. 所谓媒体是指_____。
   A. 表示和传播信息的载体   B. 各种信息的编码
   C. 计算机输入与输出的信息   D. 计算机屏幕显示的信息

2. 多媒体技术发展的基础是_____。
   A. 数字化技术和计算机技术的结合 B. 数据库与操作系统的结合
   C. CPU 的发展   D. 通信技术的发展

3. 多媒体 PC 是指_____。
   A. 能处理声音的计算机
   B. 能处理图像的计算机
   C. 能进行文本、声音、图像等多种媒体处理的计算机
   D. 能进行通信处理的计算机

4. 多媒体计算机系统的两大组成部分是_____。
   A. 多媒体器件和多媒体主机
   B. 音箱和声卡
   C. 多媒体输入设备和多媒体输出设备
   D. 多媒体计算机硬件系统和多媒体计算机软件系统

5. 专门的图形图像设计软件是_____。
   A. HyperSnap-DX   B. ACDSee   C. WinZip   D. Photoshop

6. 帧率为 25 帧/秒的制式为_____。
   (1)PAL (2)SECAM (3)NTSC (4)YUV
   A. 仅(1)   B. (1)、(2)
   C. (1)、(2)、(3)   D. 全部

7. 美术绘画中的三原色指的是_____。
   A. 橙、绿、紫   B. 白、黑、紫
   C. 红、黄、蓝   D. 红、绿、黄

8. 下列文件格式中,_____是声音文件格式的扩展名。
   (1).wav (2).jpg (3).bmp (4).mid
   A. 仅(1)   B. (1)、(4)   C. (1)、(2)   D. (2)、(3)

9. 下列文件格式中,_____是图像文件格式的扩展名。
   (1).txt (2).mp3 (3).bmp (4).pcd
   A. 仅(3)   B. (1)、(3)   C. (1)、(3)   D. (3)、(4)

10. 目前，多媒体计算机对动态图像数据压缩常采用_____格式。
   A. JPEG　　　　B. GIF　　　　C. MPEG　　　　D. BMP

二、填空题

1. 多媒体就是由多种单媒体复合而成的人机交互式信息交流和传播媒体，包括_____、_____、_____、视频、动画等。

2. 当有图像分辨率为 800×600，屏幕分辨率为 640×480 时，屏幕上只能显示一幅图像的_____％左右。

3. MPC 是_____的简称。

三、判断题

1. 多媒体计算机系统中，内存和光盘属于传输媒体。（　　）

2. 用数码照相机可将图片输入到计算机。（　　）

3. BMP 转换为 JPG 格式，文件大小基本不变。（　　）

4. 图像分辨率是指图像水平方向和垂直方向的像素个数。（　　）

5. 计算机只能加工数字信息，因此，所有的多媒体信息都必须转换成数字信息，再由计算机处理。（　　）

6. 媒体信息数字化以后，体积减小了，信息量也减少了。（　　）

7. 能播放声音的软件都是声音加工软件。（　　）

8. 计算机对文件采用有损压缩，可以将文件压缩的更小，减少存储空间。（　　）

9. 图像分辨率是指图像水平方向和垂直方向的像素个数。（　　）

10. WROD、WPS、POWERPOINT 都是多媒体集成软件。（　　）

四、上机操作题

1. 用 Photoshop CS5 将一只猫头鹰和汽车标志处理成如图 9-37 所示的效果。

图 9-37　合成后的猫头鹰

图 9-38　电风扇

2. 用 Flash CS5 制作风扇旋转的动画如图 9-38。

第10章 数据(信息)安全

【主要内容】

◇ 常见数据(信息)安全问题的描述。

◇ 导致安全问题的主要因素。

◇ 保障数据(信息)安全的基本措施。

◇ 数据备份及恢复的基本任务、技术与策略。

◇ 病毒及其基本特征的介绍。

◇ 病毒的预防与清除。

【学习目标】

◇ 理解信息系统始终存在安全风险。

◇ 能够描述引起数据(信息)安全问题的主要原因。

◇ 能够根据安全需要制订基本的安全管理方案。

◇ 掌握数据备份及恢复的基本过程及方法并能够在实际应用中实施。

◇ 能认识计算机病毒的主要特征。

◇ 掌握预防与清除病毒的基本方法。

10.1 信息安全概述

计算机信息安全是指计算机系统的硬件、软件、数据受到保护,不会因偶然的或恶意的原因而遭到破坏、更改、显露,系统能连续正常运行。为便于叙述,计算机信息安全以后简称计算机安全。反之,称计算机的不安全为计算机危害。安全攻击的因素分为人为因素和自然因素,核心因素是人。人为地针对计算机进行的犯罪是一种新的犯罪形式,已经成为各个国家普遍关注的社会公共安全问题。

10.1.1 常见安全问题

随着计算机在人类生活各领域中的广泛应用,计算机病毒也在不断产生和传播。同时,计算机网络不断遭到非法入侵,重要情报资料不断被窃取,甚至由此造成网络系统的瘫痪,已给各个国家以及众多公司造成巨大的经济损失,甚至危害到国家和地区的安全。计算机安全是一个越来越引起世界各国关注的重要问题,必须充分重视并设法解决。但总体上看,这些问题都可以被归结为数据安全问题,因为最终受影响的还是数据。

通常遇到的数据安全问题包括数据的丢失、被盗及损坏。

数据丢失是指数据不能访问,一般是由于数据被删除引起的,当然,数据的删除可能是偶然的误操作,可能是存储设备的故障,也有可能是故意的破坏。

数据被盗并不一定意味着数据丢失,通常是指未经授权的访问或复制。事实上,数据被盗所带来的损失可能要远大于其他方面问题引起的损失。同时,如果系统没有很好的安全措施,那么就很难发现数据已经被盗。

数据损坏是指数据发生了改变,从而不能反映正确的结果。数据改变的原因可能是偶然的,例如不正确地关闭系统或者临时的电源故障;也可能是蓄意的破坏,通常是人为的恶意攻击。

另外,还可能会遇到系统及网络等方面的安全问题。例如由于操作系统的安全漏洞,导致了计算机系统被恶意攻击;由于蠕虫的快速扩散而导致网络堵塞等。这一类安全问题带来的损失及处理方法各不相同,但最终的损失仍然会影响数据的传输及网络的安全。

安全问题产生的原因是多方面的,有些可能是蓄意的、难以预防的攻击;也有许多因素是微不足道的,因而也特别容易被忽视的。

10.1.2 引发安全问题的非人为原因

错误的产生并不像想象的那么复杂,实际上,许多数据出现问题仅仅是因为一个偶然的操作失误、电源不正常或者硬件的故障。

1. 操作失误

这是每一个计算机用户都有可能会犯的错误,通常这种错误的出现都是偶然的。用户只有熟练地掌握正确的操作方法并养成良好的操作习惯,才能最低限度地减少失误。

2. 电源问题

电源可能是整个系统中最脆弱的环节。偶然的停电,突然的电压波动都会对系统产生影响。断电会使正在运行的程序崩溃,保存在内存中的数据将全部丢失,电压的波动则可能会损坏计算机的电路板或者其他部件。

3. 硬件故障

任何高性能的机器都不可能长久地正常运行下去,几乎所有的计算机部件,都有可能发生故障。I/O 接口损坏,磁介质损坏,板卡接触不良都是很常见的硬件故障,而内存错误导致的系统运行不稳定也时有发生。

4. 自然灾害

自然灾害主要包括各种天灾，如火灾、水灾、风暴、地震等。自然灾害是难以避免的，我们应该考虑的是，当自然灾害发生后，如何控制损失，使损失降低到最少甚至是零。

10.1.3 引发安全问题的人为原因

除了前面提出的偶然因素外，大量的安全问题是由于人为原因造成的。如黑客入侵、计算机病毒破坏等一些人为威胁。在信息安全领域，攻防与防御将会永远较量下去。

1. 黑客

黑客，最初是指那些喜欢探索软件程序奥秘，并从中增长其个人才干的人。传统的黑客钻研更深入的计算机系统知识并乐于与其他人共享成果，为计算机技术的发展起到了一定的推动作用。后来黑客怀着不良企图，为了个人私利，利用非法手段获取或破坏重要数据，制造麻烦，于是黑客就慢慢地演变为入侵者、破坏者的代名词。

2. 计算机病毒

计算机病毒，是人为制造的具有破坏性的程序。计算机病毒在计算机中运行，其危害轻的可以破坏程序与数据，重的甚至可以使计算机无法运行。随着 Internet 的广泛应用，计算机病毒传播的更快更广，其破坏性空前活跃。

除了病毒外，人为制造的破坏性程序还有蠕虫、木马和间谍软件等。

3. 其他原因

除了黑客和病毒之外，还存在许多其他的破坏行为。如通过网络拷贝、散播违法信息或个人隐私，利用计算机网络进行各种违法犯罪活动，通过系统漏洞远程控制他人计算机等行为，也是引起信息安全问题的原因。

10.2 安全管理的基本内容与方法

随着计算机技术的飞速发展，计算机信息安全问题越来越受关注，掌握必要的信息安全管理和安全防范技术是非常必要的。计算机网络系统中信息的传输比传统的信息传输更加方便快捷，但是每当我们提交自己的敏感数据（如银行账号和密码）时，心里难免会很不踏实，担心自己的机密资料被他人截取并利用。电子商务的应用将越来越普及，保证网上交易的安全和可靠是电子商务成功的关键，所以必须保证在网络中传输信息的保密性、完整性以及不可抵赖性。现阶段较为成熟的信息安全技术有数据加密和解密技术、数字签名技术以及身份认证技术等。

10.2.1 建立使用制度与程序

通常,我们习惯对一些制度表示出嘲讽甚至蔑视,事实上许多计算机系统的安全问题是由于对制度的不尊重引起的。因此需要高度重视制度的制定及执行。

制度是关于使用计算机系统的规则及条例,通常由管理者制定。单位或者公司通过规范或者约束对计算机进行访问,它可以帮助一个公司或者单位对其计算机以及数据的使用做出适当的规定,从而对数据的安全提供保护。

一个好的制度必须是容易操作且规定明确的,制度应该成为每一个工作人员的行为准则。通过长时间的约束,制度可以演变成个人的工作程序。一旦个人形成了良好而规范的工作程序,出现偶然错误的几率将会大幅下降。

制度通常应该涉及两个方面。技术方面的制度应该对操作程序及规范进行明确的规定。例如,何时进行数据备份,备份的类型,备份时的操作步骤等。管理方面的制度可以对每个访问系统的权限及程序进行适当的规定。

10.2.2 物理保护

物理上的保护包括两个方面的措施,一是提供符合技术规范要求的使用环境,二是限制对硬件的访问。

1. 使用环境

对于一般的微型计算机来说,其使用环境并没有非常严格的要求。当然考虑到数据系统的安全和设备运行的稳定,一般要求环境温度不能过高或者过低,也不能过于干燥以避免静电对电子部件以及存储设备的损害。

对于一些关键性的业务系统,例如需要24小时不间断运行的服务器、数据存储系统或者网络核心交换机,则对环境有非常严格的要求。通常情况下,这些要求会涉及温度、湿度、接地性能、抗静电性能等多方面的指标。另外,还要建立电源保障系统以及避免停电或者电压波动造成对系统或数据的损害。

2. 限制接触

限制接触是指限制对系统的物理接触。例如,对进入机房的人员进行限制、给系统加锁等措施都是从物理上限制与系统的接触。

10.2.3 主机系统安全

主机,包括办公终端以及服务器,它作为信息系统的重要组成部分,是业务系统功能得以实现的载体。主机存储有大量的敏感信息,无论是政府机关,还是公司企业,都必须加强主机安全建设。

10.2.4 网络安全

除了计算机病毒对网络系统的安全造成威胁外,另外一个网络系统的不安全因素则是来自于网络黑客的攻击。为了尽可能减少计算机病毒和黑客对网络系统的破坏,一般局域网系统和个人计算机上都应该安装防火墙。

黑客(Hacker)一般是指计算机网络的非法入侵者,他们大都是程序员,对计算机技术和网络技术非常精通,了解系统的漏洞及其原因所在,喜欢非法闯入并以此作为一种智力挑战而沉醉其中。有些黑客仅仅是为了验证自己的能力而非法闯入,而有很多黑客是为了窃取机密信息、盗用系统资源或出于报复心理而恶意毁坏某个信息系统等。为了尽可能避免受到黑客攻击,有必要了解黑客常用的攻击和访求手段,然后才能有针对性地进行防御。

一般黑客的攻击分为三个步骤:信息收集,探测分析系统的安全弱点,实施攻击。

防止黑客攻击的策略有:数据加密,身份认证,访问控制,端口保护,审计,保护 IP 地址,其他安全防护措施。

10.2.5 数据加密

任何一种安全措施都不能保证从根本上解决问题,相比较而言,数据加密是保证数据安全更加有效的措施。

数据加密就是将被传输的数据转换成表面上杂乱无章的数据,只有合法的接收者才能恢复数据的本来面目,而对于非法窃取者来说,转换后的数据是读不懂的毫无意义的数据。我们把没有加密的原始数据称为"明文",将加密以后的数据称为"密文",把明文变换成密文的过程称为"加密",而把密文还原成明文的过程称为"解密"。加密和解密都需要有密钥和相应的算法,密钥一般是一串数字,而加解密算法是作用于明文或密文以及对应密钥的一个数学函数。

1. 对称加密

"替换加密法",就是用新的字符按照一定的规律来替换原来的字符。如用字符 a 替换 b,b 替换 c,…,依此类推,最后用 z 替换 a,那么明文"elephant"对应的密文就是"dkdogzms",这里的密钥就是数字 1,加密算法就是将每个字符的 ASCII 码值减 1 并做模 26 的求余运算。对于不知道密钥的人来说,"dkdogzms"就是一串无意义的字符,而合法的接收者只需将接受到的每个字符的 ASCII 码值相应加 1 并做模 26 的求余运算,就可以解密恢复为明文"elephant",如图 10-1 示例所示。

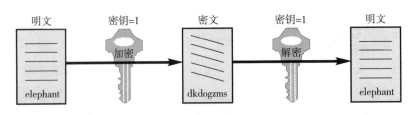

图 10-1 对称加密示意图

变位加密法,又称为"置换加密法",就是按某一规则重新排列明文中的字符顺序,改变字符的位置,但字符本身不变。如明文为"安徽新华学院信息工程学院欢迎您"的文字按每行 4 个字的顺序重新排列,不足 4 个字时假设采用"﹡"号填充,写成如下所示形式:

安徽新华

学院信息

工程学院

欢迎您﹡

发送时按列的顺序"安学工欢徽院程迎新信学您华息院﹡"发送,这里的密钥为数字 4,合法的接收者收到这样的密文后只需按一定的间隔(字数除 4,这里的间隔为 16 除以 4 等于 4)读取一个汉字即可还原成明文,而对于非法窃取密文的人来说它就是一串无意义的文字。

以上两个加密方法中加密和解密使用的密钥是相同的,这是一种对称加密方式,还有一种非对称加密方式,加密和解密使用的是不同的密钥。在密码学中根据密钥使用方式的不同一般分为"对称密钥密码体系"和"非对称密钥密码体系"。

对称密钥密码体系也称为"密钥密码体系",要求加密和解密双方使用相同的密钥。其加密方式主要有以下几个特点:

(1)对称密钥密码体系的安全性。

这种加密方式的安全性主要依赖于以下两个因素:第一,加密算法必须是足够强的,即仅仅基于密文本身去解密在实践上是不可能做到的;第二,加密的安全性依赖于密钥的秘密性,而不是算法的秘密性。因此,没有必要确保算法的秘密性,而需要保证密钥的秘密性。正因为加解密算法不需要保密,所以制造商可以开发出低成本的芯片以实现数据的加密,适合于大规模生产。对称密钥密码体系被广泛应用于军事、外交和商业等领域。

(2)对称加密方式的速度。

对称密钥密码体系的加解密算法一般基于循环与迭代的思想,用简单的基本运算(如移位、取余和变换运算)构成对数据流的非线性变换,达到加密和解密的目的,所以算法的实现速度极快,比较适合于加密数据量大的文件内容。

(3)对称加密方式中密钥的分发与管理。

对称加密系统存在的最大问题是密钥的分发和管理非常复杂、代价高昂。比如对于具有 n 个用户的网络,需要 $n(n-1)/2$ 个密钥,在用户群不是很大的情况下,对称加密系统是有效的,但是对于大型网络,用户群很大而且分布很广时,密钥的分配和保存就成了大问题,同时也增加了系统的开销。

(4)常见的对称加密算法。

对称密钥密码体系最著名的算法有 DES(美国数据加密标准)、AES(高级加密标准)和 IDEA(欧洲数据加密标准)。

2. 非对称加密

非对称密钥密码体系,又称为"公钥密码体系",使用两个密钥:一个公共密钥 PK 和一个私有密钥 SK,如图 10-2 所示。这两个密钥在数学上是相关的,并且不能由公钥计算出对应的私钥,同样也不能由私钥计算出对应的公钥。

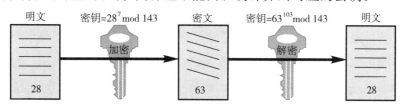

图 10-2 非对称加密示意图

(1)非对称密钥密码体系的安全性。

这种加密方式的安全性主要依赖于私钥的秘密性,公钥本来就是公开的,任何人都可以通过公开途径得到别人的公钥。非对称加密方式的算法一般都基于尖端的数学难题,计算非常复杂,它的安全性比对称加密方式的安全性更高。

(2)非对称加密方式的速度。

非对称加密方式由于算法实现的复杂性导致了其加解密的速度远低于对称加密方式。通常被用来加密关键性的、核心的机密数据。

(3)非对称加密方式中密钥的分发与管理。

由于用于加密的公钥是公开的,密钥的分发和管理就很简单,比如对于具有 n 个用户的网络,仅需要 $2n$ 个密钥。公钥可在通信双方之间公开传递,或在公用储备库中发布,但相关的私钥必须是保密的,只有使用私钥才能解密用公钥加密的数据,而使用私钥加密的数据只能用公钥来解密。

(4)常见的非对称加密算法。

目前,国际上最著名、应用最广泛的非对称加密算法有 RSA 算法、椭圆曲线加密算法等。RSA 算法是由美国 MIT 大学的 Ron Rivest、Adi Shamir、Leonard Adleman 三人于 1978 年公布的,它的安全性是基于大整数因子分解的困难性,而大整数因子分解问题是数学上的著名难题,至今没有有效的方法予以解决,因此可以确保 RSA 算法的安全性。

在实际应用中,可兼用两种加密方式的优点,采用对称加密方式来加密文件的内容,而采用非对称加密方式来加密密钥,这就是混合加密系统,它较好地解决了运算速度问题和密钥分配管理问题。

10.3 数据备份与恢复

尽管采取了各种措施,但仍然不能保证系统的绝对安全,因此必须考虑,万一系统出现了问题,应该怎么办。数据备份就是数据保护的最后一道防线。事实上,随着信息技术应用的日益普及,数据备份也逐渐成为一个相当重要的产业。

10.3.1 什么是数据备份

数据备份虽然无法保证数据不受破坏,但至少保证在数据受到破坏时,能够有办法将原来的数据恢复过来。

简单地讲,数据备份就是为数据另外制作一个拷贝,或者制作一个副本。这样,当正本被破坏时,可以通过副本恢复原来的数据。

备份是一种被动的保护措施,同时也是最重要的数据保护措施。

10.3.2 备份系统的组成

一个完整的备份系统应该包括相应的硬件和软件。

1. 硬件

数据备份系统是通过硬件设备和相应的管理软件共同实现的。硬件备份产品的介质包括磁介质和光介质两种。目前,信息系统中最常用的备份介质还是磁介质,包括磁盘、磁带机、自动加载机、磁带库等。

选择备份硬件设备时,需要考虑的技术指标主要是数据传输率和单盘容量,因为这直接关系到做一次备份所需要的时间和介质数量。

除了容量和性能外,可靠性也是许多用户关注的指标,特别是那些需要带机高负荷工作的系统,可靠性尤为重要。衡量可靠性的一个常用指标是 MTBF(平均无故障时间),它是指带机在出现故障之前平均的正常工作时间。

2. 软件

软件在备份系统中起着十分重要的作用。它的功能包括硬件设备的管理和备份数据的管理。备份软件一般有两类:一类是操作系统附带的备份软件,如 Windows 系统中提供了专门用于数据备份和恢复的工具软件;另一类是专用的备份软件,这类软件的功能通常比较强大,不仅有基本的设备管理及数据管理功能,还包括数据恢复方面的功能。

10.3.3 如何备份

数据备份的目的是在故障发生时,能够顺利地恢复数据。这需要在备份时明确备份的类型及时间。

1. 不同的备份类型

备份类型一般有 3 种,完全备份、增量备份及差分备份。

完全备份是指备份时用一盘或多盘磁带将本地计算机系统中所有的软件和数据全部备份下来。优点是直观,容易理解,但缺点是有大量重复数据,占用大量磁带空间。

增量备份是指每次备份的数据只是上一次备份后增加或修改过的数据。优点是没有重复数据,缩短备份时间,但缺点是当发生空难时,恢复数据比较麻烦。

差分备份是指每次备份的数据是相对于上一次全备份之后新增加或修改过的数据。差分备份无需每天都做系统完全备份,所需时间相对较短,节省磁带空间,别外,它的灾难后恢复也很方便,即系统管理员只需要完全备份的磁带和发生灾难前一天的备份磁带,就可能恢复系统。

2. 制定备份计划

备份计划主要涉及备份策略的制定及工作过程的控制。

备份策略的制定是备份计划的一个重要组成部分。一般来说,需要备份的数据都存在一个 2/8 原则,即 20% 的数据被更新的概率是 80%。这个原则告诉我们,每次备份都完整地复制所有数据是一种非常不合理的做法。事实上,日常工作中的备份往往是基于一次完整备份之后的增量或差分备份。那么完整备份与增量备份或差分备份之间如何组合,才能最有效地实现备份保护,这正是备份策略所关心的问题。

根据预先制定的规则和策略,备份工作何时启动,对哪些数据进行备份,以及如何处理工作过程中的意外情况,这些都是备份软件不可推卸的责任。这其中包括与数据库应用的配合接口,也包括一些备份软件自身的特殊功能,如在很多情况下需要对打开的文件进行备份。另外备份软件还必须具有一定的意外处理能力。

10.3.4 恢复备份的数据

在系统崩溃或部分数据损坏时,可以利用备份文件将系统或数据恢复到备份前的状态。恢复数据的过程相对比较简单,只要通过相应的备份软件进行操作就可以了。

10.4 计算机病毒防护

10.4.1 什么是计算机病毒

计算机病毒与生物学意义上的病毒有一些相似之处,它们都具有传染性、破坏性,但从根本上讲,计算机病毒是一种有破坏性的计算机程序。

1. 病毒的定义

计算机病毒(Computer Virus,CV)是一种特殊的具有破坏性的计算机程序,这些程序具有自我复制能力,可通过非授权入侵而隐藏在计算机系统中,满足一定条件即被激活,从而给计算机系统造成一定损害甚至严重破坏。计算机病毒不单单是计算机学术问题,而且是一个严重的社会问题。

2. 病毒的主要特征

类似于生物病毒,计算机病毒通常具有以下特点。

(1)传染性。

计算机病毒的传染性是指病毒具有把自身复制到其他程序中的特性。计算机病毒是一段人为编制的计算机程序代码,这段程序代码一旦进入计算机并得以执行,就会搜寻其他符合其传染条件的程序或存储介质,确定目标后再将自身代码插入其中,达到自我繁殖的目的。只要一台计算机染毒,如不及时处理,那么病毒会在这台机子上迅速扩散,其中的大量文件(一般是可执行文件)会被感染。而被感染的文件又成了新的传染源,再与其他机器进行数据交换或通过网络接触时,病毒会继续进行传染。计算机病毒可通过各种可能的渠道,如软盘、计算机网络去传染其他的计算机。是否具有传染性是判别一个程序是否为计算机病毒的最重要条件。

(2)隐蔽性。

计算机病毒一般是具有很高编程技巧、短小精悍的程序。通常附在正常程序中或磁盘较隐蔽的地方,也有个别的以隐含文件形式出现。目的是不让用户发现它的存在。如果不经过代码分析,病毒程序与正常程序是不容易区别开来的。一般在没有防护措施的情况下,计算机病毒程序取得系统控制权后,可以在很短的时间里传染大量程序。而且受到传染后,计算机系统通常仍能正常运行,使用户不会感到任何异常。正是由于隐蔽性,计算机病毒得以在用户没有察觉的情况下扩散到上百万台计算机中。

(3)潜伏性。

大部分的病毒感染系统之后一般不会马上发作,它可长期隐藏在系统中,只有在满足其特定条件时才启动其表现(破坏)模块。只有这样它才可进行广泛地传播。如"PETER-2"在每年 2 月 27 日会提三个问题,答错后会将硬盘加密。著名的"黑色星期五"在逢 13 号的星期五发作。国内的"上海一号"会在每年三、六、九月的 13 日发作。当然,最令人难忘的便是 26 日发作的 CIH。这些病毒在平时会隐藏得很好,只有在发作日才会露出本来面目。

(4)破坏性。

任何病毒只要侵入系统,都会对系统及应用程序产生程度不同的影响。轻者会降低计算机工作效率,占用系统资源,重者可导致系统崩溃。基于这种特性,我们可将病毒分为良性病毒与恶性病毒。良性病毒可能只显示些画面或出点音乐、无聊的语句,或者根本没有任何破坏动作,但会占用系统资源。这类病毒较多,如:GENP、小球、W-BOOT 等。恶性病毒则有明确的目的,或破坏数据、删除文件,或加密磁盘、格式化磁盘,有的对数据造成不可挽回的破坏。这也反映出病毒编制者的险恶用心。

(5)衍生性。

病毒程序往往是由几部分组成,修改其中的某个模块能衍生出新的不同于原病毒的计算机病毒。

(6)寄生性。

病毒程序一般不独立存在,而是寄生在某类文件中。

(7)针对性。

计算机病毒是针对特定的计算机和特定的操作系统的。例如,有针对 IBM PC 机及其兼容机的,有针对 Apple 公司的 Macintosh 的,还有针对 UNIX 操作系统的。

3. 分类及判断

从第一个病毒出世以来,究竟世界上有多少种病毒,说法不一。无论多少种,病毒的数量仍在不断增加。据国外统计,计算机病毒以 10 种/周的速度递增,另据我国公安部统计,计算机病毒在国内以 4~6 种/月的速度递增。

对病毒进行分类是为了更好地了解它们。按照计算机病毒的特点及特性,计算机病毒的分类方法有许多种。

按照计算机病毒的破坏情况划分,计算机病毒分为良性病毒和恶性病毒。

良性计算机病毒是指它不包含能立即对计算机系统产生直接破坏的代码。这类病毒为了表现其存在,只是不停地进行扩散,从一台计算机传染到另一台,并不破坏计算机内的数据。但不能轻视所谓良性病毒对计算机系统造成的损害。

恶性计算机病毒是指在其代码中包含能损伤和破坏计算机系统的操作,在其传染或发作时会对系统产生直接的破坏作用。这类病毒是很多的,如米开朗基罗病毒。这类恶性病毒是很危险的,应当注意防范。

按计算机病毒的寄生方式划分,计算机病毒分引导区型、文件型和混合型病毒。

引导区型病毒主要通过软盘在 DOS 操作系统中传播,感染软盘中的引导区,蔓延到用户硬盘,并能感染到硬盘中的"主引导记录"。一旦硬盘中的引导区被病毒感染,病毒就试图感染每一个插入计算机的软盘的引导区。典型的病毒有大麻、小球病毒等。

文件型病毒是文件感染者,也称为"寄生病毒"。它运作在计算机存储器中,通常感染扩展名为.com、.exe、.sys 等类型的文件。每一次激活时,感染文件把自身复制到其他文件中,并能在存储器中保留很长时间,直到病毒又被激活。典型的如 CIH 病毒等。

混合型病毒集引导型和文件型病毒特性于一体。它综合系统型和文件型病毒的特性,它的"性情"也就比系统型和文件型病毒更为"凶残"。此种病毒通过这两种方式来感染,更增加了病毒的传染性以及存活率。

10.4.2 病毒的检测与清除

1. 病毒的预防

对付计算机病毒也应该像对付生物病毒一样,应以预防为主,防患于未然。以下是一些为预防病毒而建议采取的措施。

- 在计算机系统中安装防病毒软件及防火墙,并及时更新。
- 及时安装操作系统和应用软件厂商发布的补丁程序。
- 在联网的系统中尽可能不要打开未知的邮件及其附件。
- 不浏览未知来源的移动介质和软件,若要使用,应该先用防病毒软件进行检测。
- 不要使用盗版软件。
- 不需要修改的移动介质,可使之处于只读状态。
- 定期与不定期地进行磁盘文件备份工作。

2. 病毒的检测

目前,病毒检测技术大致分为两类,一种是根据已知计算机病毒程序中的关键字、特征程序段内容、病毒特征及传染方式、文件长度的变化规律等,在特征分类的基础上,对病毒进行检测;另一种是采用自身检验技术,对文件或数据段进行检验和计算并保存其结果,以后定期或不定期地重新计算并对照保存的结果,若出现差异,则表示该文件或数据段遭到破坏,从而检测到病毒的存在。后一种技术不针对具体病毒程序,一般常将两种方法结合使用。

3. 病毒的清除

当检测到技术病毒时,要及时清除掉病毒,常用的清除方法主要有:

① 人工处理的方法。用正常的文件覆盖被病毒感染的文件;删除被病毒感染的文件;重新格式化磁盘。

② 用反病毒软件清除病毒。常用的反病毒软件有 KV 软件、瑞星、金山毒霸、360 杀毒等。需要指出的是由于反病毒软件具有时效性,因此,反病毒软件不可能清除所有的病毒,而且还需要及时升级。

10.4.3 使用防病毒软件

在众多杀毒软件中,360 杀毒软件应用非常广泛。使用 360 杀毒软件查杀病毒非常简单。启动"360 杀毒"软件,出现如图 10-3 所示界面。此时可以选择快速扫描,全盘扫描或者指定位置扫描进行病毒查杀。

图 10-3　360 杀毒主界面

通过 Internet 连接,进行在 360 杀毒主界面点击"产品升级",或设置为"自动升级",可以对程序和病毒库进行更新。

10.5　隐私保护技术

简单地说,隐私就是个人、机构等实体不愿意被外部世界知晓的信息。在具体应用中,隐私即为数据所有者不愿意被披露的敏感信息,包括敏感数据以及数据所表征的特性。通常我们所说的隐私都指敏感数据,如个人的薪资、病人的患病记录、公司的财务信息等。但当针对不同的数据以及数据所有者时,隐私的定义也会存在差别。例如保守的病人会视疾病信息为隐私,而开放的病人却不视之为隐私。一般地,从隐私所有者的角度而言,隐私可以分为两类:

①个人隐私(Individual privacy):任何可以确认特定个人或与可确认的个人相关、但个人不愿被暴露的信息,都是个人隐私,如身份证号、就诊记录等。

②共同隐私(Corporate privacy):共同隐私不仅包含个人的隐私,还包含所有个人共同表现出但不愿被暴露的信息。如公司员工的平均薪资、薪资分布等信息。

10.5.1 问题的提出

随着现代科技的发展,人类正处于以计算机和网络技术为基础,以多媒体技术为特征的网络时代,每个人的工作和生活都已离不开网络,网络已渗透到人们生活的方方面面,给人们的生活带来了很大便利,但也同时使人置身于几乎透明的"玻璃社会"。网络对个人隐私存在着极大的威胁。网络传播信息比其他任何渠道都更加便捷,个人隐私也比较容易被浏览和扩散。近年来,随着因特网的迅猛发展和普及,个人隐私越来越多地被用于商业目的。网络隐私权时常遭受他人的非法侵害,已引起人们的警觉。如何有效地保护网络隐私已成为人们关注的热点。

网络隐私是指在网络时代,个人数据资料和网上在线资料不被窥视、侵入、干扰、非法收集和利用。网络隐私权是网络信息时代人的基本权利之一,涉及对个人数据的收集、传递、存储和加工利用等各个环节。

10.5.2 隐私保护的基本方法

利用计算机技术防范黑客和病毒的攻击,以保护自己的隐私是非常重要的事情。常用的保护方法有:

1. 安装防病毒软件

没有安装防病毒软件就贸然上网是非常危险的。国内外比较知名的杀毒软件有瑞星、诺顿防病毒、江民杀毒软件和金山毒霸等。

安装防病毒软件虽然简单,但更重要的在于经常升级。只有及时升级,才能预防新病毒;否则,杀毒软件根本起不到保护电脑的作用。

2. 安装防火墙

每一台连接到因特网上的服务器都需要在网络入口处采取一定的安全措施来阻止恶意的通信数据,这就需要考虑安装防火墙。一般来说,防火墙具有以下几种功能:允许网络管理员定义一个中心点来防止非法用户进入内部网络,可以很方便地监视网络的安全性,并及时报警;可以作为网络地址变换(Network

Address Translation，NAT)的地点，利用 NAT 技术，将有限的 IP 地址动态或静态地与内部的 IP 地址对应起来，用来缓解地址空间短缺的问题；也可以连接到一个单独的网段上，从物理上和内部网段隔开，并在此部署 WWW 服务器和 FTP 服务器，作为向外部发布内部信息的地点。防火墙的这些功能可以很好地帮助电脑抵御黑客的攻击。

3. 部署入侵检测系统

入侵检测是对入侵行为的发觉。进行入侵检测的软件与硬件的组合便是入侵检测系统。一个成功的入侵检测系统不但可使系统管理员时刻了解网络系统(包括程序、文件和硬件设备等)的任何变更，还能给网络安全策略的制定提供指南，在发现入侵后，系统能及时做出响应，包括切断网络连接、记录事件和报警等。入侵检测被认为是防火墙之后的第二道安全闸门，可以提供对内部攻击、外部攻击和误操作的实时保护。

4. 加密保护隐私

密码设置应尽量复杂些，最少要设置 8 位，并定期更改密码。

对机密信息进行加密存储和传输，能防止搭线窃听和黑客入侵，目前在基于 Web 服务的一些网络安全协议中被广泛应用。Web 服务中的传输加密一般在应用层实现，Web 服务器在发送机密信息时，首先根据接收方的 IP 地址或其他标识，选取密钥对信息进行加密运算；浏览器端在接收到加密数据后，根据 IP 包中信息的源地址或其他标识对加密数据进行解密运算，从而得到所需数据。

通过电子邮件进行重要的商务活动和发送机密信息之类的应用日趋频繁，因此为保证邮件的真实性(即不被他人伪造)和不被其他人截取和偷阅，对于包含敏感信息的邮件，最好利用数字标识对邮件进行数字签名后再发送。

设置屏幕保护密码。打开"显示属性"窗口，选择"屏幕保护程序"选项卡，将"密码保护"一项打钩，在弹出的对话框中输入要设定的密码。这样如果别人要操作电脑，就必须输入用户设定的密码才行。

对私密文件进行加密保护。通过软件加密文件或目录，实现加密隐藏，将要隐藏的文件移到某一临时文件夹下，再用 WinZip 或 WinRAR 将它压缩成一个带密码的文件。

5. 正确使用与设置 Cookie

①选中 IE 浏览器的"工具"选项，打开"Internet"选项，弹出一个新窗口，打开"隐私"选项卡。

②调整"隐私保护尺度"：用鼠标左键在隐私保护标尺上选中"中高"刻度。然后用鼠标左键单击对话框下方的"确定"。隐私保护标尺有 6 个刻度可供选择：阻止所有 Cookie、高、中高、中、低、接受所有 Cookie。某些网站的应用必须使用

Cookie,如简单地选择"高"或"阻止所有 Cookie",某些网站就可能无法正常浏览。一般来说,选择"中高",一方面不影响网上冲浪,一方面在一定程度上保证了网上浏览的安全。

为了维护网络隐私的安全,可以下载支持多种软件的 Cookie 管理工具。

6. 保护 IP 地址

①尽量使用代理服务器,防止黑客获取自己的 IP 地址。

②及时修正 Windows 的 Bug,防止利用 TCP/IP 包的 Bug 攻击的黑客程序的入侵。

③隐藏 IP 地址,上网前运行隐藏 IP 地址的程序,避免在 BBS 和聊天室上暴露真实 IP 地址。

7. 定时删除浏览记录

在上网时,浏览器会把上网过程中浏览的信息保存在浏览器的相关设置中,这样下次再访问同样信息时可以很快到达目的地,从而提高浏览效率。打开文件或者 QQ 与朋友聊天等,都会在机器上留下踪迹,从而泄漏个人机密。为安全起见,应在离开时抹去这些痕迹。

①开始菜单泄密。在 Windows 的开始菜单中会有最近访问文件的记录。操作完文档后一定要清除。

②微软的 Office 软件泄密。Windows 下的很多应用程序,如 Word、Excel、媒体播放器 Media Player、RealPlayer 等,会在"文件"菜单下列出最近打开过的一些文件名,导致泄密。因此,应在 Word、Excel 等中把"列出最近所用文件"的个数改为 0;而要在媒体播放器和 RealPlayer 中清除这些历史记录,只能到注册表中将 HKEY_LOCAL_MACHINE\Software\RealNetworks\RealPlayer 6.0\Preferences\MostRecent Clipsl 的键值删除。

③剪贴板泄密。使用剪贴功能时,如不清空,别人就有机会拷贝下来。

④临时文件泄密。C:\Windows\Temp 下有些临时文件,应及时清除掉。

⑤浏览网址泄密。IE 能将用户以前的各种操作记录下来,利用这些记录可以获取最近访问过的 Web 页面,应及时清除历史记录或注册表中 HKEY_CURRENT_USER\Software\Microsoft\Internet Explorer\Typed DURLs 的键值,屏蔽 IE 的"记忆"功能。

⑥木马泄密。如果电脑被人种下了木马程序,口令信息、邮件内容、聊天记录等个人信息都会被木马客户端得到。不要访问不法网站,不要下载或运行不明程序,避免被种下木马程序。另外,可安装杀毒和防黑软件,在上网前查看目前运行的进程,发现可疑进程应立刻终止。

8. 堵住日常操作中易泄密的漏洞

在计算机上写文章、看图片、访问网站、发邮件等都有可能被"窥视",防堵日常操作中容易泄密的漏洞是保护隐私、守住秘密的基础措施。

① 及时清除"被挽救的文档"。

② 及时编辑和清除"日志"文件。

③ 清除文档的"属性"信息。

④ 及时删除"收藏夹"中的历史记录。

9. 心理防线

保护自己网上隐私的最后一道防线是网民的心理状态。如果心理上不加以重视,那么隐私就很容易被泄露。只有从心理上加以重视,才能在享受网络带来便利的同时,避免隐私的泄露,从而有效地保护自己。

网络上的隐私保护比物理空间的隐私保护更难。因此,除加强技术上的保护外,还应在法律上加强对网络隐私的保护。前者是一个纯网络技术问题,后者则是一个法律问题。我们相信,随着人们对网络隐私保护意识的提高,计算机隐私保护技术的发展以及相应法律、法规的健全,人们的隐私一定能得到越来越好的保护,使人们能更放心地利用网络资源。

10.5.3 法律约束

计算机犯罪(Computer Crime)始于 60 年代,到了 80 年代、特别是进入 90 年代在国内外呈愈演愈烈之势。为了预防和降低计算机犯罪,给计算机犯罪合理的、客观的定性已是当务之急。目前,国际上还没有统一的计算机犯罪概念。概括近年来关于计算机犯罪的各种定义,可以分为广义和狭义两种。

广义的计算机犯罪是指行为人故意直接对计算机实施侵入或破坏,或者利用计算机为工具或手段实施其他违法犯罪行为的总称。

狭义的计算机犯罪概念认为,计算机犯罪是以计算机系统内的信息作为犯罪对象进行的犯罪或与计算机数据处理有关的故意违法的财产破坏行为。

制止与预防计算机犯罪,需要制定与完善计算机的管理和安全保护立法。要遏制和对付计算机犯罪,必须制定包括计算机安全、防止计算机犯罪的法律。一般地说,计算机安全立法包括计算机安全法律和惩治计算机犯罪法律两大类。

在完善计算机立法,加强执法的同时,还应该加强法制教育,增强相关人员的法制观念,主要措施有:

① 加强法制建设,真正做到有法可依,违法必究。建立以各项安全管理办法和地方法规为基础的法制体系,以现有的法律法规为基础,根据实际工作需要,不

断完善各项法律法规,真正实现有法可依、依法管理、严格监督。同时还需要依法做好监督和检查,做好重点信息系统的安全保护和防范工作。

②强化公安机关在计算机信息系统安全保护方面的行政管理职能。公安部门应建立严格审核、责任明确、经济监督、重在整改、依法查处等方面的工作管理体制,并且对计算机信息系统安全专用产品的管理、使用和销售等,实行销售计算机制度。

③强化计算机使用单位和部门的安全管理。健全管理机制,充分发挥管理效能,明确职责使用权限和临近的方式方法,使管理人员职责权统一、真正做到人尽其职,各尽其责。

④做好计算机安全管理与监察的"四个结合":一是将全社会齐抓共管与公安计算机安全监察部门的分工合作相结合;二是将积极预防和应急处理相结合;三是将合理应用与安全管理相结合;四是将安全管理与监察相结合,并形成新的工作制度和方式方法。

习 题 10

一、单项选择题

1. 下列_____不是有效的安全控制办法。
   A. 口令　　　　　　　　　　B. 用户权限设置
   C. 限制对计算机的物理接触　　D. 数据加密

2. 导致信息安全问题产生的原因很多,但综合起来一般有_____两类。
   A. 物理与人为　　　　　　　B. 黑客与病毒
   C. 系统漏洞与硬件故障　　　D. 计算机犯罪与破坏

3. 防火墙软件一般用在_____。
   A. 工作站与工作站之间　　　B. 服务器与服务器之间
   C. 工作站与服务器之间　　　D. 网络与网络之间

4. 计算机病毒不是通过_____传染的。
   A. 局部网络　　　　　　　　B. 远程网络
   C. 带病操作人员的身体　　　D. 使用了从不正当途径复制的优盘

5. 下列行为中,_____一般不会感染计算机病毒。
   A. 在网络上下载软件,直接使用
   B. 试用来历不明的光盘上的软件,以了解其功能
   C. 在本机的电子邮箱中发现有奇怪的邮件,打开看看究竟
   D. 安装购买的正版软件

6. 下列关于防火墙的叙述不正确的是_____。

   A. 防火墙是硬件设备

   B. 防火墙将企事业内部网与其他网络隔开

   C. 防火墙禁止非法数据进入

   D. 防火墙增强了网络系统的安全性

7. 网络黑客是指_____的人。

   A. 匿名上网   B. 在网上恶意进行远程信息攻击

   C. 不花钱上网   D. 总在夜晚上网

8. 下列不属于计算机杀毒工具的是_____。

   A. KV3000   B. WinZip   C. 诺顿   D. 瑞星

9. 为了保证内部网络的安全,下面的做法中无效的是_____。

   A. 制定安全管理制度

   B. 在内部网与因特网之间加防火墙

   C. 给使用人员设定不同的权限

   D. 购买高性能的计算机

10. 未经授权通过计算机网络获取某公司的经济情报是一种_____。

    A. 不道德但也不违法的行为   B. 违法的行为

    C. 正当竞争的行为   D. 网络社会中正常的行为

二、填空题

1. 引发安全问题的偶然因素有_____。

2. 一般情况下,大多数防火墙的默认设置为_____。

3. 下列属于计算机病毒特征的有_____。

4. 关于计算机病毒,下列叙述中正确的有_____。

5. 根据防火墙防范的方式和侧重点的不同,可以把防火墙分为很多类型,有_____。

三、问答题

1. 计算机信息安全的含义是什么?

2. 什么是黑客?黑客的入侵手段有哪些?

3. 什么是计算机病毒?其主要特征有哪些?如何防治计算机病毒?

4. 常用的备份介质有哪些?你认为哪一种介质的性价比最好?为什么?

5. 计算机系统的安全威胁主要来自哪些方面?

新兴计算机技术与应用

【主要内容】
◇ 计算机技术的发展趋势。
◇ 计算机及互联网对人类生活的影响。
◇ 互联网+。
◇ 物联网。
◇ 大数据。
◇ 云计算。

【学习目标】
◇ 能理解计算机及计算技术的发展规律及趋势。
◇ 能理解计算机技术对现代社会的普遍影响。

11.1 计算机技术发展

11.1.1 计算机技术发展的趋势

计算机技术正在向微型化、巨型化、网络化和智能化的方向发展,计算机的核心部件CPU的性能还会持续增长。超高速计算机将采用并行处理技术,使计算机系统同时执行多条指令或同时对多个数据进行处理,这是一项改进计算机结构、提高计算机运行速度的关键技术。同时计算机将具备更多的智能成分,它将具有多种感知能力、一定的思考与判断能力及一定的自然语言能力。除了提供自然的输入手段(如语音输入、手写输入)外,让人能产生身临其境感觉的各种交互设备已经出现,虚拟现实技术是这一领域发展的集中体现。传统的磁存储、光盘存储容量继续攀升,新的海量存储技术趋于成熟。信息的永久存储也将成为现实,千年存储器正在研制中,这样的存储器可以抗干扰、抗高温、防震、防水、防腐蚀。各种新型的计算机将会在21世纪走进我们的生活,遍布各个领域。

(1)神经计算机。

神经计算机,是模仿人的大脑判断能力和适应能力,并具有可并行处理多种数据功能的神经网络计算机,可以判断对象的性质与状态,并能采取相应的行动,而且它可同时并行处理实时变化的大量数据,并引出结论。以往的信息处理系统只能处理条理清晰、经络分明的数据。而神经计算机则类似于智能生物的大脑，能完成类似生物大脑的复杂计算，甚至可以完成类似于写作的复杂功能。目前，日本和美国的科学家已经研究开发出功能类似的计算机。

(2) 量子计算机。

量子计算机是基于量子效应开发的，它利用一种链状分子聚合物的特性来表示开与关的状态，利用激光脉冲来改变分子的状态，使信息沿着聚合物移动，从而进行运算。量子计算机中数据用量子位存储。由于量子叠加效应，一个量子位可以是 0 或 1，也可以既存储 0 又存储 1。因此一个量子位可以存储 2 个数据，同样数量的存储位，量子计算机的存储量比通常计算机大许多。同时量子计算机能够实行量子并行计算，理论上一台量子计算机就可以超越一台银河超级计算机的运算能力。目前正在开发中的量子计算机有 3 种类型：核磁共振(NMR)量子计算机、硅基半导体量子计算机、离子阱量子计算机。有人预计 2030 年将普及量子计算机。

(3) 激光计算机。

激光计算机，使用光传递信息代替电传递从而达到比普通计算机快 1000 倍传输速度的激光计算机。其运算速度基本比当今任何普通计算机快得多，精准，污染和耗能理论上会更低，电脑体积可以压缩得更小并且能带动更多的硬件升级来适应这种计算机的运行，推动了科技的进步。目前，美国、日本的不少公司都在不惜巨资研制激光计算机。预计在 2025 年，将开发出超级光计算机，运算速度至少比现有的电子计算机快 1000 倍。

(4) 光子计算机。

光子计算机，可认为是激光计算机的升级版本，是一种由光信号进行数字运算、逻辑操作、信息存贮和处理的新型计算机。光的并行、高速，决定了光子计算机的并行处理能力很强，具有超高运算速度，它还具有与人脑相似的容错性，某一元件损坏或出错，并不影响最终计算结果，对环境条件的要求比电子计算机低得多。目前，美国的贝尔实验室已经研发出了世界第一台光子计算机，而美国国家航天局也正在大力投资此类研究。

(5) 生物计算机。

生物计算机的运算过程就是蛋白质分子与周围物理化学介质的相互作用过程。计算机的转换开关由酶来充当，而程序则在酶合成系统本身和蛋白质的结构中表示出来。人们发现脱氧核糖核酸(DNA)处于不同状态时可以代表信息的有或无。DNA 分子中的遗传密码相当于存储的数据，DNA 分子间通过生化反应，从一种基因代码转变为另一种基因代码。反应前的基因代码相当于输入数据，反应后的基因代码相当于输出数据。如果能控制这一反应过程，就可以成功制作

DNA 计算机。蛋白质分子比硅晶片上的电子元件要小得多,生物计算机完成一项运算,所需的时间仅为 10 微微秒,比人的思维速度快 100 万倍。DNA 分子计算机具有惊人的存储容量。DNA 计算机消耗的能量非常小,只有电子计算机的十亿分之一。由于生物芯片的原材料是蛋白质分子,所以生物计算机既有自我修复的功能,又可直接与生物活体相连。很快,DNA 计算机将进入实用阶段。

(6)超导计算机。

超导计算机,是利用超导技术生产的计算机及其部件,其开关速度达到几微微秒,运算速度比现在的电子计算机快,电能消耗量少。超导计算机运算速度比现在的电子计算机快 100 倍,而电能消耗仅是电子计算机的千分之一,如果目前一台大中型计算机每小时耗电 10 千瓦,那么,同样一台的超导计算机只需一节干电池就可以工作了。

11.1.2 互联网对生活的影响

互联网时代正在改变和影响我们的生活。全世界人类的生产生活正在经历着翻天覆地的重大变革。互联网、人工智能和科技信息化时代的今天,互联网带给人们方方面面的方便和快捷。互联网的出现是时代进步的必然要求,是科技发展的重要标志。如今,互联网已经融入世界的每一个角落,人们的情感理念、价值取向、道德标准、思维方式、行为习惯等,都在互联网的普及和影响下发生了巨大而深刻的变化。

截至 2018 年 10 月,中国网民规模达已达到 7.7 亿,占全球网民总数的五分之一,互联网普及率为 56.3%,2018 年前三季度,全国网上零售额 62785 亿元,同比增长 27%。随着"宽带中国"等国家层面战略的实施,互联网作为公共基础设施的定位和普遍服务、社会责任理念的落实,中国正将互联网服务普及到城镇乡村的每一个角落。宽带提速降费,建成全球最大规模 4G 网络,加快推进 5G,用户日益享受到性价比更优的互联网服务。这是互联网不断扩大影响力、提升应用型的基础。我国互联网的普及发展为全球经济注入了活力。互联网进一步拉近了中国人与世界市场的距离。越来越多的中国人接入互联网,应用互联网,给世界各国带来了新的商业机会。

随着技术发展,互联网人工智能与大数据在深刻改变着人们的生活。集成电路、操作系统、人工智能、大数据、云计算、物联网等前沿技术研究加快,量子通信、高性能计算等取得了重大突破。信息化发展取得的历史性成就,给人民群众带来了实实在在的获得感。政务、公安、医疗、教育、物联、消防等都实现互联互通。共享单车、移动支付,通过互联网改善社会服务和民生保障等,成为互联网应用的典范,并传播到更多更广地方。"互联网+"战略的实施,成为传统产业升级、制造产品提质的推动力，也为更多人提供了创业创新和创造的商业机会。

互联网带来高科技的同时，也带着污泥浊水及沉渣浮滓的虚拟社会向我们冲击而来。对青少年一代来说，它既是天使，又是魔鬼。说它是天使，因为它给青少年铺设了通向知识海洋的广阔大道，迎来了足不出户知世界，不断造就"神童"辈出的时代。说它是魔鬼，因为它充斥着痴迷、暴力、色情、赌博、诈骗等不良内容，从而吞噬了青少年的求知心智和原本善良的身心健康，也吞噬了他们宝贵的青春年华。因此，一些缺乏控制力和分辨力的青少年，如果在心理不成熟的情况下，盲目地投身其中，就可能造成严重的不良后果。

今天，互联网技术和科技信息技术对全球经济社会的推动作用被寄予更多期望，也成为全球经济复苏的动力。但是互联网的发展依然面临诸多的挑战，互联网的监督管理制度和规范仍需进一步健全，加大影响网络安全和人民利益的违法行为和严惩力度。

11.1.3 计算机技术的新应用

目前，计算机已经发展到了一个非常成熟的阶段，计算机技术已经越来越多地渗入到人们生活的每个角落。

(1)"体感交互"——人与电脑真正的互动。

体感交互，特别是体感控制，是最能给人新鲜感的东西。体感在大的应用领域下已经不再特殊，特别是在游戏界，如索尼 PS 上的 PlayStation Move、微软 X-box 上的 Kinect 以及任天堂 Wii 等游戏主机上，早就有丰富的体感支持。而在 PC 领域，体感的发展还在初级水平，相信在将来，以内置 Leap motion 这种专业体感控件的电脑会是 PC 发展的一个分支。

另外，语音类控制、眼神追踪等技术，对于屏幕尺寸较大的 PC 产品来说，其实际的操作意义更大。特别是如果体感、语音和其他追踪技术能够与现有的 Windows 系统、Mac 系统相匹配的话，将会是对现有键盘加鼠标和触控操作的有力补充。

(2)"2 合 1"——落到实处的产品创新。

在经历了超级本之后，让人感到眼前一亮的一个全新的产品线——2 合 1 电脑，这里的 2 合 1 不仅是表面上可拆分、可变形带来的便利和新鲜，而且也在继续传达着一种强调轻松、自由的生活理念。2 合 1 产品，在使用形态上与之前传统的笔记本相比又有了更彻底的极致化，当需要轻薄时，它可以灵活像平板；当需要性能时，它又可以呈现完整的笔记本。

(3)"4K"——挑战视觉极限。

4K 分辨率即 4096×2160 的像素分辨率，它是 2K 投影机和高清电视分辨率的4倍,属于超高清分辨率。在此分辨率下,观众可以看清画面中的每一个细节,每一个特写。影院如果采用惊人的4096×2160像素,无论在影院的哪个位置,观众都可以清楚地看到画面的每一个细节,影片色彩鲜艳、文字清晰锐利,再配合超真实音效,这种感觉真的是一种难以言传的享受。

人们对于视觉上的要求越来越高,因此我们有理由期待3K屏、甚至4K屏笔记本电脑的出现。当然越来越高的屏幕分辨率对笔记本的显卡是一个相当大的考验。

(4)"云"——让我们生活在云端。

如果你认为用Evernote在不同的电子设备上共享内容,在网络上存储大容量的文件,就已经是生活在云端的话,那就有些太小看云了,这不过只是冰山一角。在不久的将来,就很有可能看到,基于PC为主控的一整套生活系统,用电子设备,比如笔记本电脑,来控制生活中的一切,包括做饭、洗衣、娱乐、工作、开车等,我们的整个生活都可以放在云端。

11.2 新兴计算机技术

11.2.1 互联网＋

"互联网＋"是创新2.0下的互联网发展的新业态,是知识社会创新2.0推动下的互联网形态演进及其催生的经济社会发展新形态。

"互联网＋"是互联网思维的进一步实践成果,推动经济形态不断地发生演变,从而带动社会经济实体的生命力,为改革、创新、发展提供广阔的网络平台。通俗的说,"互联网＋"就是"互联网＋各个传统行业",但这并不是简单的两者相加,而是利用信息通信技术以及互联网平台,让互联网与传统行业进行深度融合,创造新的发展生态。它代表一种新的社会形态,即充分发挥互联网在社会资源配置中的优化和集成作用,将互联网的创新成果深度融合于经济、社会各领域之中,提升全社会的创新力和生产力,形成更广泛的以互联网为基础设施和实现工具的经济发展新形态。

1. "互联网＋"概况

"互联网＋"代表着一种新的经济形态,它指的是依托互联网信息技术实现互联网与传统产业的联合,以优化生产要素、更新业务体系、重构商业模式等途径来完成经济转型和升级。"互联网＋"计划的目的在于充分发挥互联网的优势,将互联网与传统产业深入融合,以产业升级提升经济生产力,最后实现社会财富的增加。

"互联网+"概念的中心词是互联网,它是"互联网+"计划的出发点。"互联网+"计划具体可分为两个层次的内容:一方面,可以将"互联网+"概念中的文字"互联网"与符号"+"分开理解。符号"+"意为加号,即代表着添加与联合。这表明了"互联网+"计划的应用范围为互联网与其他传统产业,它是针对不同产业间发展的一项新计划,应用手段则是通过互联网与传统产业进行联合和深入融合的方式进行;另一方面,"互联网+"作为一个整体概念,其深层意义是通过传统产业的互联网化完成产业升级。互联网通过将开放、平等、互动等网络特性应用于传统产业,通过大数据的分析与整合,试图理清供求关系,通过改造传统产业的生产方式、产业结构等内容,来增强经济发展动力,提升效益,从而促进国民经济健康有序发展。

"互联网+"是两化融合的升级版,将互联网作为当前信息化发展的核心特征,提取出来,并与工业、商业、金融业等服务业全面融合。这其中的关键就是创新,只有创新才能让这个"+"真正有价值、有意义。正因为此,"互联网+"被认为是创新2.0下的互联网发展新形态、新业态,是知识社会创新2.0推动下的经济社会发展新形态演进。

2. "互联网+"主要特征

"互联网+"有六大特征:

(1) 跨界融合。

"+"就是跨界、变革、开放和重塑融合。敢于跨界,创新的基础才会更坚实;融合协同,群体智能才会实现,从研发到产业化的路径才会更垂直。融合本身也指代身份的融合,客户消费转化为投资,伙伴参与创新,等等,不一而足。

(2) 创新驱动。

中国粗放的资源驱动型增长方式早就难以为继,必须转变到创新驱动发展这条正确的道路上来。这正是互联网的特质,用所谓的互联网思维来求变、自我革命,也更能发挥创新的力量。

(3) 重塑结构。

信息革命、全球化、互联网业已打破了原有的社会结构、经济结构、地缘结构、文化结构。权力、议事规则、话语权不断在发生变化。"互联网+"社会治理、虚拟社会治理会有很大的不同。

(4) 尊重人性。

人性的光辉是推动科技进步、经济增长、社会进步、文化繁荣的最根本的力量,互联网的力量之强大最根本地来源于对人性的最大限度的尊重、对人体验的敬畏、对人的创造性发挥的重视。例如UGC,例如卷入式营销,例如分享经济。

(5) 开放生态。

关于"互联网+",生态是非常重要的特征,而生态的本身就是开放的。我们推进"互联网+",其中一个重要的方向就是要把过去制约创新的环节化解掉,把孤岛式创新连接起来,让研发由人性决定市场驱动,让创业努力者有机会实现价值。

(6) 连接一切。

连接是有层次的,可连接性是有差异的,连接的价值是相差很大的,但是连接一切是"互联网+"的目标。

3."互联网+"发展趋势

新一代信息技术发展推动了知识社会以人为本、用户参与的下一代创新(创新2.0)演进。创新2.0以用户创新、开放创新、大众创新、协同创新为特征。随着新一代信息技术和创新2.0的交互与发展,人们生活方式、工作方式、组织方式、社会形态正在发生深刻变革,产业、政府、社会、民主治理、城市等领域的建设应该把握这种趋势,推动企业2.0、政府2.0、社会2.0、合作民主、智慧城市等新形态的演进和发展。"互联网+"是创新2.0下的互联网与传统行业融合发展的新形态、新业态,是知识社会创新2.0推动下的互联网形态演进及其催生的经济社会发展新常态。它代表一种新的经济增长形态,即充分发挥互联网在生产要素配置中的优化和集成作用,将互联网的创新成果深度融合于经济社会各领域之中,提升实体经济的创新力和生产力,形成更广泛的以互联网为基础设施和实现工具的经济发展模式。

从现状来看,"互联网+"尚处于初级阶段,各领域对"互联网+"还在做论证与探索,特别是那些非常传统的行业,他们正努力借助互联网平台增加自身利益。例如传统行业开始尝试营销的互联网化,借助 B2B、B2C 等电商平台来实现网络营销渠道的扩建,增强线上推广与宣传力度,逐步尝试网络营销带来的便利。

11.2.2 物联网

1. 物联网的概念

物联网是新一代信息技术的重要组成部分,其英文名称是:"The Internet of Things"。顾名思义,物联网就是物物相连的互联网。它有两层意思:一是物联网的核心和基础仍然是互联网,物联网是在互联网基础上延伸和扩展的网络;二是其用户端延伸扩展到了任何物品与物品之间的信息交换和通信。物联网通过智能感知、识别技术与普适计算,被广泛应用于网络的融合中,是互联网的应用拓展和延伸,它包括互联网及互联网上所有的资源,兼容互联网所有的应用。

从技术角度来说,物联网是通过射频识别(RFID)、红外感应器、全球定位系统、激光扫描器等信息传感设备,按约定的协议,把物品与互联网连接起来,进行信息交换和通讯,以实现智能化识别、定位、跟踪、监控和管理的一种网络。

中国物联网校企联盟将物联网定义为：当下几乎所有技术与计算机、互联网技术的结合,它可以实现物体与物体之间环境以及状态信息的实时共享以及智能化的收集、传递、处理、执行。广义上说,当下涉及信息技术的应用,都可以纳入物联网的范畴。

根据国际电信联盟(ITU)的定义,物联网主要解决物品与物品(Thing to Thing,T2T)、人与物品(Human to Thing,H2T)、人与人(Human to Human,H2H)之间的互联。但是与传统互联网不同的是,H2T是指人利用装置与物品之间的连接,从而使得物品连接更加简化,而H2H是指人之间不依赖于PC而进行的互联。物联网顾名思义就是连接物品的网络,许多学者在讨论物联网中,经常会引入一个M2M的概念,可以解释成为人到人(Man to Man)、人到机器(Man to Machine)、机器到机器(Machine to Machine)。从本质上而言,人与机器、机器与机器的交互,大部分是为了实现人与人之间的信息交互。

物联网的目的是实现物与物、物与人,所有的物品与网络的连接,以方便识别、管理和控制。2011年,物联网的产业规模超过2600亿元人民币。构成物联网产业5个层级的支撑层、感知层、传输层、平台层,以及应用层分别占物联网产业规模的2.7%、22.0%、33.1%、37.5%和4.7%。而物联网感知层、传输层参与厂商众多,成为产业中竞争最为激烈的领域。

物联网是一个国家促进信息消费战略的重要组成部分,中国物联网的主要应用领域有智能工业、智能物流、智能交通、智能电网、智能医疗、智能农业和智能环保等。

2. 物联网中的关键技术

在物联网应用中主要有以下3项关键技术：

(1)传感器技术。

这也是计算机应用中的关键技术。大家知道,到目前为止绝大部分计算机处理的都是数字信号。只有把传感器的模拟信号转换成数字信号,计算机才能处理。

(2)RFID标签。

RFID标签也是一种传感器技术,RFID技术是将无线射频技术和嵌入式技术术融合为一体的综合技术,RFID在自动识别、物品物流管理方面有着广阔的应用前景。

(3)嵌入式系统技术。

嵌入式系统技术是将计算机软硬件、传感器技术、集成电路技术、电子应用技术综合为一体的复杂技术。经过几十年的演变,以嵌入式系统为特征的智能终端产品随处可见,小到人们身边的 MP3,大到航天航空的卫星系统。嵌入式系统正在改变着人们的生活,推动着工业生产以及国防工业的发展。如果把物联网用人体做一个简单比喻,那么传感器相当于人的眼睛、鼻子、皮肤等感官,网络就是用来传递信息的神经系统,嵌入式系统则是人的大脑,在接收到信息后要进行分类处理。这个例子很形象地描述了传感器、嵌入式系统在物联网中的位置与作用。

3. 物联网的应用

根据物联网的实际用途可以归纳为以下 3 种主要应用:

(1)对象的智能标签。

通过 NFC、二维码、RFID 等技术标识特定的对象,用于区分对象个体,例如,在生活中使用的各种智能卡,条码标签的基本用途就是用来获得对象的识别信息;此外通过智能标签还可以用于获得对象物品所包含的扩展信息,例如,智能卡上的金额余额,二维码中所包含的网址和名称等。

(2)环境监控和对象跟踪。

利用多种类型的传感器和分布广泛的传感器网络,可以实现对某个对象的实时状态的获取和特定对象行为的监控,如使用分布在市区的各个噪音探头监测噪声污染,通过二氧化碳传感器监控大气中二氧化碳的浓度,通过 GPS 标签跟踪车辆位置,通过交通路口的摄像头捕捉实时交通流量等。

(3)对象的智能控制。

物联网基于云计算平台和智能网络,可以依据传感器网络获取的数据进行决策,改变对象的行为进行控制和反馈。例如,根据光线的强弱调整路灯的亮度,根据车辆的流量自动调整红绿灯间隔等。

4. 物联网在中国的发展

物联网在中国迅速崛起得益于我国在物联网方面的几大优势,具体如下:

①我国早在 1999 年就启动了物联网核心传感网技术研究,研发水平处于世界前列。

②在世界传感网领域,我国是标准主导国之一,专利拥有量高。

③我国是能够实现物联网完整产业链的国家之一。

④我国无线通信网络和宽带覆盖率高,为物联网的发展提供了坚实的基础设施支持。

⑤我国现在是世界第二大经济体,有较为雄厚的经济实力支持物联网发展。

5. 安全问题

在物联网中,射频识别技术是一个很重要的技术。在射频识别系统中,标签有可能预先被嵌入任何物品中,但由于该物品的拥有者,不一定能够觉察该物品预先已嵌入有电子标签以及自身可能不受控制地被扫描、定位和追踪,这势必会使个人的隐私受到侵犯。因此,如何确保标签物的拥有者个人隐私不受侵犯便成为射频识别技术以至物联网推广的关键问题。这不仅仅是一个技术问题,还涉及政治和法律问题。

11.2.3 大数据

1. 大数据简介

对于"大数据"(Big data),研究机构 Gartner 给出了这样的定义。"大数据"是需要新处理模式才能具有更强的决策力、洞察发现力和流程优化能力来适应海量、高增长率和多样化的信息资产。

麦肯锡全球研究所给出的定义是:大数据是一种规模大到在获取、存储、管理、分析方面大大超出了传统数据库软件工具能力范围的数据集合,具有海量的数据规模、快速的数据流转、多样的数据类型和价值密度低四大特征。

大数据技术的战略意义不在于掌握庞大的数据信息,而在于对这些含有意义的数据进行专业化处理。换而言之,如果把大数据比作一种产业,那么这种产业实现盈利的关键就在于提高对数据的"加工能力",通过"加工"实现数据的"增值"。

从技术上看,大数据与云计算的关系就像一枚硬币的正反面,密不可分。大数据必然无法用单台的计算机进行处理,必须采用分布式架构。它的特色在于对海量数据进行分布式数据挖掘。但它必须依托云计算的分布式处理、分布式数据库和云存储、虚拟化技术。

随着云时代的来临,大数据也吸引了越来越多的关注。分析师团队认为,大数据通常用来形容一个公司创造的大量非结构化数据和半结构化数据,这些数据在下载到关系型数据库用于分析时会花费过多时间和金钱。大数据分析常和云计算联系到一起,因为实时的大型数据集分析需要像 MapReduce 一样的框架来向数十、数百或甚至数千的电脑分配工作。

大数据需要特殊的技术以有效地处理大量的数据。适用于大数据的技术,包括大规模并行处理(MPP)数据库、数据挖掘、分布式文件系统、分布式数据库、云计算平台、互联网和可扩展的存储系统。

2. 大数据的结构

大数据包括结构化、半结构化和非结构化数据,非结构化数据越来越成为数据的主要部分。据 IDC 的调查报告显示:企业中 80% 的数据都是非结构化数据,这些数据每年都增长 60%。大数据就是互联网发展到现今阶段的一种表象或特征而已,没有必要神话它或对它保持敬畏之心。在以云计算为代表的技术创新大幕的衬托下,这些原本看起来很难收集和使用的数据开始容易被利用起来了。通过各行各业的不断创新，大数据会逐步为人类创造更多的价值。

其次，想要系统的认知大数据，必须要全面而细致的分解它，着手从三个层面来展开：

第一层面是理论，理论是认知的必经途径，也是被广泛认同和传播的基线。在这里从大数据的特征定义来理解行业对大数据的整体描绘和定性；从对大数据价值的探讨来深入解析大数据的珍贵所在；洞悉大数据的发展趋势；从大数据隐私这个特别而重要的视角审视人和数据之间的长久博弈。

第二层面是技术，技术是大数据价值体现的手段和前进的基石。可分别从云计算、分布式处理技术、存储技术和感知技术的发展来说明大数据从采集、处理、存储到形成结果的整个过程。

第三层面是实践，实践是大数据的最终价值体现。可分别从互联网的大数据，政府的大数据，企业的大数据和个人的大数据四个方面来描绘大数据已经展现的美好景象及即将实现的蓝图。

3. 大数据的意义

现在的社会是一个高速发展的社会，科技发达，信息流通，人们之间的交流越来越密切，生活也越来越方便，大数据就是这个高科技时代的产物。阿里巴巴创办人马云来台演讲中就提到，未来的时代将不是IT时代，而是DT的时代，DT就是Data Technology（数据科技）。可以看出大数据对于阿里巴巴集团来说举足轻重。

有人把数据比喻为蕴藏能量的煤矿。煤炭按照性质有焦煤、无烟煤、肥煤、贫煤等分类，而露天煤矿、深山煤矿的挖掘成本又不一样。与此类似，大数据并不在"大"，而在于"有用"。价值含量、挖掘成本比数量更为重要。对于很多行业而言，如何利用这些大规模数据是赢得竞争的关键。

大数据的价值体现在以下几个方面：

①对大量消费者提供产品或服务的企业可以利用大数据进行精准营销。

②做小而美模式的中小微企业可以利用大数据做服务转型。

③面临互联网压力之下必须转型的传统企业需要与时俱进充分利用大数据的价值。

不过，"大数据"在经济发展中的巨大意义并不代表其能取代一切对于社会问题的理性思考，科学发展的逻辑不能被湮没在海量数据中。著名经济学家路德维希·冯·米塞斯曾提醒过："就今日言，有很多人忙碌于资料的无益累积，以致对问题的说明与解决，缺少了对大数据经济特殊意义的了解。"这确实是需要警惕的。

在这个快速发展的智能硬件时代，困扰应用开发者的一个重要问题就是如何在功率、覆盖范围、传输速率和成本之间找到那个微妙的平衡点。企业组织利用相关数据和分析可以帮助它们降低成本、提高效率、开发新产品、做出更明智的业务决策等等。

4. 大数据的发展趋势

(1) 数据资源化。

资源化是指大数据成为企业和社会关注的重要战略资源,并已成为大家争相抢夺的新焦点。因此,企业必须要提前制定大数据营销战略计划,抢占市场先机。

(2) 与云计算深度结合。

大数据离不开云计算,云计算为大数据提供了弹性可拓展的基础设备,是产生大数据的平台之一。

(3) 科学理论有望有新突破。

随着大数据的快速发展,就像计算机和互联网一样,大数据很有可能是新一轮的技术革命。随之兴起的数据挖掘、机器学习和人工智能等相关技术,可能会改变数据世界里的很多算法和基础理论,实现科学技术上的突破。

(4) 数据科学和数据联盟的成立。

未来,数据科学将成为一门专门的学科,被越来越多的人所认识。各大高校已设立专门的数据科学专业,一批与之相关的新的就业岗位也已产生。与此同时,基于数据这个平台,也建立了跨领域的数据共享平台,之后,数据共享将扩展到企业层面,并且成为未来产业的核心一环。

(5) 数据泄露泛滥。

未来几年数据泄露事件的增长率也许会达到100%,除非数据在其源头就能够得到安全保障。可以说,在未来,每个财富500强企业都会面临数据攻击,无论他们是否已经做好安全防范。而所有企业,无论规模大小,都需要重新审视今天的安全定义。在财富500强企业中,超过50%将会设置首席信息安全官这一职位。企业需要从新的角度来确保自身以及客户数据的安全,所有数据在创建之初便需要获得安全保障,仅仅加强数据存储的安全措施已被证明于事无补。

(6) 数据管理成为核心竞争力。

数据管理成为核心竞争力,直接影响财务表现。当"数据资产是企业核心资产"的概念深入人心之后,企业对于数据管理便有了更清晰的界定,将数据管理作为企业核心竞争力,持续发展,战略性规划与运用数据资产,成为企业数据管理的核心。数据资产管理效率与主营业务收入增长率、销售收入增长率显著正相关;此外,对于具有互联网思维的企业而言,数据资产竞争力所占比重为36.8%,数据资产的管理效果将直接影响企业的财务表现。

(7) 数据质量是BI(商业智能)成功的关键。

采用自助式商业智能工具进行大数据处理的企业将会脱颖而出。其中要面临的一个挑战是,很多数据源会带来大量低质量数据。如果想要成功,企业就需要理解原始数据与数据分析之间的差距,从而消除低质量数据并通过 BI 获得更佳决策。

(8) 数据生态系统复合化程度加强。

大数据的世界不只是一个单一的、巨大的计算机网络,而是一个由大量活动构件与多元参与者元素所构成的生态系统,终端设备提供商、基础设施提供商、网络服务提供商、网络接入服务提供商、数据服务使能者、数据服务提供商、触点服务、数据服务零售商等一系列的参与者共同构建的生态系统。而今,这样一套数据生态系统的雏形已然形成,接下来的发展将趋向于系统内部角色的细分,也就是市场的细分;系统机制的调整,也就是商业模式的创新;系统结构的调整,也就是竞争环境的调整等等,从而使数据生态系统复合化程度逐渐增强。

11.2.4 云计算

1. 云计算的概念

1961 年,著名的美国计算机科学家、图灵奖得主麦卡锡(John McCarthy)提出了像使用其他资源一样使用计算资源的想法,这就是现在 IT 界的时髦术语"云计算"(Cloud Computing)的核心想法。

早年的电信技术人员在画电话网络的示意图时,如果涉及不必交代细节的部分,就会画一团"云"来表示。计算机网络的技术人员将这一传统发扬光大,就成为了云计算中的这个"云"字,它泛指互联网上的某些"云深不知处"的部分,是云计算中"计算"的实现场所。而云计算中的这个"计算"也是泛指,它几乎涵盖了计算机所能提供的一切资源。

麦卡锡这种想法的实现是在互联网日益普及的 20 世纪末。这其中一家具有先驱意义的公司是甲骨文(Oracle)前执行官贝尼奥夫(Marc Benioff)创立的 Salesforce 公司。1999 年,这家公司将一种客户关系管理软件作为服务提供给用户,很多用户在使用这项服务后提出了购买软件的意向,该公司却坚持只作为服务提供。这是云计算的一种典型模式,称作"软件即服务"(Software as a Service, SaaS)。这种模式的另一个例子,是我们熟悉的网络电子邮箱。除了"软件即服务"外,云计算还有其他几种典型模式,比如向用户提供开发平台的"平台即服务"(Platform as a Service, PaaS),其典型例子是谷歌公司的应用程序引擎,它能让用户创建自己的网络程序。还有一种模式更彻底,干脆地向用户提供虚拟硬件,即"基础设施即服务"(Infrastructure as a Service, IaaS),其典型例子是亚马逊公司的弹性计算云(Amazon Elastic Compute Cloud, ECC),它向用户提供虚拟主机,用户具有管理员权限,跟使用自家机器一样。

云计算的早期服务对象大都是中小用户,但渐渐地,一些知名的大公司也开始使用起了云计算。比如,纽约时报就曾利用亚马逊的云计算,将一千多万篇报道在两天之内全部转成了 PDF 文件。这项工作如果用它自己的计算机来处理,起码要一个月的时间。从亚马逊的角度讲,它提供云计算,将部分空置资源转变为利润。谷歌、微软等巨头的几十万甚至上百万台服务器也进入云计算领域。

2. 云计算的特点

云计算是通过使计算分布在大量的分布式计算机上,而非本地计算机或远程服务器中,企业数据中心的运行将与互联网更相似。这使得企业能够将资源切换到需要的应用上,根据需求访问计算机和存储系统。

好比是从古老的单台发电机模式转向了电厂集中供电的模式。它意味着计算能力也可以作为一种商品进行流通,就像煤气、水电一样,取用方便,费用低廉。最大的不同在于,它是通过互联网进行传输的。

被普遍接受的云计算特点有:

(1)超大规模。

"云"具有相当的规模,Google 云计算已经拥有 100 多万台服务器,Amazon、IBM、微软、Yahoo 等的"云"均拥有几十万台服务器。企业私有云一般拥有数百上千台服务器。"云"能赋予用户前所未有的计算能力。

(2)虚拟化。

云计算支持用户在任意位置、使用各种终端获取应用服务。所请求的资源来自"云",而不是固定的有形的实体。应用在"云"中某处运行,但实际上用户无需了解、也不用担心应用运行的具体位置。只需要一台笔记本或者一部手机,就可以通过网络服务来实现我们需要的一切,甚至包括超级计算这样的任务。

(3)高可靠性。

"云"使用了数据多副本容错、计算节点同构可互换等措施来保障服务的高可靠性,使用云计算比使用本地计算机可靠。

(4)通用性。

云计算不针对特定的应用,在"云"的支撑下可以构造出千变万化的应用,同一个"云"可以同时支撑不同的应用运行。

(5)高可扩展性。

"云"的规模可以动态伸缩,满足应用和用户规模增长的需要。

(6)按需服务。

"云"是一个庞大的资源池,可以像自来水、电、煤气那样计费。

3. 云计算的劣势

(1)数据安全性。

从数据安全性方面看,目前比较热的云计算厂商亚马逊、谷歌、IBM、微软、甲骨文、思科、惠普、Salesforce、VMware 等都没有完全解决这个问题,所以很多企业了解到所用数据的类型和分类后,还是会决定通过内部监管来控制这些数据。而绝不会将具备竞争优势或包含用户敏感信息的应用软件放到公共云上,这个也是众多企业保持观望的一个原因。

(2)厂商按流量收费有时会超出预算。

云厂商推出的云产品是按流量收费的,在云上进行数据读取时,需要的网络带宽是非常庞大的,甚至超过了购买存储本身的费用,所以云平台并不一定便宜。

(3)企业的自主权降低。

关于企业自主权问题,企业自身都很慎重,大家都希望能完全管理和控制。在原来的模式中,企业可以搭建自己的基础架构,每层应用都有自定义的设置和管理;而换到云平台以后,企业不需要担心基础架构,也不需要担心诸如安全、容错等方面。但同时也让企业感到了担忧,毕竟现在熟悉的东西突然变成了一个黑盒,担忧也在所难免。

(4)规模大且成型的企业难以扩展。

很多大型企业已经花了巨资来购买硬件并逐渐构建了自己的服务器集群(有的企业还大量购置了最新的刀片服务器),然后也购买了所需的系统软件和应用软件,并且也在此基础上搭建了基础平台架构。那么针对这样的企业来说,他们没有必要把自己的应用舍本求末的放在云上,所以这也是很多企业不愿意移植的原因。

(5)云计算本身还不太成熟。

目前众多云计算厂商推出的云产品和云套件琳琅满目,层出不穷,但是还没有统一的平台和标准来规范。有人说公共云不安全,厂商就开始推私有云;有人说企业原有应用难以整合到云上,厂商马上就推出了混合云。从根本上说云计算还有很长的路要走,很多地方都得优化。

4. 云计算的应用

(1)云物联。

"物联网就是物物相连的互联网"。这里有两层意思:第一,物联网的核心和基础仍然是互联网,是在互联网基础上的延伸和扩展的网络;第二,其用户端延伸和扩展到了任何物品与物品之间。

随着物联网业务量的增加,对数据存储和计算量的需求将带来对"云计算"能力的要求:在物联网的初级阶段,PoP 即可满足从计算中心到数据中心的需求;在物联网高级阶段,可能出现 MVNO/MMO 营运商(国外已存在多年),此时,需要虚拟化云计算技术,SOA 等技术的结合才能实现互联网的泛在服务:TaaS (everyTHING As A Service)。

(2)云安全。

云安全(Cloud Security)是一个从"云计算"演变而来的新名词。云安全的策略构想是：使用者越多，每个使用者就越安全，因为如此庞大的用户群，足以覆盖互联网的每个角落，只要某个网站被挂马或某个新木马病毒出现，就会立刻被截获。

"云安全"通过网状的大量客户端对网络中软件行为的异常监测，获取互联网中木马、恶意程序的最新信息，推送到 Server 端进行自动分析和处理，再把病毒和木马的解决方案分发到每一个客户端。

(3) 云存储。

云存储是在云计算概念上延伸和发展出来的一个新的概念，是指通过集群应用、网格技术或分布式文件系统等功能，将网络中大量不同类型的存储设备通过应用软件集合起来协同工作，共同对外提供数据存储和业务访问功能的系统。

当云计算系统运算和处理的核心是大量数据的存储和管理时，云计算系统中就需要配置大量的存储设备，那么云计算系统就转变成为一个云存储系统，所以云存储是一个以数据存储和管理为核心的云计算系统。

(4) 云游戏。

云游戏是以云计算为基础的游戏方式，在云游戏的运行模式下，所有游戏都在服务器端运行，并将渲染完毕后的游戏画面压缩后通过网络传送给用户。在客户端，用户的游戏设备不需要任何高端处理器和显卡，只需要基本的视频解压能力就可以了。目前，云游戏还没有成为家用机和掌机界的联网模式，但是几年或十几年后，云计算取代这些东西成为网络发展的终极方向的可能性非常大。如果这种构想能够成为现实，那么主机厂商将变成网络运营商，他们不需要不断投入巨额的新主机研发费用，而只需要拿这笔钱中的很小一部分去升级自己的服务器就可以取得不错的效果。对于用户来说，他们可以省下购买主机的开支，但是得到的确是顶尖的游戏画面（当然视频输出方面的硬件必须过硬）。你可以想象一台掌机和一台家用机拥有同样的画面，家用机和我们今天用的机顶盒一样简单，甚至家用机可以取代电视的机顶盒而成为次时代的电视收看方式。

(5) 大数据与云计算。

从技术上看，大数据与云计算的关系就像一枚硬币的正反面一样密不可分。大数据必然无法用单台的计算机进行处理，必须采用分布式计算架构。它的特色在于对海量数据的挖掘，但它必须依托云计算的分布式处理、分布式数据库、云存储和虚拟化技术。

5. 云计算在中国的发展

《国务院关于加快培育和发展战略性新兴产业的决定》指出，战略性新兴产业是引导未来经济社会发展的重要力量，相关产业应快速发展，占国民生产总值比将从 2015 年的 8% 上升到 2020 年 15%。战略性新兴产业主要包括：节能环保、新一代信息技术、生物、高端装备制造、新能源、新材料和新能源汽车七大产业，其中新一代信息技术的表述和位置靠前。

新一代信息技术涉及 3G、地球空间信息产业(3S)、三网融合、物联网和信息安全、云计算等,这几大领域未来在中国将都是千亿级别的市场,行业带动效应达到万亿。战略信息产业通过数字化、信息化、智能化加速其他战略新型产业成长进程。其中云计算公司值得投资者密切关注。

云计算产业被认为是继大型计算机、个人计算机、互联网之后的第四次 IT 产业革命。云计算对于通信信息技术产业的意义重大,各个国家都不愿错失发展机会。

习 题 11

一、单项选择题

1. 物联网的英文名称是_____。
   A. Internet of Matters　　　　B. Internet of Things
   C. Internet of Theorys　　　　D. Internet of Clouds
2. 迄今为止最经济实用的一种自动识别技术是_____。
   A. 条形码识别技术　　　　　B. 语音识别技术
   C. 生物识别技术　　　　　　D. IC 卡识别技术
3. 云计算是对_____技术的发展与运用。
   A. 并行计算　　B. 网格计算　　C. 分布式计算　　D. 三个选项都是
4. 从研究现状上看,下面不属于云计算特点的是_____。
   A. 超大规模　　B. 虚拟化　　　C. 私有化　　　　D. 高可靠性
5. 最早提出大数据时代到来的公司是_____。
   A. 麦肯锡咨询公司　　　　　B. 微软公司
   C. IBM　　　　　　　　　　D. 联想

二、简答题

1. 未来计算机技术发展的趋势是什么?
2. 简述云计算和移动计算的异同。
3. 物联网的关键技术有哪些?
4. 什么是大数据?大数据有哪些特点?
5. 简述 IPv6 与 IPv4 的异同。
6. 中国的三网融合是指哪三网?

参考文献

[1] 林晓勇.计算机应用基础[M].北京:化学工业出版社,2013.
[2] 文杰书院.PowerPoint 2010 幻灯片设计与制作[M].北京:清华大学出版社,2013.
[3] 张思卿,李广武.计算机应用基础项目化教程[M].北京:化学工业出版社,2013.
[4] 李向群.大学计算机应用与案例[M].北京:清华大学出版社,2012.
[5] 黄蔚,刘斌.大学计算机应用基础[M].北京:北京理工大学出版社,2012.
[6] 新奇 e 族.21 天精通 PowerPoint 2010 幻灯片制作[M].北京:化学工业出版社,2012.
[7] 王凤英,程震.网络与信息安全[M].北京:中国铁道出版社,2010.
[8] 蒋朝惠,武彤等.信息安全原理与技术[M].北京:中国铁道出版社,2009.